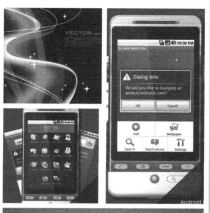

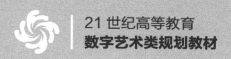

21 世纪高等教育
数字艺术类规划教材

国家新媒体基地优秀人才培养重点项目

数字媒体导论

（第 2 版）

张铭芮 ◎ 著

人民邮电出版社

北京

图书在版编目（CIP）数据

数字媒体导论 / 张铭芮著. -- 2版. -- 北京：人
民邮电出版社，2013.9（2023.7重印）
21世纪高等教育数字艺术类规划教材
ISBN 978-7-115-32663-8

Ⅰ．①数… Ⅱ．①张… Ⅲ．①数字技术－多媒体技术
－高等学校－教材 Ⅳ．①TP37

中国版本图书馆CIP数据核字(2013)第168619号

内 容 提 要

数字媒体是融合的产物，是一个系统，每一个数字媒体从业者的眼光不应局限于某个领域，而应了解整个系统。因此本书在介绍数字媒体本质的基础上，从数字媒体机构、数字媒体网络、数字媒体技术、数字媒体产品和数字媒体内容、数字媒体终端6个角度系统地介绍数字媒体所涉及的理论、技术、应用和发展趋势。

另外，鉴于数字媒体学科是科学性和艺术性的统一体，本书在内容安排上采用了"知识点+实例分析+思考"三部曲的结构，旨在让读者在了解数字媒体知识点的基础上，理解知识点在实践中的应用，最终掌握如何应用知识点。

本书适用于数字媒体技术、数字媒体艺术、动画、游戏等相关专业的本科生、研究生，也可供从事数字媒体经营、制作及研究的从业者阅读参考。

◆ 著　　　　张铭芮
　　责任编辑　李海涛
　　责任印制　彭志环　焦志炜

◆ 人民邮电出版社出版发行　　北京市丰台区成寿寺路 11 号
　　邮编　100164　　电子邮件　315@ptpress.com.cn
　　网址　http://www.ptpress.com.cn
　北京七彩京通数码快印有限公司印刷

◆ 开本：787×1092　1/16
　　印张：14　　　　　　　　2013 年 9 月第 2 版
　　字数：295 千字　　　　　2023 年 7 月北京第 11 次印刷

定价：35.00 元

读者服务热线：(010)81055256　印装质量热线：(010)81055316
反盗版热线：(010)81055315

前言
(第2版)
Preface

很欣慰，"十年磨一剑"，基于十年行业积累写的《数字媒体导论》（第一版）教材得到了大家的认可，加印了两次都很快售罄，此刻我不禁想起第一版最后一次修订时，我封闭写作了半个月，每天工作十多个小时，写完发现鞋已经穿不上了，脚肿了，紧接着发现儿子和我在一起写作……还好儿子和我一样皮实，喜欢长期伏案思考"静若处子"的感觉。

今天儿子和这本教材一样快三岁了，等他长大了，我希望能告诉他，"妈妈总结的知识并不是纸上谈兵，这些知识能为数字媒体的从业者点亮一盏盏路灯，能帮助他们看清前行的路"，现在的我已经不仅仅是一名研究者，也是一名数字媒体产业的创业者，我希望用事实提醒所有从业者这些理论的重要性。在过去的日子里我经常会感慨很多企业不理解最基础的理论，犯方向性的错误。比如数字媒体产业最基础的理论，数字媒体不是数字和媒体的简单叠加，而是数字和媒体的充分融合，即传播内容和传播介质之间应该是强关联的关系。这个道理很简单，犯错的企业却比比皆是，如优酷、搜狐视频等网络视频企业，电影《阿凡达》放在电视上播放，不可能有很好的广告收入，电视节目《非诚勿扰》放在电影院播放，也不可能有很好的票房，同理把《阿凡达》、《非诚勿扰》都放在互联网和手机上播放，也不可能有很好的收入，而在过去很长一段时间里优酷、土豆这些视频公司就是在做内容搬家的工作，以为能借此抢夺传统电视台广告的收入，实际同样的内容从电视台搬到互联网，用户的消费体验、产业链、盈利模式都发生了本质变化，不可能直接从电视台把这部分广告收入抢夺过来。众所周知，传统媒体的传播模型是 1 对 n，而互联网产业传播模型是 n 对 n，电视台和优酷上播放同一个电视剧，两者其上附加的广告价值根本不可能相提并论。

正如传媒大学新媒体研究院院长赵子忠教授给本书第一版写的推荐所言，这本教材我尝试搭建了数字媒体产业系统性研究框架，即按照《道德经》中："道生一，一生二，二生三，三生万物"的思路，从数字媒体之道"数字媒体本质"出发，到数字媒体之一数字媒体生产者和管理者"数字媒体产业"，然后到数字媒体之二数字媒体生产工具和传输工具"数字媒体技术"和"数字媒体网络"，最后到数字媒体之三生产产品"数字媒体产品"、"数字媒体内容"和"数字媒体终端"，也可以总结为从生产者到生产工具，最后到生产的产品。其中贯穿知识点对应的实例分析，即数字媒体产业之万物。因此虽然近三年中数字媒体产业新鲜事物层出不穷，但第二版不用做整体结构的调整，只需补充一些近三年迅猛发展出现的新产品，如微博、云计算等。

最后我想说，成功归因于正确的方向和不懈的努力，勤奋的人没有成功的关键就是方向错了，因此我希望这本书能给不懈努力中的数字媒体产业从业者以及即将在数字媒体产业从业的学生点亮一盏街灯，照亮他们前行的路。最后祝所有看到这本书的人高效工作、快乐生活！

编　者

2013 年 6 月

前言

（第1版）

Preface

2007 年，曾担任日本动画片《机器猫》的制作总策划，现日本国际动漫产业协会的会长荻野宏来中国做讲座，他富有激情地介绍说正在制作机器猫第二部《哆啦 A 梦》，他们的制作团队共有 200 多人，其中中国人占到了一半，中国人的绘画功底很好，所以他们这次来中国，希望做一些宣传，为日后招聘中国学生打基础。当时台下的中国学生听了很兴奋，但作为老师的我们不禁感到悲哀——虽然《哆啦 A 梦》的制作者团队有很多中国人，但是没有人说《哆啦 A 梦》是中国创作的，因为中国人在其中仅仅充当了工匠，动的是手，而日本人充当了设计者，动的是脑子。

笔者认为，导致我国媒体产业处于跟随状态的重要原因之一，在于 20 世纪 90 年代之前我国媒体人才培养过程中普遍存在"重内容制作，轻产品经营"的问题，正如中国传媒大学博士生导师周鸿铎教授在《媒介经营与管理》中所言："在我国，由于长期认识不到媒体的经济属性和产业功能，过分强调了媒体的政治属性和喉舌功能……基本上没有经营与管理知识方面的训练。"遗憾的是，在数字媒体人才培养过程中，部分高校在课程设置上沿袭了"重内容制作，轻产品经营"的培养思路，如数字媒体艺术专业往往只强调学习作品的艺术表现，数字媒体技术专业往往只强调掌握作品的技术开发，数字媒体创意专业则往往只是从作品制作出发掌握创意，这样的专业培养思路导致这三个专业的人才只能充当优秀的工匠，面对《阿凡达》、《功夫熊猫》等国外优秀的数字媒体产品只有感慨"只能被欣赏，难以被超越"。实际上，所有数字媒体专业的共通点和基准点正是数字媒体产业，在系统了解数字媒体产业的基础上有针对性地学习艺术设计、技术开发和策划创意等数字媒体相关的专业知识，才能制作出符合消费者需求的产品，而不是作品，才能充当具有创新能力的设计者，而不是工匠。

所幸的是，随着我国数字媒体产业的日益成熟，数字媒体人才培养中"重内容制作，轻产品经营"的问题有所缓解，一些高校纷纷设置了和媒体产业相关的课程，而笔者所在的大学就是其中的一个。《数字媒体导论》作为面向所有数字媒体专业的行业导入课已经开设了 4 年。当上过数字媒体产业行业导入课的学生告诉我，凭借对产业较为深入的了解，他们在应聘中脱颖而出时，我都感到无比欣慰。

由于我从 2000 年开始研究 Internet 与电子商务，2003 年涉足移动媒体，2004 年将数字媒体作为博士研究方向，2006 年从企业回到高校从事数字媒体人才培养。因此，从 2000 年至今十年期间，我相继从科研、实践、人才培养等不同角度，以及 Internet、移动媒体、媒体产业不同领域涉足数字媒体。这些经历让我蒙生了出版一本系统介绍数字媒体教材的想法。数字媒体产业是 Internet、移动网、媒体产业融合的产物，虽然这些行业我都有涉及，但写作过程中仍会有很多疑惑，需要参考大量的文献，与专家、从业者交流，每每疲倦时，学生听课时欣喜的眼神成为我不懈努力的动力。十年磨一剑，终于完成了这样一本系统介绍数字媒体的教材。

本书具有系统性、科学性、实践性、参与性以及寓教于乐等特点，具体如下。

1. 系统性。数字媒体是融合的产物，是一个系统，因此本书从数字媒体本质出发，从数字媒体产业、数字媒体技术、数字媒体网络、数字媒体产品、数字媒体内容和数字媒体终端 6 个角度分析数字媒体，整体框架依托于老子《道德经》中所言："道生一，一生二，二生三，三生万物"展开。

2. 科学性。本书中讲述的理论主要是业内普遍达成共识的数字媒体的知识点，对于和实际相结合的内容，则放在了知识点之后的"实例分析"中，因此本书中所讲授的理论具有较强的科学性和普遍性。

3. 实践性和参与性。本书内容采用了"知识点+实例分析+思考"三部曲的结构，旨在让读者在了解数字媒体知识点的基础上，理解知识点在实践中的应用，最终掌握如何应用知识点。

4. 寓教于乐。一方面，书中各知识点对应的实例以及思考题能让学生理论联系实际，从而轻松地掌握内容；另一方面，多媒体课件与教材相配套，为教师和学生深入了解高速发展且多彩的数字媒体领域提供了便利。

最后，作为数字媒体产业的教育者，深知改变数字媒体产业跟随的状态不是一日之功，但搭乘着数字的快车，随着数字媒体人才培养的改革，从跟随到竞争，从竞争到领先，我们充满信心。

编　者

2010 年 4 月

《数字媒体导论》框架图

本书整体框架依托于老子《道德经》中所说的道："道生一，一生二，二生三，三生万物"。数字媒体是融合的产物，是一个系统，"割下来的手，不是手"，每一个数字媒体从业者的眼光不应局限于某个领域，应该了解整个系统。

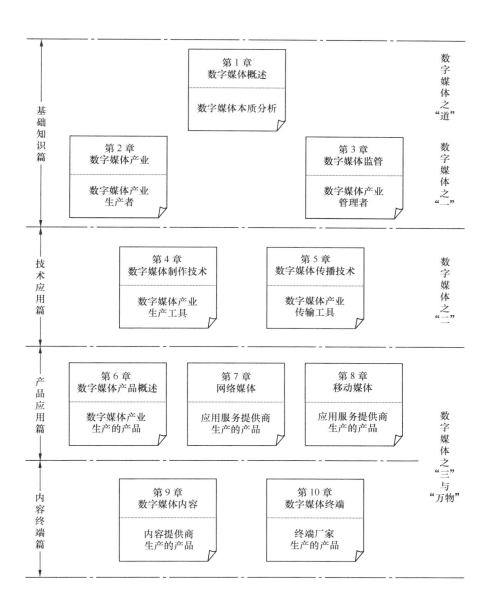

目录

Contents

基础知识篇

第1章　数字媒体概述 / 2

1.1　媒体的基本概念 / 3
  实例分析1-1　"白马非马"的新启示
  1.1.1　媒体即信息
  实例分析1-2　关于界定概念的思考
  实例分析1-3　从埃舍尔的"鸟的渐变图"
    想到的
  1.1.2　无处不在的媒体
  实例分析1-4　谁在"强奸"我们的眼睛？

1.2　数字媒体的基本概念 / 7
  1.2.1　数字媒体和0/1
  实例分析1-5　调制解调器"猫"
  1.2.2　数字媒体是一个系统
  实例分析1-6　从彩铃"爱情呼叫转移"看
    数字媒体系统
  1.2.3　数字媒体是融合的产物
  实例分析1-7　从彩铃"优秀员工"看数字
    媒体

1.3　数字媒体与传统媒体 / 13
  1.3.1　传媒产业的变迁
  1.3.2　数字媒体和传统媒体的关系
  实例分析1-8　数字媒体时代的传统媒体
    企业

1.4　数字媒体与电信增值 / 16
  1.4.1　电信增值业务的内涵
  实例分析1-9　电信增值业务分类举例
  1.4.2　数字媒体产品和电信增值业务的
    交集
  实例分析1-10　大话数字媒体产品和电信
    增值业务

1.5　本章小结 / 21

第2章　数字媒体产业 / 23

2.1　数字媒体产业链概述 / 24
  实例分析2-1　大话数字媒体产业链

2.2　产业链的变迁 / 27
  2.2.1　延长的产业链
  实例分析2-2　产业链的思考之CP——手机
    视频的质量为何差强人意？
  实例分析2-3　产业链的思考之SP——是否
    需要SP呢？
  实例分析2-4　产业链的思考之利益分配——
    三鹿事件的启示
  实例分析2-5　产业链的思考之SP——SP不
    关心产品质量吗？
  实例分析2-6　产业链的思考之运营商——
    运营商如何选择？
  2.2.2　环形的产业链

实例分析 2-7　电信产业发展历史

实例分析 2-8　中国电信拆分方案分析

实例分析 2-9　中国移动和中国联通竞争

分析

2.3　融合的产业链 / 38

实例分析 2-10　传统媒体企业的新媒体

战略

2.4　数字媒体产业经济特征 / 41

实例分析 2-11　范围经济性在数字媒体产业

中的应用

2.5　本章小结 / 43

第 3 章　　数字媒体监管 / 44

3.1　数字媒体产业监管归属 / 45

实例分析 3-1　关于黄色网站域名泛滥的

思考

3.2　数字媒体产业分类监管 / 46

实例分析 3-2　从门户网站新浪看数字媒体

监管现状

3.3　数字媒体产业分层监管 / 48

3.3.1　分层监管体系概述

3.3.2　移动媒体产业分层监管体系的演进

中国移动媒体运营管理实例

3.4　中国数字媒体产业监管 / 52

3.5　本章小结 / 55

技术应用篇

第 4 章　　数字媒体制作技术 / 58

4.1　数字媒体技术概述 / 59

实例分析 4-1　李宁运动品牌广告的启示

4.2　数字音频处理技术 / 60

4.3　数字图像处理技术 / 61

4.4　计算机图形技术 / 65

4.5　计算机动画技术 / 66

4.6　数字影视剪辑技术 / 69

4.7　数字影视特效技术 / 70

实例分析 4-2　关于数字媒体专业人才培养

的思考

4.8　本章小结 / 72

第 5 章　　数字媒体传播技术 / 73

5.1　Internet / 74

5.1.1　Internet 基本概念

实例分析 5-1　Internet 与电子商务

5.1.2　地址和域名

5.2　移动通信网络 / 76

5.2.1　移动通信概述

实例分析 5-2　中国移动生活顾问 12580 的

启示

实例分析 5-3　下一个增长点——物联网

实例分析 5-4　"铱星计划"的启示

5.2.2　蜂窝移动通信网络技术基础

实例分析 5-5　频谱资源利用方式通俗理解

5.2.3　蜂窝移动通信网络的演进

实例分析 5-6　我国移动通信网络演进历程

5.2.4　手机媒体的传播特性

5.3　数字广播 / 86

5.3.1　数字广播的基本概念

5.3.2　数字广播的传输方式

实例分析 5-7　数字广播在我国的发展

5.4　数字电视 / 87

5.4.1　数字电视的基本概念

5.4.2　数字电视的传输方式

实例分析 5-8　三网融合将是大势所趋

5.5　Internet 与移动通信网 / 89

5.6　本章小结 / 91

产品应用篇

第 6 章　　数字媒体产品概述 / 94

6.1　数字媒体产品的基本概念 / 95

实例分析 优胜劣汰的网络视频产业

6.2 数字媒体产品的特性和属性 / 97

6.3 数字媒体产品的分类 / 97

6.4 本章小结 / 98

第 7 章 网络媒体 / 99

7.1 网络媒体产品的基本概念 / 100

*实例分析 7-1 从门户网站看网络媒体产品
的基本概念*

7.2 Internet 的基本功能 / 101

7.2.1 WWW

实例分析 7-2 Web 网页和 HTML "趣解"

7.2.2 FTP

7.2.3 BBS

7.2.4 Telnet

实例分析 7-3 最简单与最复杂

7.3 典型网络媒体产品 / 106

7.3.1 门户网站

实例分析 7-4 不同视角人眼中的门户网站

实例分析 7-5 商圈老字号管理及服务平台

*实例分析 7-6 "物竞天择, 适者生存" 的
门户网站市场*

7.3.2 搜索引擎

*实例分析 7-7 对于搜索引擎未来的思考——
社区化搜索引擎产品*

实例分析 7-8 竞价排名和关键词广告

7.3.3 网络游戏

实例分析 7-9 关于麻将游戏的思考

实例分析 7-10 对未来游戏盈利模式的思考

7.3.4 即时通信

实例分析 7-11 十年磨一剑—腾讯 QQ

实例分析 7-12 关于企业即时通信市场的思考

*实例分析 7-13 关于即时通信功能的
深入思考*

7.3.5 博客

实例分析 7-14 Internet 中反客为主的 "客"

*实例分析 7-15 个性化和开放性的综合体
服务—博客*

实例分析 7-16 关于博客广告联盟的思考

7.3.6 维客

实例分析 7-17 关于维客和博客的思考

7.3.7 SNS

实例分析 7-18 我国 SNS 网站盘点

7.3.8 微博

实例分析 7-19 政务微博之北京微博发布厅

7.4 云 计 算 / 136

实例分析 7-20 运营商与云计算

7.5 互联网盈利模式综合分析 / 140

7.6 本章小结 / 143

第 8 章 移动媒体 / 145

8.1 移动业务和手机媒体的关系 / 146

*实例分析 8-1 关于移动业务和手机媒体的
思考*

8.2 功能拓展类移动业务 / 148

8.2.1 移动业务概述

*实例分析 8-2 腾讯 QQ 和中国移动动感地
带品牌分析*

实例分析 8-3 阳光乐乐工作室品牌分析

实例分析 8-4 三大运营商品牌一览

8.2.2 短信

实例分析 8-5 短信信息服务市场分析

*实例分析 8-6 从存储转发机制看点对点
短信的成功*

8.2.3 彩信

实例分析 8-7 我国 MMS 市场分析

8.2.4 手机上网

*实例分析 8-8 关于运营商 WAP 业务品牌的
思考*

实例分析 8-9 国内知名的 WAP 网站一览

8.2.5　个性化回铃音

实例分析8-10　关于国内首个彩铃侵权案的
　　　　　　思考

8.2.6　软件下载业务

实例分析8-11　智能手机和软件下载业务

实例分析8-12　我国软件下载类业务现状

8.2.7　IVR

实例分析8-13　移动IVR的现状

实例分析8-14　主流IVR服务内容分析

8.2.8　动态内容分发业务

实例分析8-15　韩国动态内容分发业务介绍

8.2.9　拓展类增值业务运营模式

8.3　移动互联网 / 178

8.4　手机媒体产品 / 179

8.4.1　手机媒体产品概述

实例分析8-16　手机和媒体关系的思考

8.4.2　手机游戏

实例分析8-17　关于手机游戏"音乐精灵"
　　　　　　制作流程的思考

8.4.3　手机音乐

实例分析8-18　彩铃的发行逻辑分析

8.4.4　手机报

实例分析8-19　关于手机报的深入思考

8.4.5　手机电视

实例分析8-20　关于手机电视的深度思考

8.5　本章小结 / 192

内容终端篇

第9章　数字媒体内容 / 194

9.1　数字媒体内容概述 / 195

实例分析9-1　关于内容与产品的思考

9.2　数字媒体内容和传统媒体内容 / 196

实例分析9-2　"数字"与"媒体"融合成功
　　　　　　的经典案例—手机电影剪辑

9.3　本章小结 / 198

第10章　数字媒体终端 / 199

10.1　数字媒体终端概述 / 200

实例分析10-1　一款革命性的终端产品
　　　　　　——iPhone

10.2　计　算　机 / 201

10.2.1　计算机的发展历史

实例分析10-2　移动互联网双模笔记本—
　　　　　　IdeaPad U1

10.2.2　计算机的组成

实例分析10-3　大者恒大、赢者同吃的计算
　　　　　　机市场

10.3　移动通信终端 / 204

10.3.1　手机的发展历史

实例分析10-4　经典手机回顾

10.3.2　手机的功能

实例分析10-5　移动办公手机的典范—
　　　　　　黑莓手机

实例分析10-6　商务与时尚结合的典范—
　　　　　　酷派手机

实例分析10-7　世博通——移动生活的典范

10.4　数字消费类电子产品 / 209

10.4.1　数码照相机

10.4.2　数字电视终端

10.5　本章小结 / 210

参考文献 / 212

基础知识篇

老子在《道德经》中曾说："道生一，一生二，二生三，三生万物"。数字媒体是融合的产物，它像一枚水晶钻石，观察者的角度不同，它折射出的光芒也大相径庭。本篇将通过数字媒体折射出的光芒，分析其中蕴含的"道"，即数字媒体的本质。

尼葛洛庞帝在《数字化生存》中曾说："计算机不再和计算机有关，它决定了我们的生存。"通过本篇大家会了解到数字媒体的全貌，并发现"数字媒体不再和媒体有关，它将改变我们的生活方式。"

此外，本篇还将在揭示数字媒体"道"的基础上，介绍迎合数字媒体而产生的"一"，即数字媒体的产业。

关键词： 信息　融合　产业链　监管

第1章

数字媒体概述

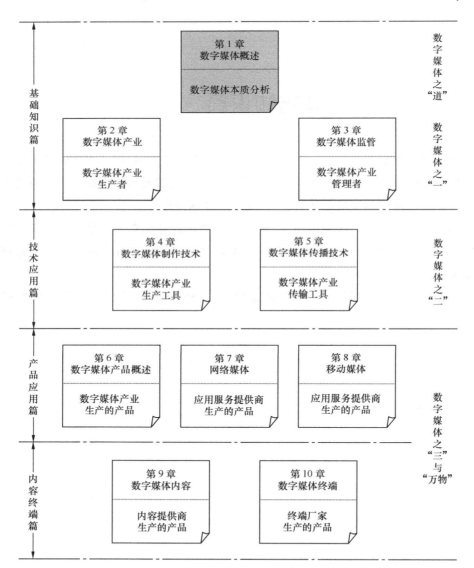

近年来，随着计算机技术、网络技术、数字通信技术和文化、艺术、商业等领域的深度融合，Internet、移动通信网已成为了媒体信息新的传播渠道。于是 Internet 和手机被称为继报纸、广播、电视之后的"第四媒体"和"第五媒体"，人类进入了数字媒体时代。由于数字媒体产业是传统媒体产业、通信产业、网络产业等诸多企业融合的产物，是一个充满创新

的产业，于是往往很难简单地从一个产业的视角看清数字媒体的本质，因此本章将抛开数字媒体涉及的传统媒体、电信运营商等相关企业，抛开手机电视、博客等纷繁多样的数字媒体产品，从数字媒体的本质出发，全面、系统地审视数字媒体。

1.1 媒体的基本概念

本节将根据汉语的拆文解字，按照媒体、数字、数字媒体的顺序依次分析数字媒体的本质，这样的分析思路同样适用于分析网络游戏、彩信等数字媒体产业层出不穷的新名词。

实例分析 1-1　　"白马非马"的新启示

"白马非马"是赵国的公孙龙在《白马论》中提出的诡辩论的命题。抛开这个命题提出的本意来看，一方面，白马从本质上看显然首先属于"马"，其次是"白色的"，白是马的形容词；另一方面，"马"和"白色"是一种融合关系——白马和黑马往往不仅仅在颜色上有不同，在很多属性上也存在差异。

同理，数字媒体这个概念和白马的结构一样，"媒体"是核心，而"数字"是形容词，但数字媒体绝不等于"媒体的数字化"，而是"媒体"和"数字"的充分融合。这个概念看似简单，但在数字媒体发展之初，不少创业者就犯了这样的错误，认为数字媒体只是传播渠道的变化，而媒体内容是一样的，于是在激烈的竞争中惨败。

数字媒体产业是一个高速发展的产业，新名词、新技术层出不穷，我们可以利用这样的分析思路轻松地理解网络游戏、彩信等诸多新名词。

"授人以鱼，不如授人以渔"，由于数字媒体产业日新月异，本书的内容安排侧重让读者在掌握数字媒体相关知识的同时，具备数字媒体产业分析思路，以实现触类旁通，具备"钓鱼的能力"，而不是仅仅得到一条"鱼"。

🌱 **思考 1-1**　请根据汉语的拆文解字，谈谈你对网络游戏概念的理解。

提示：可按照游戏、网络、网络游戏的顺序依次进行分析。

1.1.1 媒体即信息

根据汉语的拆文解字可知，数字媒体的本质是"媒体"，"数字"是"媒体"的形容词，因此下面首先分析媒体的概念。

1．媒体与媒介

媒体在传播学范畴中有两种含义：一是指具备承载信息传递功能的物质，如电视、广播、报纸等被称为大众媒介；二是指从事信息的采集、加工制作和传播的社会组织，即媒体机构，如电视台、报社等被称为大众媒体。这里的媒介和媒体两个概念有细微的差别。也有学者认为媒介指的是介于传播者与受传者之间的用以负载、传递、延伸特定符号和信息的介质，如动作、表情、声音语言、文字、音符、线条、色彩。而媒体则主要指媒介载体，如报纸、杂志、图书、广播、电视等载体及其发行机构。实际上媒体和媒介是不可分离的，在英文中只采用一个词——medium（单数）或者media（复数），而在中文书刊中对于"medium"或"media"的翻译有的译为"媒体"有的被译为"媒介"，传播类的书刊中常采用"媒介"，如新闻媒介、大众媒介等，而通信类相关的书刊中常采用"媒体"，如多媒体。在本书中不区分"媒介"与"媒体"，统一用"媒体"表示，也就是英文中的"medium"或"media"，意指传播信息的中介，其内涵包括机构、载体、介质等。

实例分析 1-2　　关于界定概念的思考

在本书中不会过多地探讨某个概念如何界定，原因在于，同一个事物从不同角度审视往往结论不尽相同，大多数情况下这些结论没有绝对的对错之分，基于哪个角度分析，关键取决于分析此概念的目的。

比如一个学生，对于她的母亲而言，她是女儿；对于她的老师而言，她是学生；对于她的舍友而言，她是同学。这三个定义没有绝对的错与对，只是角度不同而已。因此关键要看分析问题的初衷，如果要分析这个学生是否能评三好学生，显然要从"学生"这个角度出发；如果要分析这个学生是否是"孝顺"，则要从"女儿"这个角度出发。笔者曾听到过两位学者就移动互联网到底属于Internet业务的延伸还是移动网增值业务争执不休，实际这两个概念都有一定的道理，关键要看分析的目的是什么。

因此，本书中往往会选择一个相对正确、服务于研究视角的概念去界定要研究的对象。本书将媒体、媒介、传播媒介统称为媒体，意指传播信息的中介。

思考 1-2　请结合媒体的概念，谈谈你生活中有哪些媒体？

提示：可根据媒体的基本概念思考。

2. 媒体即信息

在拉丁语中，媒体（medium）意为"两者之间"，被用来指携带信息传播的一切中介。从传播学的角度看，媒体是人与人或人与机器之间进行信息交流行为赖以进行的物质和能量信号。也就是说，一切信息产生、发送、接收作业均依赖于媒体才能得以进行。例如，文学家通过对语言文学的编排、修饰进行信息处理。信息存储是把文字、图形、语音、图像等符号载体固定于报纸、书籍、磁带等实物载体上，再把实物载体存储起来。简而言之，媒体就是信息的多种多样的表现形式，这可以归结为加拿大著名传播学大师麦克卢汉提出了"媒介即信息"的著名论断。媒体即信息中的媒体，媒体是一种能够承载、延伸、传递特定信息的中介，媒体和信息的不可分割性告诉我们，媒体也是一种信息。例如，语言同样也是一种信息，读解出语言，才能读解出信息。

实例分析 1-3　从埃舍尔的"鸟的渐变图"想到的

你见过图 1-1 所示的这幅名画吗？这幅名画是埃舍尔的"鸟的渐变图"，画面上的鸟从平面到二维，最后到三维，鸟仿佛从纸上飞了起来。显然这幅画的纸是媒体，而画上的图片也是媒体，都是"传递信息的中介"，传递的信息是"鸟的渐变"。

图 1-1　鸟的渐变图

现代社会，人们利用这幅名画图案，结合媒体的特点，进行了改造，生产出了大量"千鸟格"的产品，如围巾、衣服和包（见图 1-2）。显然围巾、衣服和包都是媒体，但千鸟格的图案放在这些媒体上传达的意义则不再是"鸟的渐变"，而是一种典雅和高贵。由此可见，传递信息的中介"媒体"和"信息"是不可分割的，媒体也是一种信息。

图 1-2　围巾、衣服和包

🌱 **思考 1-3**　请结合你的生活，举例说明媒体也是一种信息。

提示：以语言媒介为例分析，如杰克逊的歌《bad》，其中 bad 可以翻译成"真棒"，而不是"坏的"。

1.1.2 无处不在的媒体

继报纸、广播和电视三大媒体之后，近年来，Internet、移动通信网一跃成为新的媒体传播渠道。除了这些主流媒体外，还有一些新颖的传播形式层出不穷，如移动电视、车体广告、户外大牌、楼宇广告等。同时，各种媒体形式之间在相互衍生和渗透。仅仅就电视这种传统媒体的衍生形态来看，就有高清电视、有线数字电视、网络电视、车载移动电视、手机电视、IPTV、楼宇电视、户外大屏幕等若干多种传播形态。而今媒体正变得无所不在——公交汽车上，细心的市民可以看到打着"北广传媒"或"CCTV"标志的移动电视；地铁车厢里，电视屏幕镶嵌在车门旁，一遍遍播放歌曲、笑话、广告等内容，填充着大家的空闲时间；出租汽车上，如果你坐在后排，司机或副驾驶座位后方的小屏幕上，播放着与电视同步的新闻；在写字楼、银行、餐馆、电梯间，人们习惯路过时看一下墙上的电视屏，人们都可以从中得知各种最新的消息；当我们在公共场合通过 wifi 上网时，打开输入密码的界面，往往上面加载着广告。

实例分析 1-4　　谁在"强奸"我们的眼睛?

无处不在的媒体，带我们进入了信息爆炸的时代。除了电视、Internet 等主流媒体，近年来新颖的传播形式层出不穷，如移动电视、车体广告、户外大牌、楼宇广告等，于是我们的眼睛中时常充满着广告。

（1）液晶广告：分众传媒作为国内最知名的平板电视广告商，一个成功的商业创意，诞生了遍布全国各商业楼宇、写字楼、居民小区的液晶电视，如图 1-3 所示。这种商业模式创造了让一个广告人一夜之间成为亿万富翁的神话。类似的广告创意还有在汽车、火车上安装电视等。

（2）路牌、车体广告等户外广告：如今在车站、路边、高速公路周围随处可见路牌广告。近几年，公交车上开始陆续有了车体广告，紧接着是车内、车的扶手开始有广告（见图 1-4），车的类型也从公共汽车，发展到单位车、地铁等。于是车的性质发生了本质的改变，变成了"移动中的媒体"。

图 1-3　液晶广告　　　　　　　　　　图 1-4　扶手广告

（3）桌面记事本等礼品广告：在一些高档咖啡厅、茶楼、会所、星级酒店、西餐厅的桌面上放有记事本等小礼品，礼品上印有企业的宣传。这种广告形式相比路牌、电视等广告形势舒服，没有那么生硬。咖啡厅、茶楼等本来就是休闲谈事的地方，客户会禁不住拿起桌上的东西看看，如图 1-5 所示。

（4）缝隙广告：这类广告的特点是见缝插针，如图 1-6 所示，连厕所也不放过，难怪有人说媒体在"强奸"用户的眼睛。

图 1-5 礼品广告

图 1-6 缝隙广告

 思考1-4 请结合你的生活，谈谈近年来出现的新的媒体形式。

提示：可参考 1.1.2 小节中提到的媒体形式进行分析。

1.2 数字媒体的基本概念

尼葛洛庞帝（Negroponte）在其《数字化生存》中提出："计算不再只和计算机有关，它决定我们的生存。'信息 DNA'正在迅速取代原子而成为人类生活中的基本交换物，这种变化影响将极为巨大；将来电视机与计算机屏幕的差别变得只是大小不同而已；从前所说的大众传媒正演变成个人化的双向交流。信息不再被'推给'消费者，相反，人们的数字勤务员将把他们所需要的信息'拿过来'并参与到创造它们的活动中；信息技术的革命将改变我们的生活方式。"

在信息无处不在的今天，数字媒体作为计算机技术、网络技术、数字通信技术和文化、艺术、商业等领域融合的产物，作为信息新型的承载中介也不再只仅仅和媒体有关，它将改变着我们的生活方式。

1.2.1 数字媒体和 0/1

1. 数字和模拟

在通信领域，数字和模拟相对应，它们都是信息处理的方式，不同的是，模拟通信通过连续的物理量传递信息，而数字通信则通过不连续的数字来传递信息。以固定电话为例，发话人说话的声音，即由振动发出的声波，通过送话器转变为随声音强弱变化而变化的电信号，由于这个信号是"模拟"声音变化的，因此叫做模拟信号。这个信号通过电话线传送到接收方，再通过受话器转变为原来的声音。而数字通信则不同，以计算机为例，发送方的信号首先需要转化为"0"、"1"表示的数字信号，然后进行传递，最后再将数字信号恢复到最初的模拟信号，模拟信号转变为数字信号的过程称为"模/数转换"；相反，数字信号转变为模拟信号的过程被称为"数/模转换"。

数字通信相对于模拟通信最大的好处就是传递信息过程中信息损耗小，精确度高。

综上所述，数字媒体中的"数字"主要是指利用数字的方式进行信息的传递。

实例分析 1-5   **调制解调器"猫"**

    调制解调器（Modem）即常说的"猫"，主要功能就是"模/数转换"和"数/模转换"。调制和解调是两个概念。调制是将模拟信号转换成数字信号，解调是将数字信号转换成模拟信号。当计算机通过电话线上网时，由于电话线是传送模拟信号的，而计算机是处理数字信号的，因此需要调制解调器在计算机和电话线之间做"翻译"工作。

思考 1-5   请结合数字和模拟的概念，分析为何家中安装宽带就不需要调制解调器了呢？

    提示：结合调制解调器的功能及宽带传输信号处理的方式进行分析。

2. 数字媒体的概念界定

目前对于数字媒体的认识尚未达成一致。

国际电信联盟（ITU）对数字媒体的定义是在各类人工信息系统中以数字（或代码）形式编码的各类表述媒体、表现媒体、存储媒体、传输媒体等。这个描述是从技术的角度定义数字媒体，更确切地应称之为"数字媒体技术"或者"数字媒体传播"。从传播学的角度看，数字媒体主要是指依托于数字媒体技术的信息传播渠道、信息传播服务、信息传播方式等。其中，数字信息传播渠道主要有 Internet、通信网等。数字信息传播服务主要有电子邮件、BBS、即时通信、手机短信等。数字信息传播方式主要有组播、单播、点播等。

从产业融合的角度来说，一些学者将数字媒体定义为以信息科学和数字技术为主导，以大众传播理论为依据，以现代艺术为指导，将信息传播技术应用到文化、艺术、商业、教育和管理领域的科学与艺术高度融合的交叉学科。根据这个定义，数字媒体包括了图像、文字、音频、视频等各种形式，并且传播形式和传播内容中采用数字化，即信息的采集、存取、加工和分发的数字化过程。这个定义强调了数字媒体产业是媒体产业和通信产业融合的产物。

《2005 中国数字媒体技术发展白皮书》中给"数字媒体"做了这样的定义："数字媒体是数字化的内容作品，以现代网络为主要传播载体，通过完善的服务体系，分发到终端和用户进行消费的全过程。"这一定义强调了网络是数字媒体的传播载体，网络是数字媒体传播中最显著和关键的特征。

从以上各研究机构和学者对数字媒体的概念界定可以看出，数字媒体是一个新兴的产业，涉及范围较广，从不同角度审视数字媒体，对数字媒体的表述也不尽相同，但本质内涵是相同的。综合上文中对数字和媒体概念的分析，数字媒体可以被定义为计算机技术、网络技术、数字通信技术和文化、艺术、商业等领域的融合的产物，以数字形式（0/1）存储、处理和传播信息的中介，包括机构、载体、介质等。

1.2.2　数字媒体是一个系统

数字媒体是以数字形式（0/1）存储、处理和传播信息的中介，包括机构、载体、介质等。因此，从数字媒体的策划、制作、传播到用户消费的全过程系统来看，数字媒体是由数字媒体机构、数字媒体产品、数字媒体技术、数字媒体内容、数字媒体网络和数字媒体终端6个方面构成的一个系统。

1.　数字媒体机构

数字媒体机构是指负责监管数字媒体产业的政府部门以及从事数字媒体信息采集、加工、制作和传播的社会组织，即数字媒体产业中有两个主体，一个是政府部门，另一个是企业。具体包括文化部、工业和信息化部等数字媒体政府监管部门和中国移动、新浪等数字媒体相关企业。其中，数字媒体政府监管部门主要负责制定与执行相关法律法规，营造数字媒体产业可持续发展的竞争环境。数字媒体企业主要负责数字媒体产品经营与策划、数字媒体内容的制作、数字媒体产品传播和数字媒体产品消费4大环节。

2.　数字媒体产品

数字媒体产品或者称为数字媒体服务，就是依托于 Internet、移动通信网、数字电视网等数字化网络，以信息科学和数字技术为主导，以大众传播理论为依据，融合文化与艺术，将信息传播技术应用到文化、艺术、商业等领域的科学和艺术高度融合的各类媒体服务的统称。从本质上看，数字媒体产品是一种媒体服务，向用户提供文化、艺术、商业等各领域的服务产品。从传播途径上看，数字媒体产品主要通过 Internet、移动通信网、数字电视网等数字化网络传输。从技术角度上看，数字媒体产品主要通过信息科学和数字技术来制作，如网络游戏、手机报等。

3.　数字媒体技术

这里的数字媒体技术主要是指数字媒体信息处理和生成的制作技术，即数字媒体特有的技术手段，不包括信息获取与输出技术、数字信息存储技术等公用的技术。数字媒体技术主要服务于数字媒体内容的制作环节，是使抽象的信息变成可感知、可管理和交互的技术。数字媒体制作技术主要包括数字音频处理技术、数字图像处理技术、计算机图形技术、计算机动画技术、数字影视剪辑技术和数字影视特效技术，通过这些技术能制作平面、二维、三维以及数字视频等数字媒体内容。

4.　数字媒体内容

数字媒体内容，又称数字媒体艺术，是指以计算机技术和现代网络技术为基础，将人的理性思维和艺术的感性思维融为一体的新艺术形式。数字媒体内容不仅具有艺术本身的魅力，作为其应用技术和表现手段，也具有大众文化和社会服务的属性，是视觉艺术、设计学、计算机图形图像学和媒体技术相互交叉的学科。

数字媒体内容按照内容表现形式可以分为计算机绘画艺术、计算机图像处理艺术、二维和三维动画艺术、数字视频编辑及后期特技艺术。

5. 数字媒体网络

数字媒体网络主要服务于数字媒体产品的传播。按照依托网络的不同，主要包括移动通信网络、Internet、数字电视网、数字广播网等。由于移动通信网、Internet 的建立是从零开始，不需要破旧立新，且技术手段和经营模式较为成熟，目前普及率较高。展望未来，电视网、广播网数字化将是必然趋势。

6. 数字媒体终端

数字媒体终端是指数字媒体产品的承载设备，是用户享受数字媒体产品，感受数字媒体内容的有形载体。主流的数字媒体终端主要包括计算机（Computer）、移动通信终端（Communication）和数字消费类电子产品（Consumer electrics），如笔记本电脑、手机等。目前，消费类电子产品正在向全面数字化演进，模拟的消费类电子产品越来越少，如数字电视在逐步替代模拟电视。

这6个方面由数字媒体机构负责数字媒体产品经营与管理，并负责组织人员利用数字媒体技术制作数字媒体内容，然后通过数字媒体网络传播数字媒体产品，最后用户通过数字媒体终端消费产品和内容，整个过程数字媒体相关政府部门负责监管。数字媒体全过程可以被理解为数字媒体产品经营与策划、数字媒体产品制作、数字媒体产品传播和数字媒体产品消费4大环节，图1-7所示为数字媒体6层系统框架图。数字媒体是一个系统，每一个数字媒体从业者不仅仅需要了解本领域，也需要了解相关领域的情况。

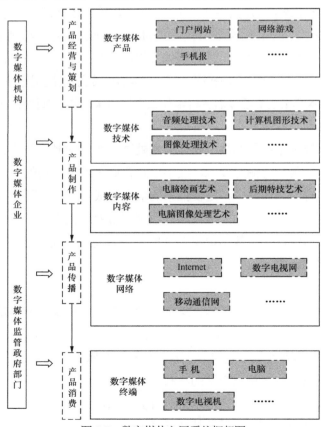

图1-7　数字媒体六层系统框架图

特别要指出的是，数字媒体产品常常被忽略，甚至将数字媒体内容和数字媒体产品划等号，即仅仅关注数字媒体的内容实现。这样的结果使做出的数字媒体产品只是一个数字媒体作品，而不能称为产品，因为难以实现商业价值。

实例分析 1-6　　从彩铃"爱情呼叫转移"看数字媒体系统

以彩铃"爱情呼叫转移"为例说明数字媒体系统。

环节 1　数字媒体产品经营与策划：2007 年数字媒体企业派格太合传媒公司获得了中国移动的赞助，计划年末推出广告贺岁电影《爱情呼叫转移》，之所以称其为广告贺岁电影，是因为此电影通过故事情节宣传了呼叫转移等中国移动的新业务。考虑到和中国移动合作推出的电影，派格太合计划电影的主题歌《爱情呼叫转移》主要以彩铃的方式推广和发行，并为此专门聘请了手机发行运营的专家负责具体的市场运营工作。

环节 2　数字媒体产品制作：结合产品的定位，经过反复商讨，最后确定由林夕写词、陈奕迅演唱，制作过程中应用了数字音频处理等数字媒体技术。

环节 3　数字媒体产品传播：将此歌放在了中国移动彩铃门户网站、手机全曲下载等数字媒体网络平台上进行传播。

环节 4　数字媒体产品消费：用户以彩铃、手机全曲下载等形式下载，通过手机、计算机等数字媒体终端享受这首动人的歌曲"徘徊过多少橱窗住过多少旅馆，才会觉得分离也并不冤枉……"。

思考1-6　请参考实例分析 1-6，举例说明数字媒体系统。

提示：可分析网络视频、手机游戏等数字媒体产品。

1.2.3　数字媒体是融合的产物

数字媒体可以被定义为计算机技术、网络技术、数字通信技术和文化、艺术、商业等领域的融合的产物。它就像一枚水晶钻石，当观察者的角度不同，它折射出的光芒也大相径庭：传统传媒企业看到的是新兴的媒体形式，电信运营商看到的是基础电信业务的衍生，Internet 企业看到的是 Internet 业务的重要组成部分。同时，经济学者看到产业，电脑专家钻研编程，设计师们忙于创意，传播教授悟出沟通。

实例分析 1-7　　从彩铃"优秀员工"看数字媒体

大家猜猜下面这段对白是什么？

甲："做就做最优秀的员工，天天要求工作，工作量最少也得十几个小时，什么策略呀、创意呀、完稿啊！能干的都给它干喽。早上 6 点就到，晚上还得加班，公司里全都是工作狂，是光干活儿不回家那种。老板一个电话，甭管有事儿没事儿，都得跟人家说（May I help you,Sir.），一脸地道的奴才相，倍儿想挨抽。每个人都有你的联系电话，墙上是你的详细住址，连厕所门上都是你的手机号码，公司里搁着铺盖，24 小时贴着，就一个字儿——累！一个月光打的就得万儿八千的。周围同事不是加到早晨 4 点就是 5 点，您要是加到 1 点您都不好意思跟老板打招呼。你说这样的员工一个月得挣多少钱？"

乙："我觉得怎么着也得两千多块吧。"

甲："两千多块？那是一年！就一百多块，别嫌少，还是税前。你得研究咱优秀员工的工作心理，愿意为了一百多块累到吐血的，根本就不在乎挣多少钱！什么是优秀员工？优秀员工就是不管干什么活儿，都干最累的，不干钱多的，所以我们做广告的口号就是：不求最好，但求最累！"

很多人都会回答手机彩铃。

是的，彩铃是近年来迅猛发展的一个典型的数字媒体产品，它像一枚水晶石，从不同角度审视的结果不尽相同。就此彩铃为例，对于唱片公司、电视台等传统媒企业而言，是新的音乐表现形式；对于中国电信、中国移动、中国联通等电信运营商而言，这是传统通话业务的衍生，是增值服务；对于新浪、搜狐等 Internet 企业而言，这是重要的业务形式，是主要的收入来源之一……从专业角度看，经济学家看到了一个新的产业——数字音乐产业，计算机专家则关注如何制作各种数字音乐。设计师和传播学教授则更注重哪种作品能得到用户认同以及彩铃传播中的道理。

彩铃"优秀员工"曾是排行在前十的彩铃，其为什么能得到市场认同呢？这取决于经营者的策划和经营。"优秀员工"制作的时期，正是中国彩铃产业刚刚起步的阶段，彩铃的主要使用者是刚刚工作不久的白领——这是因为他们比四十多岁的成功人士更容易接受新鲜事物，同时比十几岁的学生有消费能力，不会像学生一样更多喜欢通过"拇指"（短信）沟通，因此彩铃成为他们热衷的数字媒体产品。这些白领没有太多照顾父母的压力，没有家庭、孩子的压力，更多的压力来自事业，渴望事业的成功，工作忙忙碌碌，需要发泄工作中的不满情绪，于是这段彩铃夸张地展现了他们忙碌的工作，因此得到白领的认同，下载量较高。

不过这个彩铃又很快消失在了排行榜，究其原因，彩铃主要是打电话的对方能听到的，难免老板也会给员工打电话，这样的彩铃显然不是老板喜欢的。于是，这个彩铃在大家觉得特别贴切地形容生活的状态下下载，又在担心老板生气的状态下取消。任何产品都是有生命周期的，虽然这个彩铃很快被市场淘汰，但它毕竟曾经拥有大量的用户，得到了大笔的收入，这就足够了。

思考 1-7 请参考实例分析 1-7，以手机游戏为例说明数字媒体的融合性。

提示：可从传统媒体企业、电信运营商、经济学家、计算机专家等角度分别分析。

1.3 数字媒体与传统媒体

1.3.1 传媒产业的变迁

1. 传统媒体时代

在 Internet、移动通信服务尚未普及之前，主流的媒体主要包括新闻、图书、报刊、广播、电视、电影音像制品、电子出版物，即《2004—2005 年中国传媒产业发展总报告》中所指的"文化产业核心层"。涉及的企业主要包括报社、杂志社、电视制作中心、电视台、广播台、电影制作、广告公司、发行公司等。媒体产品的类型比较有限，主要以报纸、杂志、广播、电视、电影、音像制品、广告、MTV 为载体，提供新闻、电视剧、电影、广告、音乐等信息。受技术手段的制约，媒体产品的交互性较差，主要表现为信息的单向向下传递。综上所述，把 Internet、移动通信服务尚未普及前，媒体企业较少、媒体产品类型有限、合作模式简单、发布渠道单向性强的传媒时代称为传统传媒时代。

由于在传统传媒时代，我国传媒产业主要重视传媒的政治属性和喉舌作用，淡化传媒的经济属性和产业属性，因此在产业管理干部配备上主要采用行政指定；管理方式主要采用行政手段；媒体产品的生产只谈投入不分析产出，经济意识较弱；媒体产品的质量主要对上级负责；重视员工新闻宣传方面的培训，员工经营和管理意识淡薄，因此当时传媒产业在经营和管理发展方面水平很有限，通常把传统传媒时期认为是"内容为王"，注重内容制作，而忽视经营。

2. 数字媒体时代

随着 Internet、移动网以摩尔速度走进了我们的生活，计算机技术、网络技术、数字通信技术的高速发展与融合，Internet、移动通信网成为了媒体产品的新传播渠道，具有庞大用户群体的手机被称为了继报纸/杂志、广播、电视、Internet 之后的第五媒体。于是主流传媒渠道从 3 个扩充为 5 个——报纸/书刊、广播、电视/电影、Internet、移动通信网，以 Internet 和移动通信网为载体的数字媒体和传统媒体在交互性、受众范围、即时性等方面有着本质区别。伴随数字媒体的飞速发展，近年来我国传媒产业发生了巨大的变化。

首先，媒体企业类型发生质变。诸多新类型的企业加入了媒体产业大军，主要可以包括 3 大类企业：第一类，网络运营商（如中国移动）；第二类，随着网络普及而新生的企业（如新浪）；第三类，交管部门、证券公司、医院等信息源提供企业。数字媒体的强交互性，使得用户可以享受手机查询交通违章、手机炒股、网上挂号等诸多服务，于是交管部门、气象台等传统企业开始融入媒体产业。在这 3 类企业中，电信运营商发展数字媒体的步伐最快。2000 年之后，移动通信语音业务展开激烈的价格战，固定通信业务话务量大幅度跳水，使得电信运营商意识到"产品同质，只有拼价格"，于是运营商意识到手机媒体将是打造差异化优势、留住用户的有利武器。然后，当广告并没有像预想中给新浪、搜狐等 Internet 运营商带来丰厚的收益时，他们都纷纷大踏步向数字媒体产业挺进。最后，交管局、气象站等信息源企业在运营商、服务提供商的促进下，充当了内容提供商的角色，积极参与到数字媒体产品的提供过程中。

其次，媒体产品类型和数量发生了质变。除了出现了手机游戏、手机电视等新类型的媒体产品之外，5类主流媒体以及晚会、户外等非主流媒体提供的产品的融合速度加剧，一个媒体产品往往不是一种表现形式出现，而是会跨多个媒体平台，以融合的角度出现。例如，家喻户晓的电视行业中的"超女选秀"是一个很典型的例子，它以电视媒体为核心，依托短信互动、彩铃下载、宣传画册等多种媒体形式，复制和放大"超级女声"的核心价值，在多媒体的全国性平台上完成了省级卫视对全国性观众资源面对面的民间游说。"超级女声"成为以Internet、手机为代表的多媒体平台与电视传播在融合中创新的典范。

最后，传媒产业链变得复杂。媒体企业数量和媒体产品的质变，加速了媒体产业的融合，于是也带来了产业链的质变。一个媒体产品的成功，不仅仅需要媒体产品内容的优质，更需要产品包装、市场推广、多方协作等媒体产品的运营工作，甚至一些内容不佳的媒体产品，通过强大的市场运作，多媒体渠道很好地融合与合作，一样可以获得丰厚的市场效益。

综上所述，在此把Internet、移动通信服务普及后，媒体企业剧增、媒体产品类型多样、合作模式复杂的传媒时代称为数字传媒时代。由于新媒体时代具有以上特征，以及传媒产业、通信产业都在进行企业化改革，于是媒体产业经济属性凸现，媒体产业运营变得复杂——市场定位是什么、和谁合作、如何分工、分成模式、如何保证各环节有机配合、目标客户是谁、推广方案等媒体运营工作变得至关重要，因此有人把数字媒体时代称为"渠道为王"。但笔者认为，目前"渠道为王"只是产业发展过程中的一个过渡，未来的数字媒体产业将是"渠道为王，内容为后，商务为妃"，其中"渠道"就是"数字化网络"，"商务"的实现依托于数字媒体产品，而"内容"就是用户切实感受到数字媒体产品的表现形式。注意其中的"后"不一定受制于"王"。

1.3.2 数字媒体和传统媒体的关系

根据上文可知，数字媒体是和传统媒体相对而言的，是从媒体产业的视角提出的概念，和依托于有线电视网、有线广播网等传输网络的传统媒体相对应，依托于移动通信网、Internet、数字电视网、数字广播网等数字网络传播的媒体被称为数字媒体，在电视网、广播网等非数字网络上传播的媒体被称为传统媒体。图1-8所示为传统媒体和数字媒体关系示意图。也就是说，传统媒体和数字媒体的核心区别在于媒体传播的网络，而不是媒体存在的形式。例如，新闻联播，当在传统电视网络上传播时被称为"电视节目"，属于传统媒体范畴，而在Internet上传播则被称为"网络视频"，属于数字媒体范畴，在移动通信网上传播被称为"手机电视"，也属于数字媒体范畴。虽然从媒体内容上看无论是在电视网，还是在Internet、移动通信网上没有本质区别，但由于传播网络存在本质区别，于是导致产业链、盈利模式、消费者感受等一系列环节都存在较大差异。

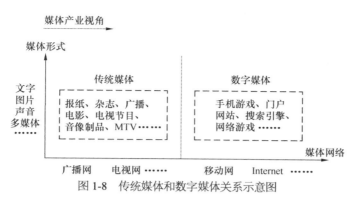

图 1-8 传统媒体和数字媒体关系示意图

从数字媒体和传统媒体产品的关系表象上看，Internet、手机已经可以轻松看新闻了，随着技术的发展，流畅地欣赏视频也不再是可望不可即，手机、Internet 的移动性、覆盖面、便利性显然是强于纸质媒体、强于在电影院看电影，于是从表象看，可以认为数字媒体和传统媒体是取代关系，但实际并不竟然。传统媒体和数字媒体之间的关系实际类似于自行车、汽车、火车、飞机等交通工具之间的关系。显然飞机比汽车快，汽车比自行车快，但是如今我们还是有人骑自行车、有人开车，不会因为飞机比开车快，所有人逐步都坐飞机了，那是因为用户选择适应的产品，而不是最快的。即市场选择适合的产品，而不是最优的。虽然传统媒体的互动性、移动性弱于数字媒体，但传统媒体的共享性、舒适度强于数字媒体。例如，10 个人可以一起去看电影，却不能同时用一个手机看手机视频，而人们的快乐不仅仅来自于看媒体内容，而来自于和朋友分享的快乐；再如电影能传递的音像、画面的效果是手机和计算机所无法提供的。因此，传统媒体和数字媒体之间不是替代的关系，而是相互补充、竞争合作的关系。虽然 Internet、手机能够看新闻，但是相当数量的用户仍然会看报纸，Internet、手机媒体的带来也会带来一个巨大的市场，而不仅仅从原有的媒体企业手中抢夺市场。但是数字媒体时代的到来会导致媒体市场发生本质的变化，不转型、仍然按照原有的方式运作的传统媒体企业会面临的淘汰，他们被淘汰不是因为数字媒体企业夺走了原有的市场，而是因为这些企业没有审时度势，没有根据市场的变化调整自己。

实例分析 1-8 　数字媒体时代的传统媒体企业

数字媒体时代的到来，给传统媒体企业带来了巨大的挑战，创新与融合成为传统媒体企业的主旋律。

但实际上，理性竞争的市场格局并不是一蹴而就的。以第一大媒体报业为例，由于新浪、搜狐铺天盖地的免费新闻所形成的行业冲击，报业在 2005 年召开了"南京宣言"，其中核心的内容就是"不再容忍商业网站无偿使用报纸新闻产品。坚决维护报纸的新闻知识产权。全国报界应当联合起来，积极运用法律武器，加强知识产权保护，维护自身合法利益，改变新闻产品被商业网站无偿或廉价使用的现状。"但正如《经济观察报》总编辑何力所言，"中国报纸将新闻免费给网站，其实并没有人逼他们这样做等方面因素的掣肘，如果早几年就重视网络，发展网络，如果不是把前些年挣到的钱去盖大楼而是用于新技术新媒体的产品链、产业链的延伸，那么纸媒自己的网络会在今天形成气候，甚至中国不会出现几大新闻门户网站。但现在已经晚了"，技术的进步，产业格局的变革是谁也无法阻止的，需要做的是创新，在竞争中合作，而不是抵制。报业很快意识到这一点，在2006年8月发表"北京宣言"誓师进军数字化，2006年11月又发表了"香山宣言"，提出数字报业经验共享，报业近几年的发展过程，昭示着传统媒体产业从受到Internet冲击的媒体群从排斥到学习的成长历程。在2006年3月的中国传媒创新年会提出了中国传媒产业发展的清晰路线：创新即是追求融合，融合就是成就创新。凡是那些偏离了创新的融合，或者偏离了融合的创新都已面临或将面临效率的损失和财富的消减。

在电视行业中，湖南台的"超级女声"是创新和融合成功最好的实例，它以电视媒体为核心，覆盖了网络媒体、手机媒体、报纸媒体、广播媒体等，再通过后期的演唱会、娱乐节目等多种形式，复制与放大"超级女声"的核心价值。成功的核心节目策划、多媒体覆盖、广泛的观众参与、节目的后产品市场开发，这些已经使得湖南台从一个省级卫视成为辐射全国市场的"明星电视台"。

 思考1-8 请结合"超级女声"谈谈传统媒体和数字媒体之间的关系。

提示：可从"超级女声"的核心节目策划、多媒体覆盖、广泛的观众参与以及节目的后产品市场开发角度分析。

1.4 数字媒体与电信增值

数字媒体产品也称为数字媒体服务，就是依托于Internet、移动通信网、数字电视网等数字化网络，以信息科学和数字技术为主导，以大众传播理论为依据，融合文化与艺术，将信息传播技术应用到文化、艺术、商业等领域的科学和艺术高度融合的各类媒体服务的统称。由这个定义，很容易联想起另一个与之类似的概念——电信增值业务。根据《中华人民共和国电信条例》中对增值电信业务的定义为，电信增值业务是指利用公共网络基础设施提供的电信与信息服务的业务。其中公共网络基础设施主要包括Internet、移动通信网和固定电话网。由综合数字媒体和电信增值业务的定义可知，两者概念中都有数字化网络——移动通信网和Internet为传播载体。那么数字媒体产品和电信增值业务的关系是什么呢？为了弄清这个概念，首先要分析电信增值业务的内涵。

1.4.1 电信增值业务的内涵

根据汉语的拆文解字，电信增值业务是一种"业务"即服务，是相对有形商品而言的无形商品，通常把无形商品称为服务。业务和服务是企业和用户从不同角度审视商品的不同称呼，比如电信业务对于提供此业务的通信企业而言，是企业自身的一种"业务"，但对于享受电信业务的用户而言，是一种无形商品即服务。

电信增值业务是一种什么样的服务呢？下面用形象的类比来分析电信增值业务的本质。

1. 电信与交通

交通简单理解是用物理的方式实现传递，电信简单理解是用电子的方式实现传递，因此从本质而言电信网和交通网是一样的，都是用于"实现传递"，所不同的是交通网是通过物理的方式传递实体内容（包括人或货物）的网络，而电信网则是通过电子的方式传递电子内容（包括语音和数据）的网络。相应地，交通业务是提供通过物理的方式传递实体内容的服务，电信业务是提供通过电子的方式传递电子内容的服务。表 1-1 所示为交通与电信基础概念对比表。

表 1-1　　　　　　　　　　交通与电信基础概念对比表

交　通		电　信	
项目	说　明	项目	说　明
交通	用物理的方式实现传递	电信	用电子的方式实现传递
交通网	通过物理的方式传递实体内容（包括人或货物）的网络	电信网	通过电子的方式传递电子内容（包括语音和数据）的网络
交通业务	通过物理的方式传递实体内容的服务	电信业务	通过的电子的方式传递电子内容的服务

通过以上分析可知，电信行业和交通行业本质上是一样的，因此在很多较权威的服务业分类目录中通常把交通与电信划归为一类，归属于"流通部门"。例如，国家标准 GB/T19004.2-1994-ISO9004-2：1991 中把服务业分为 12 类，其中交通和电信一起被归在交通和通信类，此类具体包括机场与空运、公路、铁路和海运、电信、邮政和数据通信。

2. 基础电信业务与基础交通业务

相比电信业务，交通业务有更悠久的历史，同时因为通过物理的方式传递实体内容传递的服务，相比通过的电子的方式传递电子内容的服务的电信业务更容易理解。因此透过交通业务，我们可以更清晰地分析电信业务，从而分辨出基础电信业务和增值电信业务。

对于最初的交通业务即基础交通业务，首先，提供传递服务的内容主要是由个人用户或者商业用户提供的实体内容（包括人或货物）；其次，交通业务是一种无形服务，往往需要提供服务的载体，如飞机、火车、汽车等；最后，计费的基础主要是依据提供传递服务的物理距离，如火车票的价格是依据旅程制定的。综上所述，对于交通行业而言，基础交通业务就是依托于交通网，通过飞机、火车等运输工具提供的人或者货物的传递服务，收入来源主要是收取过路费，业务的主要特点是传送内容和形式由用户提供，且不改变。

对于本质相同的电信行业，最初的电信业务即基础电信业务，具有类似的特征，首先，传送的信息内容主要由个人用户或者商业用户提供的电子内容——语音（如移动电话业务）或者数据（如依托数字数据网（Digital Data Net，DDN）传输数据的业务）；其次，电信业务也是一种无形服务，往往也需要服务的载体，如手机、计算机等；最后，计费的基础主要依据提供传递服务的时长，如手机的费用主要依据通话的时长来收取。综上所述，对于电信行业而言，基础电信业务就是依托于电信网，通过手机、计算机等终端设备提供的语音或数据的传递服务，收入的主要来源就是"过路费"，业务的主要特点是传送内容和形式由用户提供，且不改变。表1-2所示为基础交通业务与基础电信业务对比表。

表1-2 基础交通业务与基础电信业务对比表

项　目	基础交通业务	基础电信业务
传送内容	由个人用户或者商业用户提供的实体内容（包括人或货物）	由个人用户或者商业用户提供的电子内容（包括话音或者数据）
提供服务的载体	飞机、火车、汽车等	手机、计算机等
计费基础	提供传递服务的物理距离	提供传递服务的时长
主要收入来源	过路费（传送内容和形式由用户提供，且不改变）	

3. 增值电信业务和增值交通业务

在充分认识基础交通服务和基础电信业务的基础之上，电信增值业务就较好理解了。

由于增值业务可以理解为基于企业基础业务，通过给用户提供更多有价值的产品，从而获得附加收入的服务。因此，基于上述对基础交通服务和基础电信业务的分析，我们把增值业务的用户感知作为划分的标准，将电信增值业务可以划分为如下3大类。

第一类，功能优化类，即"优化传递方式"。

此类交通业务包括在火车上提供盒饭、汽车上提供电视、公共汽车上安装空调等，电信业务则包括来电显示、呼叫转移、个性化回铃音（如彩铃、炫铃）等。这类业务的单笔费用虽然不高，但是能有效地优化用户使用"传递服务"时的感受，因此用户使用量较大，如来电显示，几乎所有手机用户都在使用此项业务。同时此类业务技术上较容易实现，企业之间的合作模式也较简单，如来电显示业务运营商可轻松独立地提供此项业务（注：通信业内习惯于把中国电信、中国移动、中国联通等电信企业称为运营商），因此目前此类增值业务较完善，不同运营商的此类服务趋于同质。综上所述，功能优化类电信增值业务市场普及率较高、收入较可观，但不能有效体现差异化竞争优势。

第二类，功能拓展类，即"提供新的传递方式"。

此类交通业务包括轻轨、磁悬浮列车等新的传递方式，电信业务则包括点对点短信、点对点多媒体短消息、即时通信业务等。这类业务的单笔费用也不高，技术上的要求往往高于功能优化类业务，有的业务还需要终端支持，比如多媒体短消息对手机有相应的配置要求。在众多的功能拓展类业务中，短信由于内容源由用户自己创造，同时使用方便、资费便宜，符合中国消费者文化习惯，成为所有增值业务中最亮眼的明星，为运营商带来了非常很可观的收入。从整体来看，虽然各运营商提供的此类业务存在一定的差异，对于客户的黏度略强于功能优化类增值电信业务，但由于这类业务内容和技术实现上运营商基本可以独立提供，因此仍不能充分体现运营商差异化竞争优势。

第三类，信息服务类，即"电信网上开网络超市"。

此类交通业务如高速公路边的服务区、飞机场航站楼中各类商店、饭店等。电信业务则包括短消息信息服务、移动音乐、移动支付、电子商务等（具体业务介绍详见技术业务篇），形象的理解就是"在电信网上开网络超市"，不仅仅提供传递服务，而且向用户提供各种各样的媒体产品。于是，运营商不仅需要提供传递服务能力，且需要学会如何经营"网络超市"，即从"传统的通信运营商"向"综合通信服务运营商和信息服务运营商"转型。信息服务类增值业务相比前两大类业务的最核心区别在于，精通于电信网的运营商需要较深入地和提供商品的服务商携手合作，单凭自身的力量，很难满足用户个性化的产品需求。就像现在没有一个超市的经营者所销售的商品全部是企业自己生产的一样。双赢、合作才是这类增值业务良性发展的必然之路。因此，信息服务类业务最能体现运营商的差异化优势，成为所有运营商及相关企业关注的焦点。表 1-3 所示为增值交通业务与增值电信业务对比表。

表 1-3 增值交通业务与增值电信业务对比表

类　别	增值交通业务	增值电信业务
第一类功能优化类	火车上提供盒饭、汽车上提供电视、公共汽车上安装空调等	来电显示、呼叫转移、个性化回铃音（如彩铃、炫铃）等
	业务评价——	
	市场普及率较高、收入较可观，但不能有效地体现差异化竞争优势	
第二类功能拓展类	轻轨、磁悬浮列车等新的运输方式	点对点短信、点对点多媒体短消息、即时通信业务等
	业务评价——	
	对于客户的黏度略强于功能优化类增值电信业务，但仍不能充分体现运营商差异化竞争优势	
第三类信息服务类	高速公路边的服务区、飞机场航站楼中各类商店和饭店等	短消息信息服务、移动音乐等
	业务评价——	
	双赢、合作是这类增值业务良性发展的必然之路。此类业务最能体现运营商的差异化优势，成为所有运营商及相关企业关注的焦点	

注意：以上增值业务的划分是根据用户对增值业务的感知和运营商的收入来源作为划分的标准，而不是从企业提供增值业务的角度对产品进行分类。这样的划分方法旨在体现关注用户需求、关注企业利润的思想，而不是从企业提供产品的角度出发，即从商品角度出发，而不是从产品角度。

 实例分析 1-9　　　**电信增值业务分类举例**

1. 彩信

当彩信业务提供的是点对点，即用户和用户之间的通信服务时，彩信属于功能拓展类电信增值业务。

当彩信业务提供的是点对多点，即向用户群发手机报等信息时，此时属于信息服务类电信增值业务。

2. 视频通话

视频通话业务仍然在提供"传递"服务，只是除了传递语音，还传递了通话双方的视频，即"优化了过路方式"，所以属于功能优化类增值服务。

思考 1-9 请分析短信天气预报属于哪类电信增值业务。

提示：可结合各类增值业务的本质分析。

1.4.2 数字媒体产品和电信增值业务的交集

根据以上对电信增值业务的分析，综合数字媒体产品的概念可知，依托于 Internet 和移动通信网的功能拓展类和功能优化类电信增值业务仍然是提供信息传递服务，增值业务中信息服务类电信增值业务才是在"电信网上开商店"，即提供信息，因此依托于移动网、Internet 的信息服务类增值业务等价于依托于移动网、Internet 的数字媒体产品，详见图 1-9 所示的数字媒体产品和电信增值业务关系示意图。它们都是以数字化网络，即 Internet 和移动通信网为传播载体，同时又是传播信息的中介。

图 1-9 数字媒体产品和电信增值业务关系示意图

综合上述分析可知，依托于移动通信网、Internet 的数字媒体产品是媒体产业和电信产业融合的产物。由于媒体产业具有较强的艺术性，重视政治属性，而通信产业具有较强的技术性，重视经济属性，同时两个产业都具有较强的外部性，因此这类产品的经营需要考虑发散的艺术和收敛的技术如何融合，需要兼顾考虑政治属性和经济属性，不能为了经济利益，而误导消费者，也不能只考虑社会舆论导向，而忽视经营。目前，虽然数字媒体、电信增值业务都受到政府、企业的广泛关注，但市场的反映却不尽如人意，其根源在于，精通媒体的人不能深入了解电信技术，而精通电信技术的人不能深入了解媒体，或者精通媒体的人和精通技术的未能很好的合作，总而言之，就是发散的艺术和理性的技术之间的融合问题。但是数字媒体是符合未来发展趋势的，艺术和技术的融合需要的是时间，未来数字媒体产品、电信增值业务必将伴随着产业融合地加剧，而深入人心。

实例分析 1-10 大话数字媒体产品和电信增值业务

数字媒体产品和电信增值业务之间的关系比较难理解，下面举例来 说明。

在 Internet 和移动通信网没有普及之前，广播台、电视台在"铁路"上"卖货"（这里的铁路指代广播网和电视网，货物指代提供广播和电视节目等信息产品），电信公司在"公路"上"运人"（这里的公路指代固定电话网、移动通信网等，运人是指提供传递服务），于是广播台、电视台属于媒体产业，电信公司属于通信产业，一个是卖信息商品的，一个是提供运输服务的。

随着 Internet 和移动通信网的迅猛发展，"公路"不断升级换代，变成了"高速公路"，于是电信公司不仅"运人"，而且在"路边建超市"，开始"卖货"了。于是从传媒产业角度来看，在公路上"卖货"被称为数字媒体；从通信产业角度来看，与基础电信业务在公路上运人相对应，在公路上卖货被称为信息服务类电信增值业务。图 1-10 所示为数字媒体和电信业务示意图。特别要说明，由于 Internet 是一个开放的"公路"，因此 Internet 上卖货的企业除了运营商之外，还涌现出新浪、搜狐等诸多 Internet 企业。随着"铁路"的改造，即数字电视网、数字广播网的建立，传统媒体企业也将使用数字化网络"卖货"。

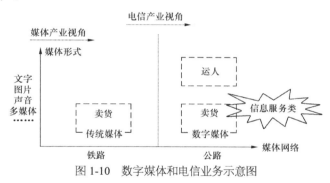

图 1-10 数字媒体和电信业务示意图

思考 1-10 请结合数字媒体产品和电信增值业务的概念，谈谈你对二者关系的认识。

提示：可从一个用户的视角谈二者的关系。

1.5 本章小结

本章首先剖析了数字媒体的本质，其次分析了数字媒体与传统媒体之间的关系，最后重点分析了数字媒体产品与电信增值业务的交集，具体如下。

1. 数字媒体的定义："媒体"，意指传播信息的中介，"数字"主要是指利用数字的方式进行信息的传递。综合上文中对数字和媒体概念的分析，数字媒体可以被定义为计算机技术、网络技术、数字通信技术和文化、艺术、商业等领域融合的产物，以数字形式（0/1）存储、处理和传播信息的中介，包括机构、载体、介质等。

2. 数字媒体是一个系统：从数字媒体的策划、制作、传播到用户消费的全过程系统来看，数字媒体是由数字媒体机构、数字媒体产品、数字媒体技术、数字媒体内容、数字媒体网络和数字媒体终端 6 个方面构成的一个系统；"割下来的手，不是手"，数字媒体每一个从业者不仅仅需要了解本领域，也需要了解相关领域的情况。

3. 数字媒体与传统媒体的关系：数字媒体是和传统媒体相对而言的，是从媒体产业的视角提出的概念，和依托于有线电视网、有线广播网等传输网络的传统媒体相对应；依托于移动通信网、Internet、数字电视网、数字广播网等数字网络传播的媒体被称为数字媒体，在电视网、广播网等非数字网络上传播的媒体被称为传统媒体。

4. 数字媒体产品与电信增值业务的交集：从用户感知的角度，电信增值业务可以分为功能优化类、功能拓展类和信息服务类，其中信息依托于移动网和 Internet 的信息服务类增值业务等价于依托于移动网和 Internet 的数字媒体产品。

第 2 章

数字媒体产业

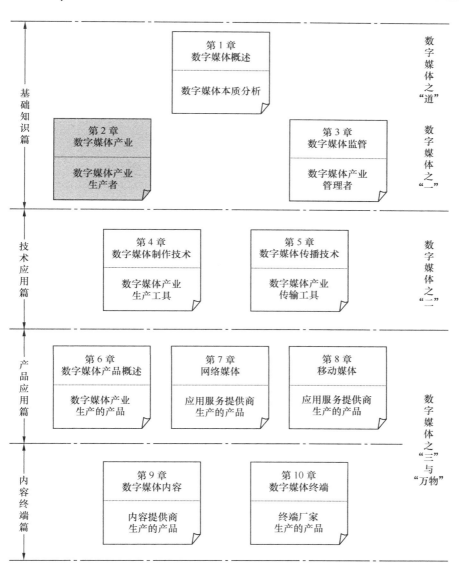

随着生活水平的提高，人们对精神文化的需求也随之提高，需求的差异化日益明显，一部《上海滩》火遍大江南北，一首《我的中国心》传遍全中国的时代一去不复返了。由于数字媒体符合人民群众物质需求多元化趋势，在有效拉动经济的同时，又不会带来大量能源的消耗或者环境的污染，因此为符合我国产业结构调整政策，国家相继出台了一系列政策推动

数字媒体产业的发展，如 2005 年 8 月《国务院关于非公有资本进入文化产业的若干决定》正式下发，数字媒体产业已被列为"十五"期间国家推进高新技术产业化的重点领域，使数字媒体产业近年来一直呈现持续增长趋势。根据中国传媒研究中心发布的《中国新媒体产业现状及发展趋势》显示，2006 年中国数字媒体产业市场总值达到 1140 亿元，占中国传媒产业总值的 1/3。该报告中的统计数字显示，2006 年我国数字媒体的两大组成版块移动媒体和网络媒体均实现较快增长。移动媒体总收入达到 888 亿元，包括手机电视、手机广播、手机短信、手机游戏、移动电视等，同比增长 41.3%；网络媒体总收入为 252 亿元，包括网络游戏、网络广告、网络视频、博客，以及各种下载服务等，其中网络游戏和网络广告收入增长较快，同比分别增长 62.0%和 48.2%。

虽然目前数字媒体产业的发展不尽如人意，呈现"政府、企业热，用户冷"的状况，但"前途是光明的，道路是曲折的"。展望未来，随着通信产业、传媒产业和计算机产业等产业融合加剧，数字媒体产业迅猛发展是大势所趋。

2.1 数字媒体产业链概述

产业链是指产品提供的企业合作链条。产业关联性越强，链条越紧密，资源的配置效率也越高。

数字媒体产业链的成员就是从事数字媒体信息采集、加工、制作和传播的社会组织。数字媒体从生产、流通和消费的全过程看，主要包括 4 大环节——数字媒体产品经营和策划、数字媒体产品制作、数字媒体产品传播和数字媒体产品消费，因此数字媒体的企业根据分工主要包括 4 大成员，负责数字媒体产品经营与策划的应用服务提供商（Service Provider，SP），负责数字媒体产品制作的内容提供商（Content Provider，CP），负责数字媒体产品传播的网络运营商，以及提供数字媒体产品消费载体的终端厂家。另外，虽然设备供应商和系统集成商不直接参与数字媒体产品的生产和提供过程，但由于它们生产数字媒体产品制作和传播过程中所需要的"硬件"和"软件"等原材料，因此它们也可视为数字媒体产业链的成员。由于数字媒体具有较强的交互性，消费者也往往充当了数字媒体内容的提供者，因此也可以看做是数字媒体产业链中的一员。图 2-1 所示为数字媒体产业链示意图。

产业链中的每个成员在产业价值链中都有着明确的分工，产生独特的作用，具体如下。

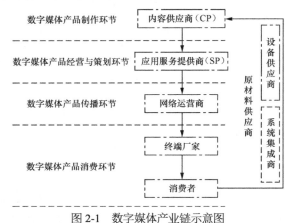

图 2-1　数字媒体产业链示意图

1. 应用服务提供商

应用服务提供商（SP）在整个产业链中负责数字媒体产品的策划和运营，具体包括前期市场调研、数字媒体产品的市场定位、数字媒体产品品牌策划及产品组合、数字媒体产品内容的组织制作、数字媒体产品推广方案的制定执行。理论上，这是产业链中离用户最近的环节，要保持对用户需求变化把握的敏锐度。一方面，SP 需要整合各种数字媒体内容（集成、创作和管理），并根据终端用户需求开发各类数字媒体产品；另一方面，SP 需要利用网络运营商的网络平台把产品传递给最终用户。目前，SP 主要来源于三大阵营，一是传统媒体企业横向延伸产品线，即实行横向一体化战略，提供覆盖电视、广播、Internet、移动网等平台的一体化产品组合；二是提供数字媒体传播网络的网络运营商实行纵向一体化战略，成立下属公司或者设置部门开发和提供数字媒体产品；三是新浪、搜狐等 Internet 运营企业。

2. 内容提供商

最初，内容提供商（CP）和应用服务提供商（SP）是以一个整体参与到产业链中的，但随着产业分工的细化，分裂成两个环节。这样一来，应用服务提供商可专注于用户需求的挖掘和产品的开发，同时也更多地担负起产品的营销推广责任，而内容提供商则撤离出来专注于内容的创作、整理。由于数字媒体产品的多样性和行业的竞争需要，导致应用服务提供商/内容提供商总是产业链中数量最多的部分。目前，CP 主要包括 4 类，第一类是拥有传统内容资源优势的专业内容提供商，主要是指提供影视、新闻、音乐的专业制作公司和传媒机构；第二类是迎合数字媒体的发展，大量涌现的制作手机游戏、彩铃等各类数字媒体内容的制作公司或者工作室；第三类是交通管理部门、证券公司、银行、医院等信息源提供企业，如手机炒股业务的内容提供者就是各类证券公司；第四类是由于数字媒体具有较强的交互性，数字媒体产品的消费者也成为数字媒体内容提供的主要成员。

3. 设备供应商

设备供应商是整个产业链中网络设备和制作设备的硬件提供者，即提供数字媒体产品生产过程中所需要的"硬件"。在产业链中主要包括两大阵营，一大阵营主要提供数字媒体产品制作、加工所需要的硬件设备；另一大阵营主要负责提供传输数字媒体产品所需要的网络设备。

4. 系统集成商

系统集成商是在整个产业链运作中服务、资费、管理等环节的系统软件提供者和技术提供者，即提供数字媒体产品生产过程中所需要的"软件"。在产业链中主要包括两个阵营，一大阵营是根据网络运营商的需求提供包含综合业务管理功能的各类系统平台，提供软件系统接入、计费、管理、监控、维护等工作；另一大阵营是开发及维护数字媒体获取、使用时所需要的各类软件系统，如手机终端上的软件超市、内容分发软件等。

5. 网络运营商

网络运营商主要负责整合网络设备供应商提供的"硬件"和系统集成商提供的"软件"，搭建移动通信网、Internet、数字电视网、数字广播网等数字化网络，同时开发数字媒体产品的发布平台，即用户消费的渠道和门户，并建立数字媒体产品综合管理平台（计费、监控、考评等）。网络运营商主要包括移动网络运营商、Internet 接入服务运营商、数字广播网络运营商、数字电视网络运营商等。

6．终端厂家

终端厂家负责提供数字媒体产品接收和使用的硬件设备，主要包括手机、计算机、数字电视机等。随着营销理念的发展，内嵌功能也逐渐被看做是最直接的营销策略之一。特别是在移动媒体产业链上，由于手机终端在功能和价格上的差异远远大于计算机，并对依托于移动媒体的产品经营有较大的影响，因此，终端厂家也成为了数字媒体产业发展中的重要环节。

7．消费者

消费者是数字媒体的接收者，但由于数字媒体网络具有交互性的特点，因此消费者实际承担着信息接收者和内容提供者的双重身份，如博客、播客中消费者不仅仅充当了内容的浏览者，也在提供大量的信息内容。数字媒体是在交互技术、搜索技术等基础上实现的，因此数字媒体对受众的技术使用、掌握以及文化素质水平提出了要求。目前，数字媒体的受众人群主要集中在上班族和学生群体，其中上班族多为企业管理者、技术人员等中高收入者。

数字媒体的产业链根据依托的数字化网络的不同，可以分为移动媒体产业链、网络媒体产业链、数字电视产业链、数字广播产业链等，虽然这些产业链的核心环节相似，但由于这些网络的特点差别较大，导致这些产业链的运作机制差别也较大。

实例分析 2-1　　　　大话数字媒体产业链

根据第1章对数字媒体本质的分析可知，数字媒体产品可以看成"信息高速公路"上"网络超市"里销售的各种"商品"（图2-2所示为数字媒体王国示意图）。按照这样的思路，吾酷、派格太合等内容提供商负责制作商店里的各种商品，新浪、搜狐等应用服务提供商负责商品的经营，中国移动、中国联通等网络运营商负责建设"网络超市"和传递商品"信息高速公路"，大唐、中兴等设备供应商和联想、神州数码等系统商提供提供搭建超市和公路的软硬件设施，最后诺基亚、IBM 等手机、计算机终端厂家生产消费者使用商品的载体。

图2-2　数字媒体王国示意图

为了更形象地理解，我们也可以把网络运营商的"网络超市"比作"西单图书大厦"，于是千千万万个作者就是内容提供商，各类出版社就是负责营销和运营的应用服务提供商，西单图书大厦的运营企业等同于网络运营商。另外，手机、计算机等终端就充当了书、光盘等媒体内容载体的功能。设备供应商就好比西单图书大厦的水泥、沙子等硬件提供者，系统集成商则好比图书大厦中计费、图书资料库等软件开发商。

通过以上分析可知，数字媒体的产业链从本质上看，核心成员等同于传统媒体产品的产业链。但是由于数字媒体具有交互性强、时效性强等特点，产业链的运营模式和传统媒体存在本质的区别。

思考 2-1 请类比音像店谈谈你对数字媒体产业链的理解。

提示：可参考实例分析 2-1。

2.2　产业链的变迁

数字媒体产业链从传媒产业的角度看，是传统媒体产业链的拓展；从电信产业的角度，是传统电信业务的延伸；从数字媒体产业链成员来看，是通信产业和传媒产业融合的产物。虽然数字媒体产业链从多个角度审视，产业链成员并没有没有本质的区别，但对于产业链的启示则有所不同。2.2 节及 2.3 节将分别从通信产业、传媒及通信融合两个角度审视数字媒体产业链。

2.2.1　延长的产业链

在电信增值业务没有普及之前，电信产业链主要包括 4 大成员，即提供网络硬件设备的设备供应商、提供软件系统的系统集成商、建设和运营网络的网络运营商以及制造终端设备的厂家。图 2-3 所示为基础电信业务产业链示意图。

这种简单链型结构只能满足数字媒体产品传播、数字媒体产品消费两个环节，显然在"电信网上开网络超市"，提供多样化的数字媒体产品，还需要有更多的支撑环节。随着数字媒体的发展、产业竞争合作的加剧，不断推动着产业链的裂变与延展。于是，形成得到了延长的数字媒体产业链。图 2-4 所示为延长的链型产业链结构示意图。

事实上，延长的结构就是在简单链型结构基础上增加了两个链节。

图 2-3　基础电信业务产业链示意图

图 2-4　延长的链型产业链结构示意图

内容提供商的角色比较容易理解。由于受众对媒体产品消费往往存在碎片化、多变性的趋势，因此在移动通信网、Internet 等数字网络上提供的各类音乐、视频、新闻等数字媒体内容显然不可能由某个企业独家提供，需要若干风格各异的内容提供商来满足不同用户的需求，从长期来看几个企业垄断生产内容，是难以满足用户多样化需求的。数字媒体仍然属于媒体，因此我们可以参考传统媒体产业链的情况来解释这个问题——以书为例，没有哪个企业能通过大规模企业化运作生产出满足各类消费群体的书籍，书籍的内容必须来源于各种各样、风格迥异的作者。

那么应用服务提供商这个环节是否可以省去，由网络运营商搭建平台，内容提供商直接把商品放在网络超市中呢？答案是否定的。

同样，我们仍然可以参考传统媒体产业链的情况来解释这个问题，还是以书为例，作者相当于内容提供商，各大出版社相当于应用服务提供商，西单图书大厦等书店相当于运营商提供的网络超市。如果把出版社这个环节去掉，让作者直接和书店沟通，这样书店就需要花费大量的精力进行甄别、监控产品的质量，读者也往往会无所适从，难以很快判断哪类书是自己需要的。最后书店只能变成一个类似于天涯、土豆之类的草根级的媒体超市，这就意味着对消费者收费变得困难，因此提供用户需求挖掘、产品开发、产品营销等工作的应用服务提供商是不能省去的。

实例分析 2-2　产业链的思考之 CP——手机视频的质量为何差强人意？

2007 年年底某部贺岁大片在电影公映的次日，其手机视频版本便上线运营，并一举拿下当月手机视频各项指标的第一，当月收入约 8 万元。此手机视频 CP 投入了 2 万元作为制作成本，其中 1 万元用于支付演员（按照传统媒体领域演员的标准价格），剩下的 1 万元用于拍摄和剪辑。那么 CP 能获得多少盈利呢？下面用数据说话，看看整个产业链中的收益分配情况。

第一，由于 CP 制作的手机视频数量有限，CP 需要把手机视频的版权授权给视频集成商；第二，视频集成商将旗下的视频资源授权给具有全网资质的 SP；第三，由于手机视频的上线只有 CRI、SMG 和 CCTV 三家集成牌照公司有上线资质，因此这家 SP 需要授权给 CRI、SMG 和 CCTV 中的任何一家；第四，CRI、SMG 和 CCTV 中任何一家通过中国移动进行手机视频内容发布；第五，用户消费到此手机视频。由于网络运营商是自然垄断的行业，只有三家，议价能力比较强，在手机视频业务上，中国移动制定的分成比例是 5∶5，于是中国移动拿走 50%，剩下 4 万元；同样集成牌照的拥有者也只有三家，于是集成牌照拥有者要扣除 20% 的管理费，于是剩下 40% 的收入，即 3.2 万元；具有全网 SP 资质的企业目前也就一百多家，于是 SP 分走一半，剩下 1.6 万元；最后分给这家视频网站只有 20%，这还是忽略了多次交易中的税点、中间交易的数据欺骗等问题。而这家视频网站按照 5∶5 分成的比例，再拆分给 CP 只有 10% 了，即 8000 元。由于一部大片往往都是多家联合出品，仅有的 10% 还要按照投资电影出品方的投资比例进行拆分，最终分到某一家电影集团或公司手中的，往往只有"百分之几"的比例了。而最后拿到手上的真实金额是 3000 元，这与 2 万元的制作成本相距甚远。

这并不是危言耸听，而是真实的事件，当 CP 面对拖了四五个月之后才到来的这张数据表大发雷霆的时候，他并不知道，这很可能是真实的数据。原来最让手机新媒体产业引以为豪的"低中间交易成本"模式，现在已经由于跨行业授权、中介机构、转授权等一系列客观存在的壁垒，成为了一个"极高中间交易成本"的模式。于是内容供应商能怎么做呢？拒绝合作或者提供低质量的产品。这就是手机视频质量差强人意的根源所在，不是做不出优质的内容，而是 CP 能分到的收入太低，难以支撑提供高质内容的成本。

思考 2-2　请结合实例分析 2-2 画出案例中贺岁片的手机视频的产业链示意图，并标出各环节的收入分配情况。

　　提示：可参考手机视频的提供流程绘制链状的产业链结构图。

实例分析 2-3　　产业链的思考之 SP——是否需要 SP 呢?

　　是不是由于数字媒体的产业链过于复杂，参与利益分成的企业过多才导致内容提供商入不敷出呢? SP 的环节是否可以省去，让 CP 直接面对网络运营商呢?

　　鉴于数字媒体产品可以看成"信息高速公路"上"网络超市"里销售的各种"商品"，因此可以看看实体超市中有形商品的产业链。

　　以牛奶为例，第一，提供最初奶源的奶农，他们就相当于内容提供商 CP，养奶牛，每天挤奶；第二，奶农把牛奶送到附近的奶站，奶站就类似于视频集成商；第三，对于大的牛奶企业不可能直接面对为数量众多的小奶站，于是牛奶企业往往会授权几家牛奶供应商，负责到各小奶站去收牛奶，这些为数不多的牛奶供应商就相当于手机视频的集成牌照商 CRI、SMG 等；第四，牛奶供应商将牛奶送到大的牛奶经营公司，这些公司的作用类似于 SP，牛奶经营公司根据市场调研确定的牛奶品牌和卖点，给牛奶添加不同的成分，起不同的名字，如早餐奶等；第五，牛奶经营公司通过卖场进行销售，这些卖场运营商相当于电信运营商的角色，提供销售商品的店面。经过这些环节，最终消费者就见到了五花八门的牛奶类型——红枣牛奶、花生酸奶、苹果酸奶等。综合以上分析可知，手机视频的产业链和牛奶的核心环节基本吻合。设想，如果奶牛产业链中去掉经营牛奶的"SP"，这就意味着我们将回到从前，购买散装的牛奶，红枣牛奶、花生酸奶、早餐奶等将不复存在，对牛奶品质的信任度也将大大下降。因此，SP 是提供满足用户多样需求数字媒体产品的重要保证，是数字媒体产业深入发展的必然选择。

　　思考 2-3　请结合实例分析 2-3 画出手机视频和牛奶的产业链对比图。

　　提示：手机视频和牛奶产业链核心环节相同。

实例分析 2-4　　产业链的思考之利益分配——三鹿事件的启示

　　2008 年三鹿事件让人记忆犹新，人们谴责在原奶中掺入三聚氰胺的不法分子，大呼道德危机。实际导致三鹿事件发生不仅仅是道德的缺失，产业利益分配的不均衡也是重要的原因。

　　下面先分析一下牛奶产业链中各成员的议价能力，首先由于目前的卖场已经进入了垄断竞争的格局，即 20% 的卖场垄断了 80% 的产品销售，于是卖场的议价能力很强，会要求三鹿、蒙牛等牛奶经营公司提供进店费、促消费、货架位置费等一系列费用，如果牛奶公司不提供进店费，则意味着牛奶则没有了销售的渠道；如果牛奶经营公司单单提供进店费，则很有可能自己品牌的牛奶就会被放在货架的最底层，消费者难以轻易看到；显然如果希望放在最显眼的位置，牛奶经营公司需要支付额外的费用给卖场；其次，牛奶经营产业也处于垄断竞争的格局，大多数的消费者只购买蒙牛、三元等大品牌，牛奶经营公司的议价能力也很强；第三个环节是为数不多的为牛奶公司收购牛奶的牛奶供应商，经过授权的牛奶供应商的数量往往不多，于是他们的议价能力也不小；最后是为数众多的奶站，还有数量不可胜数的奶农了，他们的议价能力最小。于是乎，如果前面环节的利润太大，则意味着入不敷出的奶农和奶站弄虚作假的可能性变大。这也就是众所周知的三鹿事件发生的根源——产业链对末端产品原料提供者的利润过低。细心的人会发现，在三鹿事件之后，是蒙牛、三元等牛奶经营公司的集体涨价，由于需要给末端的生产者提供更多的利润，即生产成本要提高，因此需要消费者来为增加的成本买单。

通过三鹿的例子可以看出，虽然 CP 的数量众多，议价能力最差，但如果 CP 利益分配较少，入不敷出，产品原材料质量会很差。由于劣质的产品难以实现可持续的长期发展，于是会带来产业链利益的重新分配。那么为何目前我国手机媒体质量差强人意，为何能一直持续呢？难道充当产品经营角色的 SP 不关注产品质量吗？

思考 2-4 请结合手机视频和牛奶质量的现状，对比分析手机视频和牛奶产业联利益分配情况现状

提示：可从产业链各环节议价能力对手机视频和牛奶产业链核心环节分别分析。

实例分析 2-5　产业链的思考之 SP——SP 不关心产品质量吗？

SP 推广手机媒体的主要营销手段包括媒体推广、终端内置、自然量等（营销手段将在第 8 章详细介绍）。理论上，媒体推广应该是重视内容的营销模式。媒体推广就是在电视或报纸杂志上刊登广告，激发用户使用手机媒体的兴趣，并提示用户用某种方式（短信点播、IVR 点播等）下载感兴趣的内容；按照传统媒体产业的逻辑，只有内容足够吸引用户，才能有消费的欲望，SP 才会实现利润。下面以手机游戏在省级非卫星电视台投放一分钟的手机媒体广告的真实数据来分析实际的情况。

成本方面，省级非卫星电视台（覆盖本省），如果按照半个月投放的条件，常见的广告单价是 800 元 1 分钟。按照每天播出两分钟广告（30 秒一段，播放 4 次）来计算，一天的广告投放成本是 1600 元。同时，两分钟的广告制作费用（Flash 动画、广告配音等）与相关移动媒体内容的制作成本（点播的手机游戏的制作成本），我们可粗略地按照 3000 元来计算，那么平均到 15 天，每天分摊 200 元的成本。两者相加，在省级非卫星电视台投放广告的基本成本是 1800 元/天。

用户看到广告片里推荐的手机游戏产生了一定兴趣，想尝试点播。理论上，电视广告上的短信点播是不收费的，用户通过短信点播，SP 下发给用户一个手机上网地址，让用户进入这个地址后，实现对于所需游戏的下载。但是从真实的数据来看，某省级非卫星电视台，每天播出两分钟手机媒体的广告（收视率高的中午时段），其上行短信的用户数为 200～250 人/天（周末为 250 人左右，其他时间约 200 人）。如果用户发

送短信点播本身是不扣费的话，那么就需要通过用户最终下载他所需要的产品的过程中实现扣费。而这 200 多用户，能登录 SP 下行给他们的手机上网地址的，最多只剩下了 70 人左右，有 2/3 的人在这个过程中就流失了，可能因为手机没有上网功能或者没有配置正确而无法登录。再向下一步，通过手机上网地址下载手机游戏的用户数量只剩下 8 人了，其他用户多半因为手机的机型不适配等问题而流失的。这 8 人还不是最终实现消费的用户，因为他们面前这个时候才出现游戏的资费说明，他们是否最终点击下载，仍然还是未知数。即使这 8 个人全部下载了游戏，按照一款游戏 8～10 元的标准，也最多能产生 80 元或者更少一点的信息费；结算到 SP 的收入也最多有 60 元左右。这个既合法又合理的模式下，投入 1800 元/天，收入 60 元/天；而且这个投入还没有计算游戏本身的版权购买成本、制作成本、媒体部门人员成本等一系列的成本分摊。这种模式仅从数字上看，显然是不成立的。

于是曾经主流的、几乎所有 SP 都曾使用的营销模式出现了，只要用户发送或者收到一条短信都扣费两元：用户发送一条点播短信收费两元，系统下发一条提示短信，询问用户的机型是哪一种，需要回复才可继续完成下载过程，于是用户回复了，再扣费两元；这个时候，系统再次下发一条提示短信，询问用户要下载哪个产品……如此反复，当某些用户接收到第三、第四次短信的时候，他们放弃了，害怕上当，但已经被成功扣费 6～8 元；而当少数用户坚持到最后一步、已经被扣费 10 元以上的时候，可能发现他的手机无法上网或即使能上网也根本不支持手机游戏下载功能。但这些已经都不重要了，重要的是，SP 通过所有手机都能支持的短信模式，在用户到达产品之前，已经完成了所有的扣费。按照平均每个用户扣费 10 元来计算，每天 250 个用户，收入就是 2500 元信息费，扣除完运营商分成、坏账和税点等其他，SP 依然有不菲的利润；剩下的工作，就是如何规避运营商的检查而已。

于是，当消费者投诉剧增，运营商加大监管的时候，SP 则选择制作吸引眼球的低成本的媒体产品形式，并采用点播一次收一次钱的收费模式，这就是为什么我们现在经常在电视上看到宣传用户是否想通过手机获取自己的个性签名，或者看看全国有几个和自己同名同姓的人之类的低质的手机媒体产品的根本原因。

这个过程可以被形象地理解为：一个人打开房门，门口有人送来一个盒子，来者告诉他，这个盒子里有媒体内容，而且非常好玩；但真实是什么东西他不告诉你；你需要先交钱，才能打开这个盒子，看到里面的东西。而等你交完钱，却再也找不到这个送盒子的人了。于是 SP 把目前的现状总结为"盒子原理"，媒体商品被装到有形的盒子里，被称为传统媒体，比如电影就是放在电影院这个有形的盒子里播放，被称为传统媒体，于是产品销售的好坏不仅取决于盒子还取决于盒子里面的商品；但当这个商品放到了无形的盒子里，即移动通信网、Internet 等数字化网络时，仍以电影为例，这个商品已经不能再以品质较高的电影为名，只能被称为视频，手机视频、网络视频等，这个盒子里商品销量的好坏，和商品本身已经没有太大的关系，而取决于装商品的盒子。在这样理论的支持下，SP 不关心盒子里商品的质量，而只关心是否有用户会看到盒子，以及能激发多少用户打开盒子。这样饮鸩止渴的办法，显然是难以实现手机媒体产业可持续发展的。

🌱 **思考2-5** 请分析为何电视广告经常出现查询某人和某人的缘分、查询全国多少人和你同名同姓的手机媒体产品广告。

提示：可从利益驱动的角度分析。

实例分析2-6 产业链的思考之运营商——运营商如何选择？

当 CP 为了生存不得不提供低质的商品或者退出市场、当 SP 为了生存不得不忽视内容质量时，作为提供"网络超市"的运营商应该怎么办呢？

取消 SP 环节，运营商搭建平台，让内容提供商直接上传产品，这是目前运营商的选择，如目前运营商强势推荐的手机报、飞信等业务，运营商都充当了 SP 的角色。最为典型的是中国移动搭建的"中央音乐平台"，CP 甩开 SP（发行商）、直接与运营商对话，从而降低中间交易成本、摆脱中间交易的欺诈隐瞒、并获得"一点式接入、全国规模推广"的中央级的渠道平台。中国移动除了建立在四川的"中央音乐平台"之外，目前，手机动漫、手机电视等也有类似发展的趋势或征兆，如中国移动已经在广东建立了 MM（Mobile Market）平台。

这种整合模式的最大特点是，运营商与内容供应商联合起来，逐步抛弃 SP（发行商）。CP 与 SP 成为竞争对手、而不是上下游的关系。这种模式的出现，最早是运营商的需求。在中央音乐平台模式下，运营商的分成比例从传统的 15%变成了 50%，同时对于版权的监督控制做到了准确，又能同时形成自身的品牌——无线音乐排行榜，并借此进入了音乐行业、甚至影响了一大批的唱片公司和著名歌手，这些，当然是运营商愿意看到的。初期，唱片公司似乎也看到了希望，因为终于可以摆脱那些既不能给自己带来规模性收入、又无法信任的 SP 了。但随着近两年的发展，尽管国内主流一点的唱片公司都接入了中央音乐平台，但无线首发、无线音乐俱乐部等并没有给这些唱片公司带来他们想象中的收入规模，甚至首发歌曲无人问津。这时候，很多已经接入了中央音乐平台的唱片公司，反过来又开始和传统老牌的 SP 合作，于是形成了既和运营商直接合作，又同时和 SP 合作，成为了新的"泛滥主义"。那么，究竟是什么原因导致唱片公司最终没有能把握住运营商这颗"救命稻草"的呢？

在真正意义的无线音乐发行机制中，SP 是无线音乐发行过程中的营销者和发行商，相当于传统唱片行业中的星文唱片或上海声像出版社这样的机构；而运营商其实已经可以算是终端销售了（和消费者直接发生关系），相当于西单音像大世界（国内最大的一级经销商）；更简单的了解就是"内容沃尔玛"。摆脱 SP 直接与运营商直接合作，相当于摆脱了一切发行的营销环节，直接与国内的一级经销商合作。从传统发行的角度来看，这显然是不符合逻辑的。因为内容供应商自己完成不了营销和渠道推广的工作，也没有发行的经验。直接和运营商合作，无异于简单地把唱片入库，放到西单音像大世界的库房里；然后做个无线首发，相当于开场发布会；之后，唱片很可能将会永久性停留在库房里，不产生销售，因为根本没有专业的发行商的存在。所以，这种看似缩短了中间交易过程的方法，并没有本质上改变内容供应商的尴尬境地。

综上所述，笔者认为，对于运营商而言，取消 SP、充当 SP，甚至充当 CP，都不是长久之计，运营商需要做的是在搭建网上商店的同时，扶持能横跨通信和媒体产业的跨行业经营的 SP，并制定公平、合理的"网络超市游戏规则"才是目前的重中之重。

思考 2-6 请结合中国移动"中央音乐平台"发展历程分析中国移动手机音乐的市场策略。

提示：可先收集和整理"中央音乐平台"的相关资料，然后结合数字媒体的产业链进行分析。

2.2.2 环形的产业链

数字媒体的产业链根据依托的数字化网络的不同，可以分为移动媒体产业链、网络媒体产业链、数字电视产业链、数字广播产业链等。由于移动网络有继承的收费模式，普及率较高，本小节重点分析移动媒体产业链。

一方面移动运营商拥有终端用户订购关系，与用户有直接的联系。另一方面，由于政府的管制使产业中移动运营商的数量是最少的，但又是必不可少的，在整个产业链中处于承上启下的关键位置，于是移动媒体产业链中的每个成员之间并不是呈现对等的合作关系，移动运营商成为产业链的主导者。有人用藤本植物来形容除了移动运营商之外的其他产业链成员，如图 2-5 所示的环形产业链结构，电信运营商是一棵大树，其他企业像藤本植物。这些企业都要紧紧地围绕着运营商这棵大树，藤本植物不能直立，只能依附于大树，缠绕或攀援向上生长。同时，移动运营商离开了其他企业也是不能存活的。这就体现了移动运营商是主体，其他企业是附体，但双方要互相依赖，共同发展。

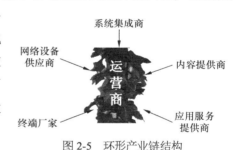

图 2-5　环形产业链结构

对于未来，环形结构的产业链的演变有两种观点，一种是移动运营商主导理论的延续，另一种则是产业合作理论的扩展。

1. 运营商主导的环形产业链

出于以下几方面因素考虑，运营商仍将继续主导整个产业链。

第一，运营商影响设备供应商。运营商通过采购必要设备搭建手机媒体相关平台。有时候运营商可能将一些设备的维护和运营与采购合同一起外包给相应的设备供应商。运营商在和设备商的关系中处于甲方的位置。

第二，运营商影响终端厂商。终端厂商在把相关终端推向市场之前会受到运营商的一些指导和规范，因为手机在个性化和功能上的要求更高，终端厂商需要符合运营商规定的一些技术要求。而运营商为了扩大其相关业务的用户群，必然会对终端市场采取措施，同时也会对内容提供商产生影响。

第三，运营商影响应用服务提供商、内容提供商。应用服务、内容提供商需要将产品放在运营商相关的增值业务平台上或者通过运营商的网络为用户提供内容，从业务申请、测试、上线一直到上线以后的市场行为都会受到运营商的规范和制约。

第四，运营商面向客户。客户在选择服务时主要考虑运营商网络的业务能力、服务质量、收费等因素，要维护好客户关系才能保持住产业的需求源泉。

2. 多方合作的环形产业链

第一，在环形结构中，合作通常限于产业链中相邻的上下游环节，但人们很快就意识到跨环节的合作也能带来商机，如应用服务提供商与终端厂家的合作。为了更直接地把手机媒体产品传递给终端消费者，有实力的应用服务提供商纷纷寻求终端设备供应商的合作，把代表性的产品内置于终端设备中。反过来，终端设备供应商也希望通过预置应用来差异化自己的产品。

第二，信息流的循环性也对环形产业链结构起到了催生的作用。学术界倡导产业链上下游要循环交流，共同开发手机媒体产品，不能单方面地由上游企业推动或由下游企业拉动某种手机媒体的发展。

第三，运营商主导地位理论强调运营商控制一切，没有形成透明、开放的竞争合作环境，不利于产业市场的进一步繁荣。目前，手机媒体市场中行业应用拓展问题的背后就在于行业应用的价值链过于"单薄"，运营商单一的"通吃"模式不能满足企业用户的纷繁需求。

第四，多方合作形式（图2-6所示为多方合作的环形结构）出现了。这种结构产业链的核心思想是：用户是产业链的最终目标，产业链的核心不是单一的个体成员，而是一个垂直的市场联盟，各成员通过紧密地战略合作，进行信息互通；面对最终用户，则三方均有挖掘用户需求变化、推广现有应用的责任。

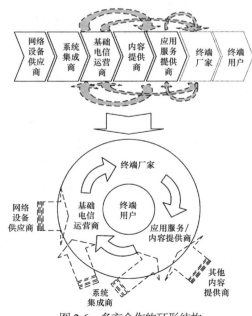

图2-6　多方合作的环形结构

实例分析 2-7   电信产业发展历史

在移动媒体产业链中运营商处于核心的位置，只有了解电信产业的发展历史，才能更深入地理解运营商的企业行为。

电信产业的发展历程可以被总结为以下 3 个阶段。

（1）独家垄断阶段

1994 年之前，中国电信一家垄断通信产业，经营范围包括邮政、固定通信、移动通信、卫星通信等全部电信业务，原邮电部作为政府部门监管电信产业。

（2）诸侯割据阶段

① 1994 年 1 月，中国吉通（CHINAGBN）成立，和中国电信竞争。

② 1994 年 7 月，全业务运营商中国联通成立，标志着在基础电信领域引入竞争。

③ 1998 年 3 月，在原电子部和原邮电部的基础上组建信息产业部。

④ 1998 年，实施了邮电分营、政企分开、电信重组、公司化运作等一系列改革措施。

⑤ 1999 月，中国电信被拆分重组，寻呼、卫星和移动业务剥离出来，中国电信重组为中国电信集团公司、中国移动通信集团公司、中国卫星通信集团公司和国信寻呼公司。

⑥ 1999 月，国信集团寻呼公司划入联通公司。

⑦ 1999 月，中国网通公司、中国铁通公司相继成立。

⑧ 2001 年 12 月，中国电信被南北拆分，华北、东北和河南、山东共 10 个省（自治区、直辖市）归属中国电信北方部分，其余归中国电信南方部分；北方部分和中国网络通信有限公司、吉通通信有限责任公司重组为中国网络通信集团公司；南方部分为中国电信集团公司。南北部分按照 7：3 划分了全国干线传输网，以及所属辖区内的全部本地电话网。

⑨ 截至 2001 年年底，中国电信产业呈现诸侯割据的市场格局，各运营商的业务范围如表 2-1 所示。虽然联通具有经营固定通信的许可证，但在固定通信市场中，主要由中国电信和中国网通两家运营商垄断经营；在移动通信市场中，中国移动和中国联通竞争较为激烈。

表 2-1   截至 2001 年年底各运营商业务范围

	中国电信	中国网通	中国移动	中国联通	中国铁通	中国卫通
固定电话	*	*		*	*	
移动电话			*	*		
IP 电话	*	*	*	*	*	*
宽带业务	*	*	*	*	*	*

注：*代表运营商业务范围。

（3）三足鼎立阶段

① 2008 年 3 月，工业和信息化部成立，整合了国家发改委的工业行业管理有关职责、国防科学技术工业委员会核电管理之外的职能，以及信息产业部和国务院信息

化工作办公室的职责。于是，独立运行 10 年后的信息产业部并入新成立的工业和信息化部。

② 2008 年 4 月，为了迎合 3G 牌照的发放，我国电信产业又进行了一次重大的重组，中国电信产业进入"三国演义时代"，6 家运营商重组为 3 家，并全部获得了全业务运营的许可。重组方案如图 2-7 所示。

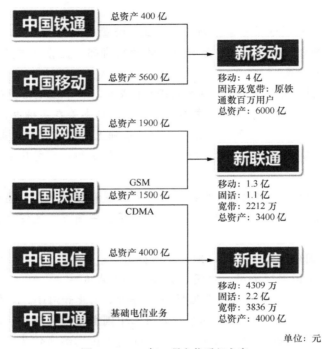

单位：元

图 2-7 2008 年 4 月电信重组方案

思考 2-7 请结合电信产业的发展历史，谈谈你对目前 3 家运营商的企业文化的认识。

提示：可在分别分析 3 家运营商成长历史基础之上，对 3 家的企业文化进行分析。

实例分析 2-8   **中国电信拆分方案分析**

2001 年 12 月，中国电信被南北拆分，北方 10 个省和原网通、吉通重组为中国网通，南方 21 省为中国电信，此拆分方案的初衷是为了在我国固定通信市场引入竞争，希望中国网通和中国电信彼此进入对方市场，从而形成全国范围内固定通信市场有效竞争的市场格局。但是为什么拆分方案实施了 7 年多，却没有实现预想的效果呢？

原因在于，中国电信的南北拆分就好比将原来一个垄断经营的人分成了两个实力相当的小伙，并让他们彼此进入对方市场，从而形成全国竞争的市场格局。但是，大家想想，如图 2-8 所示，两个实力相当的小伙打架一般都是踢对方两脚、打对方身上两拳。如果打对方心脏，对方也会打他的心脏，你都不让我活了，我还能让你活吗？

结果只能是两败俱伤。而固定电话相当于两个孩子的心脏啊！因此在固网通信市场中，中国电信和中国网通，就相当于两个小伙子，固定电话就相当于他们的心脏，他们俩对打的时候不会打对方的心脏。如果中国网通进入中国电信的南方市场，中国电信就会进入中国网通的北方市场，显然只要你进我的，我就会进你的，你要打我心脏，我也一定不让你好过。于是，最终两个小伙达成默契，彼此不进入对方心脏，重点竞争放在了数据业务、Internet 业务等边缘业务。这就是为什么消费者目前能享受到各种上网的优惠政策，固定通信的服务却没有太大改进的根源。

图 2-8　中国电信拆分方案分析

思考 2-8　谈谈你对 2001 年年底中国电信的拆分方案的认识。

　　提示：可结合使用固定电话的实际分析。

实例分析 2-9　　**中国移动和中国联通竞争分析**

　　2008 年重组之前，我国移动通信市场只有中国移动和中国联通两家运营商，他们是否形成了有效竞争的市场格局呢？如表 2-2 所示，如果中国联通和中国移动都不降价，则能形成寡头垄断利润，从而为产品更新换积累雄厚的资金基础，为了方便理解，双方此时的利润用 9 来表示。但如果有一方降价，则降价方能吸引更多的用户，从而获得更多的利润，用 15 表示，而不降价方则收益下降，用 2 来表示。如果双方都降价，双方的利润会小于价格垄断时的利润，用 6 表示。显然，中国移动和中国联通最佳的选择是像肯德基和麦当劳、可口可乐和百事可乐一样，实行垄断价格，但事实上，我们看到的是两家运营商竞相降价，也就是说，移动通信市场没能形成有效竞争的市场格局。

表2-2　　　　　　　　中国移动和中国联通竞争分析

移动 ＼ 联通	不降价	降价
不降价	（9，9）	（2，15）
降价	（15，2）	（6，6）

　　　导致这样的根源在于中国移动和中国联通寡头垄断的市场格局是自然垄断的结果，移动和联通都是国有企业，是一个妈妈的两个孩子，它们之间的竞争属于家庭竞争，难以用市场竞争的理论分析他们的市场行为是否理性。而肯德基与麦当劳、可口可乐与百事可乐寡头垄断的市场格局是经过激烈竞争之后形成的，不是自然垄断形成的，因此，中国移动通信市场良性竞争的格局，需要进行深入的改革才能实现。

　　　综合实例分析2-8、实例分析2-9可知，虽然从1994年开始，我国通信产业实施了拆分、重组和政企分营等一系列的改革举措，但固定通信和移动通信市场并没有形成有效竞争的市场格局，因此，2008年通信产业深入的改革势在必行。

 思考2-9　请谈谈你对2008年电信产业重组前后，中国移动通信市场竞争格局的认识。

　　　提示：可从重组前和重组前两个阶段对比分析。

2.3　融合的产业链

1．传统媒体产业链和电信产业链的融合

　　　随着数字媒体市场的发展，内容提供商（CP）和应用服务提供商（SP）的数量迅猛增加，其中一类是随着Internet、移动网普及而新生的企业，如新浪、搜狐等新型企业；另一大类则源于传统媒体产业链中的内容制作者，于是数字媒体发展带来了传统媒体产业链和电信产业链之间的融合。图2-9所示为数字媒体产业链融合示意图。传统媒体产业链中内容来源、内容制作环节和电信产业链融合，加入了数字媒体产业链中CP、SP的阵营，同时产品发行的合作伙伴变更为网络运营商和终端厂家。这就是为什么同一首歌曲我们在唱片行购买到CD，同时也能在移动通信网音乐下载平台上下载的原因。

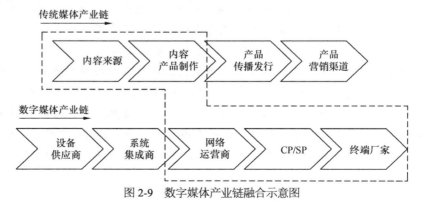

图2-9　数字媒体产业链融合示意图

产业链融合的背后，不仅仅是内容、网络、终端等的融合，更重要的是人际的融合、文化的融合等，即要实现系统融合。由于传统媒体产业链的模式和电信产业链的文化内涵差别较大，传媒产业由于制作内容的需要，思维的发散性较强；而电信产业由于技术要求较高，往往理性思维较强。例如，传统媒体的院校多培养艺术类或文学类专业，而通信院校则较大比例为理工科专业，因此这两大产业链之间的融合需要一定的时间。

2. 机遇与挑战并存

产业的融合给传统媒体企业提出了挑战，但也带来了机遇，增加了传统媒体企业的收入来源渠道，扩展了产业空间，从前单纯依赖广告的传统媒体产业的增长和积累方式必将在技术、产业和资本的互动中实现多元化发展。例如，一份对英国天空广播公司（BSkyB）的SOWT分析报告就指出，手机电视不但为公司开辟了新的利润点，还扩大了BSkyB节目内容的覆盖面，该公司的数字电视平台针对不同的受众群提供了96个不同的服务包（频道的捆绑），以及按次计费等收费方式。同时，欧洲学者认为，移动通信网、Internet等数字网络导致了传媒和通信产业的融合，出现了传媒手段过剩、内容稀缺的局面。因此，他们提出信息社会已经进入了第二个阶段，即内容产业时代，手机电视服务如果有强大的媒体节目内容背景作后盾，就能基本解决数字技术革命下内容稀缺的问题。

再如，电视内容产业盈利模式的"三次销售"理论，即除了直接出售电视内容商品和间接的广告收入这两次销售外，第三次销售是将同一媒体内容在不同载体间转移，通过媒体内容的多次开发拓宽盈利范围和渠道，实现内容的三次销售。而这一"不同载体"的出现，同吉莉安·道尔在《理解传媒经济学》中提到的，它都得益于数字新媒体技术的迅猛发展。

传统媒体企业在数字媒体时代主要可以采用3种战略，横向一体化、纵向一体化和多角化战略。横向一体化是指某传媒公司通过内部成长或接管经营类似产品的公司而获得在市场上的扩张。例如，上海文广集团将频道制改为中心制，实行"矩阵化管理模式"（指一横一纵两条线，横向是职能管控平台，纵向是独立或授权经营的事业部）就是该战略理论的实践。这可以整合资源，降低成本，提高效率，获得规模经济。在传媒业中规模经济的盛行使横向扩张成为一个极具吸引力的战略。纵向一体化是在供应链中向前或者向后一个环节的发展，从而降低交易成本。它体现在传统媒体把工作重心放在内容生产上，从播出平台转化为面向市场的内容提供者，加强核心竞争力，拥有强势的传媒品牌作为竞争壁垒，积极投资节目生产，获得节目版权，通过出售版权增加收益。纵向扩张使传媒集团具有一定控制运行环境的能力，有助于避免它们在上游或下游环节中丧失市场销路。多角化战略往往发生在公司向新的服务领域多元化发展的时候。

无论传统媒体企业选择哪种战略，在媒体融合的大环境下，创新是媒体企业可持续发展的主旋律。

实例分析 2-10　　传统媒体企业的新媒体战略

随着Internet、移动通信网等数字化网络和媒体产业的融合加剧，传统媒体企业都纷纷开始向新媒体进军，目前大多数传媒企业采取了横向一体化的战略。

以手机电视为例，2004年，央视新闻频道、央视4套、央视9套以及凤凰资讯台等12个电视频道与中国联通联手推出"视讯新干线"手机视频服务。2006年央视获得手机电视牌照后，一直积极备战，并与中国移动、中国联通合作签约，根据三方合作协议，中国移动、中国联通将负责提供手机视讯服务所需的网络设备、服务平台、用户服务、营销渠道、技术保障等方面的支持，以及计费、客服等工作，而中央电视台则负责相关服务及相关内容集成、播控、管理平台的开发及内容审核等。基于此，央视推出了"手机视讯"手机电视服务，包括直播、点播和下载3种方式，将基于中国联通cdma 2000 1X无线数据网络及中国移动GPRS网络，采用流媒体技术，为用户提供视、音频内容服务。目前，央视为手机电视提供CCTV1套、CCTV2套、新闻、音乐等频道同步播出的8套节目，用户可通过手机欣赏音乐节目，下载体育赛事，实时查看路况信息及衣食住行等方面的视频内容，而且还第一次通过手机转播第15届多哈亚运会的所有赛事实况。在2008年奥运会上，手机电视也已大显身手。央视手机电视服务是免费的，用户只需要负担手机上网的流量费用。

再如，上海文广集团截至目前已经相继推出了数字付费电视、数字多媒体广播（DMB）、IPTV、网络宽频和手机电视等多种数字媒体产品，其数字电视采用了组合打包的收费计价模式，采取基本包和可选包的收费方式，为用户提供分类选择。对部分频道组合成基本包面向大众群体，收取基本收视费；对专业化、对象化的频道则按频道数进行计费，并根据专业化频道的具体内容采取不同的收费标准。2007年派格太合以贺岁电影为核心，推出了彩铃、移动播客、手机电视等一系列手机媒体产品，如图2-10所示，从而大大地扩展了产品的收费渠道。

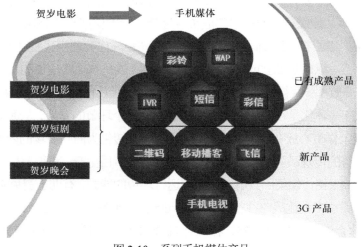

图2-10　系列手机媒体产品

向数字媒体扩张有助于分散风险。国际成熟的媒体收入结构中，广告收入占了50%左右。而目前国内传统电视的盈利模式是广告产品的盈利模式，大部分媒体集团的广告占总收入的98%左右，都依靠广告收入来维持生存和发展。一旦广告消费周期性低迷，将直接涉及媒体集团的生存与发展。因此，大型多元化传媒集团减少过分依赖广告收入的现状，向新型领域拓展，寻找新的经济利益增长点，实现集团盈利模式的多元化，就不会因为它所涉足的某个领域受到破坏性影响而遭受致命打击。

 思考 2-10 请结合上海文广的实例，谈谈你对媒体产业链融合的看法。

　　提示：可从上海文广提供的媒体产品类型出发分析媒体产业融合。

2.4　数字媒体产业经济特征

数字媒体产业除了具有社会舆论导向、宣传阵地等政治属性外，还具有规模经济性、范围经济性、网络性、外部经济性等经济特征，具体如下。

1.　规模经济性

规模经济性是指在技术水平不变的条件下，扩大生产规模引起单位产品成本下降和收益增加的现象。一般来说，扩大生产规模，可以提高机器设备利用率，分工更合理，管理更有效率，从而降低成本增加收益。但规模超过一定限度，反而会引起成本上升和收益减少，出现规模不经济。

对于数字媒体企业而言，往往巨大的成本投入在于前期的投资，一旦完成最初的投资之后，每增加一个用户所需要增加的成本则会较低，甚至接近为零。例如，对于数字媒体产业链中的网络运营商，最初网络建设需要投入巨额的资金，网络建成后，每增加一个用户所需要增加的成本极低，特别对于容量还未饱和的通信系统中，多发展一个用户，基本上不需要增加任何基础设施和人力投入，即需要投入的成本接近于零。再如，对于提供网络游戏的 SP，前期需要投入巨额用于网络游戏的设计和开发，一旦前期的设计开发完成，每增加一个用户，所需要承担的费用较少，特别是当系统容量尚未饱和，每增加一个用户的成本也近似为零。

2.　范围经济性

范围经济性一般存在于当成本一定时，单个企业的联合产出超过两个各自生产一种产品的企业所能达到的产量；也可以理解为当产量一定时，联合生产产品的单个厂家的成本低于两个各自生产一种产品企业的成本支出。

范围经济凭借其独有的优势，广泛存在于社会上的众多企业，当然包括数字媒体领域。数字媒体产品作为服务商品，生产和消费同时进行，企业在向用户提供数字媒体产品的同时，也是其生产多种产品的过程。数字媒体产品作为一种整体概念，其中包括手机视频、彩铃、手机铃声、网络游戏等。由于产品内容是无形的，可以无限复制，于是对于提供数字媒体产品的企业往往会经营很多种产品，如归属于同一个 SP 的同一首音乐往往同时提供网络下载和手机下载。范围经济性在数字媒体产业中表现得尤为重要，它不仅有利于数字媒体企业降低成本、有效管理，同时也有利于用户更方便地使用数字媒体产品。

3.　网络性

数字媒体产品是依托于现代化网络进行传播的，由于移动通信网、Internet、数字电视网等现代化网络具有全程全网、联合作业以及不同网络间的互连互通等特点，使得数字媒体产品具有明显的网络特征。例如，一家设立在北京的网络游戏公司，它的用户范围不仅仅局限于北京，全国能上网的用户都是这个公司的潜在用户。数字媒体的网络性特征使得数字媒体产业符合网络经济的三大定律。

（1）摩尔定律（Moors's Law）。摩尔定律是以英特尔公司创始人之一的戈登·摩尔命名的。1965年，摩尔预测单片硅芯片的运算处理能力每18个月会翻一番，价格则减半。实践证明，30多年来，这一预测一直比较准确，预计在未来仍有较长的适用期。

（2）梅特卡夫法则（Metcalfe's Law）。梅特卡夫法则认为，网络经济的价值等于网络节点数的平方。这说明网络所产生和带来的效益将随着网络用户的增加呈指数形式增长。梅特卡夫法则是基于每一个新网的用户都同为别人的联网而获得了更多的信息交流机会。

（3）达维多定律（Davidson's Law）。达维多定律认为进入市场的第一代产品能够自动获得50%的市场份额。达维多定律即网络经济中的马太效应，也就是说，在信息活动中由于人们心理反应和行为惯性，在一定的条件下，优势和劣势一旦出现，就会不断加剧自行强化，出现滚动的累积效应，造成优劣强烈的反差。某个时间内往往会出现强者越强、弱者越弱的局面，而且由于名牌效应，还可能发生强者通赢、胜者通吃的现象。而今这个现象在数字媒体领域已经比较明显了，如百度、谷歌等垄断了网络搜索领域，新浪、搜狐等垄断了综合类门户网站。

4. 外部经济性

外部性包括外部经济型（产生正效应的外部性）和外部不经济型（产生负效应的外部性），当一方的行动使另一方受益时，就发生了外部经济性；反之，当一方的行为使另一方付出代价时，就发生了外部不经济性。

数字媒体产品具有较强的外部性。例如，如果数字媒体产品中出现了大量淫秽信息，则会危害大众，尤其是青少年的心理健康。因此，数字媒体产业需要政府和企业的严格监管。

传统广播电视产业的收入主要来源于广告，电影产业的收入主要来源于票房和广告，但对于数字媒体而言，目前广告收入一时间还无法与传统媒体抗衡，数字媒体产业还处于商业盈利模式探索和环节构建阶段，打造强势内容，促成传播平台的打通，促成盈利模式的升级才是出路。数字媒体潜力巨大，蓄势待发。未来的数字媒体产业将更为细化，各环节的依存程度也将更高，遏制程度也会增强。因此，要加快产业链的合作与协调，通过互补型合作促进服务发展，制作更具有数字媒体特色的内容来吸引目标市场，降低长期平均成本，尽快形成规模经济和范围经济。

实例分析 2-11　　范围经济性在数字媒体产业中的应用

目前范围经济、规模经济性广泛应用于数字媒体企业的经营过程中，以腾讯公司为例，腾讯公司从1999年成立至今，相继推出了即时通信、移动QQ、门户网站、搜索引擎等多种数字媒体产品（见图2-11），这些产品组合使得腾讯收入实现了多元化，并具有整体竞争优势。虽然近年来中国移动利用其在移动通信领域的优势，强势推介其即时通信产品飞信，但仍然没有撼动腾讯公司即时通信领域的第一把交椅的市场地位。

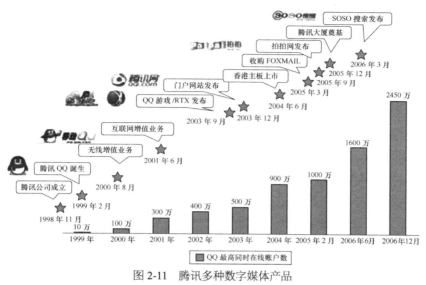

图 2-11　腾讯多种数字媒体产品

思考 2-11　请结合数字媒体产业范围经济的概念，举例说明范围经济性。

提示：可参考实例分析 2-11。

2.5　本章小结

本章首先剖析了数字媒体产业链的构成，其次从通信产业、传媒及通信融合两个角度审视了数字媒体的产业链，最后介绍了数字媒体产业链的经济特征。具体如下。

1. 数字媒体产业链的构成：数字媒体产业链主要由应用服务提供商（SP）、内容提供商（CP）、设备供应商、系统集成商、网络运营商、终端厂家和消费者 7 部分组成。

2. 数字媒体产业链的演变：数字媒体产业链可以看成电信产业链延长的产物，也可以看成传统媒体产业链和电信产业链融合的产物。

3. 数字媒体产业的经济特征：数字媒体产业除了具有社会舆论导向、宣传阵地等政治属性，还具有规模经济性、范围经济性、网络性、外部经济性等经济特征。

第 **3** 章

数字媒体监管

基础知识篇

第 1 章
数字媒体概述

数字媒体本质分析

第 2 章
数字媒体产业

数字媒体产业
生产者

第 3 章
数字媒体监管

数字媒体产业
管理者

技术应用篇

第 4 章
数字媒体制作技术

数字媒体产业
生产工具

第 5 章
数字媒体传播技术

数字媒体产业
传输工具

产品应用篇

第 6 章
数字媒体产品概述

数字媒体产业
生产的产品

第 7 章
网络媒体

应用服务提供商
生产的产品

第 8 章
移动媒体

应用服务提供商
生产的产品

内容终端篇

第 9 章
数字媒体内容

内容提供商
生产的产品

第 10 章
数字媒体终端

终端厂家
生产的产品

数字媒体之"道"

数字媒体之"一"

数字媒体之"二"

数字媒体之"三"与"万物"

　　数字媒体是电信产业、媒体产业和计算机产业三者融合的产物。由于电信产业、媒体产业、计算机产业都具有较强的外部性，即一个产业对国民经济的其他企业有影响，因此数字媒体产业具有较强的外部性，在大力促进数字媒体产业发展的同时，必须对数字媒体产业进行有效监管，即市场的"无形手"和政府、运营商的"有形手"共同作用，才能使数字媒体产业实现可持续的、良性的发展。

3.1 数字媒体产业监管归属

随着 Internet、移动通信网等数字化网络的迅猛发展，网络传播在方便大家生活的同时，其造成的负面作用也逐渐显现，如 2009 年年初被屡屡曝光的网络和手机的涉黄事件，目前几乎所有国家都认同数字媒体产业推广与监管必须同步进行。由于数字媒体产业是融合的产物，因此数字媒体的监管是一个庞大的题目，它涉及社会、经济、文化等领域中的诸多问题，如意识形态、国家安全、电子商务，信息安全、知识产权保护、公民隐私权保护、未成年人免受色情危害等。同时它也是一个全新的工程，给政府部门带来了前所未有的难度。数字媒体产业的监管不能简单等同于媒体的监管，同样也无法等同于通信产业的监管模式，数字媒体产业是艺术和技术的综合体，因此也要求监管要同时考虑传播渠道和传播内容。虽然业内都意识到数字媒体产业监管的重要性，但由于涉及范围较广，数字媒体应该如何监管始终存在分歧。

不仅仅是电信产业和媒体产业对数字媒体监管会有分歧，由于数字媒体涉及社会、经济、文化等方方面面，可能出现监管分歧的地方不胜枚举。例如，早在 1996 年克林顿政府就出台了《通信规范法》。其中一项最主要的内容是，通过 Internet 向未成年人传播不道德或有伤风化的文字及图像，一旦查出将处以罚金 25 万美元和最高可达 2 年的有期徒刑。但这一法案于 1997 年 6 月被美国最高法院裁定违反美国宪法第一修正案赋予公民的言论自由的权利，被宣布作废。几年来美国政府并未放弃这一努力，始终在推动相关法案的制定及实施。

总之，由于数字媒体产业是融合的产物，其监管归属问题发生冲突在所难免。对于电信产业和媒体产业对数字媒体监管归属的分歧已经不能简单用孰对孰错来判断，已经是"世界观"层面的问题了，需要第三方立足于系统的角度，对监管归属进行划分。

实例分析 3-1　　**关于黄色网站域名泛滥的思考**

2009 年我国手机和 Internet 黄色网站泛滥，虽然公安部启动了大规模的网络扫黄打非行动，运营商也加大了管理和惩罚力度，但是黄色网站仍然屡禁不止。一个黄色网站被关闭之后，往往会很快改头换面重新出现，究其根源在于手机和网络域名申请非常简单，不需要提供真实的身份或者公司的证明，只要支付几十元的域名租赁费用就可以轻松申请到域名。一个黄色网站的运营者往往会申请很多域名，和高额的收入相比，域名申请的费用完全可以忽略不计。那么为何能这么轻松的申请域名呢？根源在于工业和信息化部负责监管域名的申请，其委托中国互联网信息中心销售域名，中国互联网信息中心则将域名批发给了域名代理公司，但无论是工业和信息化部还是中国互联网信息中心并没有对域名代销情况进行严格的监管，于是就出现了域名泛滥的情况。

当中央电视台频频曝光此事的时候，不禁引起人们的思考，归属广电部门管理的广播、电视、电影上面为何从未出现黄色内容泛滥问题呢？工业和信息化部是否不擅长于内容的监管呢？另外，虽然广播、电视等传统媒体内容健康，但内容却相对贫乏，每年有多部电视剧播出，但深入人心的却很少。因此，对于网络媒体和手机媒体的监管，无论是按照广电部门现有监管模式还是工业和信息化部的现有监管模式监管都各有利弊，管的太严则内容贫瘠，管的太松则违法信息泛滥，因此关键是监管的"度"要充分把握，市场无形的"手"和政府有形的"手"要共同发挥作用，才能使数字媒体市场活而不乱，才能使数字媒体产业可持续良性的发展。

 思考 3-1　请以手机电视为例，从传媒产业和电信产业两个角度谈谈你对数字媒体产业监管归属的认识。

提示：可参考实例分析 3-1。

3.2　数字媒体产业分类监管

根据上节分析可知，数字媒体产业是产业融合的产物，且近年来呈现高速发展的态势，数字媒体产业监管亟待完善，监管难度较大，尚处于摸索阶段。因此本节着重从数字媒体本质概念出发，分析数字媒体监管的体系架构。

数字媒体是以数字形式（0/1）存储、处理和传播信息的中介，是由数字媒体机构、数字媒体技术、数字媒体网络、数字媒体产品、数字媒体内容和数字媒体终端 6 个方面构成的一个系统。显然，数字媒体产业监管者是文化部、国家新闻出版广播电影电视总局、工业和信息化部等数字媒体政府管制部门，数字媒体产业被管制者是网络运营商、SP、CP 等各类数字媒体各产业链成员。数字媒体监管的对象主要包括数字媒体技术、数字媒体网络、数字媒体产品、数字媒体内容和数字媒体终端，以上 5 大监管内容按照和最终消费者的接触程度高低可以分为 3 类：第一类是数字媒体产品和数字媒体内容，此类用户接触度最高，是数字媒体体系中的核心产品，如用户通过手机看视频，手机和移动网络仅仅是服务载体，是服务播放和传播载体，网络视频和视频中的多媒体才是用户真正需要的；第二类是数字媒体终端和数字媒体网络，这两类是用户获得数字媒体产品和内容的播放载体和传播载体；第三类是各类数字媒体信息处理技术。这 3 类和用户的接触程度以及监管的要求都具有较大的差别，应该采用分类监管。下面重点分析用户接触度最高的数字媒体产品和数字媒体内容的监管。

理论上，数字媒体产品应按照归属的行业类型进行监管，图 3-1 所示为数字媒体产业分类监管体系，如移动通信网上的数字媒体产品由工业和信息化部负责监管，数字电视网上的数字媒体产品由广电部监管，对于在"平等互连"基础上建立的 Internet 则两家都需要监管。同时，数字媒体内容也应根据内容涉及的行业各自监管，如当数字媒体内容涉及广播电视时需要文化部、国家新闻出版广播电影电视总局等进行监管，当内容涉及教育时则需要教育部审批，当内容涉及药品时则需要药监局负责管理。

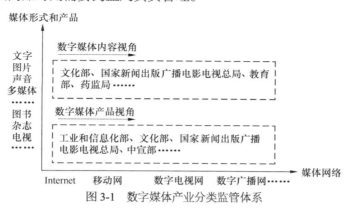

图 3-1　数字媒体产业分类监管体系

　　按照这样的逻辑，产品和内容是融为一体的，而内容是产品的表现形式，则同一个数字媒体产品往往需要国家新闻出版广播电影电视总局、工业和电信化部、文化部等多家联合监管。这样的结果是一方面由于联合监管责任划分不够明确，容易出现监管盲区；另一方面，各政府机构之间常常会为监管模式出现分歧。从原有的管理权限上看，两家应该对等管理，但如不明确监管主体，则难免出现企业审批手续烦琐，且监管漏洞较多。

　　对于未来，有专家提出成立"不管部门"，专门负责管理数字媒体产业这样的交叉领域，从而实现系统管理。

实例分析 3-2　从门户网站新浪看数字媒体监管现状

　　打开新浪主页，在网页最下端能看到新浪获得了各类证书及各类许可证，其中包括文网文［2008］055 号、新出网许（京）字 009 号、网络视听许可证 0105082 号、互联网新闻信息服务许可、国家药监局（京）-经营性-2009-0011、京教研[2002]7 号、国家药监局、电信业务审批[2001]字第 379 号、增值电信业务经营许可证 B2-20090108、电信与信息服务业务经营许可证 000007 号、卫网核总第 21 号和广播电视节目制作经营许可证（京）字第 828 号 12 个经营许可证，如图 3-2 所示。

图 3-2　新浪经营许可证

　　设想一下，如果一个创业者有意涉足门户网站领域和新浪竞争，最大的门槛也许不是网站产品的设计以及内容的制作，也许就是如何获得这些许可证。这些许可证并不是一个政府部门颁发的，不同的政府部门申请的流程往往千差万别。

如果这些工作集中在一个部门，按照统一的、公平的、透明的流程办理，我国的数字媒体产业是否会更加规范、是否能更快形成有效竞争的市场格局呢？

思考 3-2 请结合图 3-3 谈谈对搜狐监管现状的认识。

提示：可按照许可证颁发的部门分别分析。

图 3-3　搜狐经营许可证

3.3　数字媒体产业分层监管

3.3.1　分层监管体系概述

数字媒体的产业链根据依托的数字化网络的不同，可以分为移动媒体产业链、网络媒体产业链、数字电视产业链、数字广播产业链等。除在平等互连基础上创建的 Internet 外，移动网、数字电视网、数字广播网等数字化网络都是由所属网络运营商自行管理的网络，且网络运营商数量非常有限，如移动通信网目前只有 3 家网络运营商，即中国移动管理所属的 TD-SCDMA，中国电信管理所属的 cdma2000 和中国联通管理所属的 WCDMA。由于网络运营商数量有限，依托于这些网络之上的产业链呈现环形结构，以目前发展速度较快、产业链较为完善的移动通信产业为例，已经形成了以移动运营商为中心，设备制造商、系统集成商、内容提供商、应用服务提供商和设备制造商依附的产业链结构。

对于环状的产业链，监管往往呈现分层监管体系，图 3-4 所示为数字媒体分层监管体系，一方面是政府相关部门的管制，管制的重点是业务的合法性、规范性；另一方面是网络运营商的管理，管理的重点是运营，如 SP 的准入管理、定价管理、日常合作管理（业务新增、信息或业务

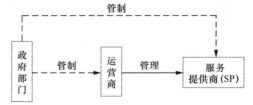

（备注：箭头始端代表管制者，箭头末端代表管制对象。）

图 3-4　数字媒体分层监管体系

信息变更、业务版权管理、业务退出等方面进行管理）、计费结算管理、客户服务管理、营销推广管理、SP 网络管理等。

通过图 3-4 可以看出，政府管制部门是数字媒体产业管制中的最上层，网络运营商一方面受政府管制部门管制；另一方面对 SP 的具体运营进行管理。在此把政府管制部门对数字媒体企业的管制和网络运营商对 SP 的管理统称为数字媒体产业的监管。

3.3.2 移动媒体产业分层监管体系的演进

移动通信网相比数字电视网和数字广播网技术较为成熟，产业链较为完善。下面以移动媒体为例介绍其分层监管体系的演进。

1. 粗放式监管时期

在移动媒体发展的初期，虽然我国基本形成了基于《电信业务分类目录》的电信增值业务分业管理模式，且《电信业务分类目录》2000—2003 年就调整了 3 次，但是由于移动媒体发展较快，新业务、新技术层出不穷，从政府管制部门很完善的管理制度很难迅速出台，因此，最初移动媒体的管理主体主要是移动运营商在实施管理。但是从某种角度而言，移动运营商同 SP 一样，为了充分调动企业参与提供增值业务的积极性，移动运营商在合作政策等方面给 SP 提供了相对宽松的管理环境，这对于推动移动媒体的快速发展起了重要作用。例如，2000 年中国移动曾开放了短信平台，允许 SP 利用短信通道提供天气预报、新闻等各种手机媒体服务，当时我国 Internet 泡沫破灭，几乎所有的 Internet 公司站在了盈利和生存的生死线上。Internet 公司虽然聚集了大量的人气，但如何盈利一直是一个难题。部分 Internet 公司曾经想通过广告、邮箱收费等方式盈利，但都被市场所否定。于是基于短信的手机信息服务从某种程度上成为了新浪、搜狐等 Internet 企业的救命稻草。

但是透过移动媒体高速发展的背后，SP 无序竞争和违规经营等问题的不断出现。强行定制、擅自群发、虚假宣传和乱收费等违规经营行为时有出现，成为社会各界和媒体关注的热点。虽然各级监管部门纷纷加大了处罚力度，但仍无法从根本上杜绝各类侵害消费者利益的经营行为发生；移动媒体存在着种种不规范的经营行为，不仅严重侵害了消费者的权益，也对移动媒体的市场形象造成了不良影响，这给其他正规经营企业的正常运营带来了非常不利的影响，直接制约了国内移动媒体市场的发展；同时移动媒体市场整体仍缺乏创新。尽管 SP 众多，但是企业之间没有实现差异化，服务的差异化程度不够。一方面，在服务内容方面较为雷同，同质化竞争现象突出，对社会服务应用的渗透不足；另一方面，移动媒体种类日益丰富，但真正做大的服务只有短信。表面繁荣的背后缺乏实质性的利润增长点。同时，移动媒体产业链上各个环节还没有实现很成熟的配合，沟通渠道不够顺畅，上下游企业间合作松散，缺乏规范约束手段，短期行为比较严重，信赖度相对较低，难以形成真正有效的利益共同体，抑制了移动媒体的良性发展。这使得管制部门和运营商日益清醒地认识到，当初粗放式的业务管理方式和全开放的产业合作模式已不适应移动媒体持续、健康发展的要求，需要进行必要的调整。

2. 细化管理制度时期

在上层管制部门和下游市场的双重压力之下，移动运营商在加大对违规企业进行处罚的同时，积极采取措施，致力于通过技术手段加强对 SP 的管理，遏止违规经营行为的出现。自 2004 年以来，中国移动加快构建移动增值业务管理系统（MISC），中国联通也建立了 SP（Service Provider，服务提供商）业务管理平台，有效地遏制了 SP 强行定制等违规经营行为。

移动运营商还意识到，SP 行业无序竞争、违规经营等现象之所以时有出现，一个重要的原因是 SP 行业缺乏有效的退出机制。针对这种状况，中国移动和中国联通相继采取了业绩考核和积分信用管理等办法，加快建立 SP 动态淘汰机制。中国联通在按业绩排名动态调整分成比例的同时，还明确规定，信息服务费连续数月排名处于末位的 SP 将被淘汰出局。为了维护移动梦网短信业务市场秩序，提高移动梦网短信业务质量，中国移动出台了《移动梦网 SP 短信业务信用积分管理办法》，SP 一旦出现违规行为，则减去相应的信用积分。对于信用度较差的 SP，中国移动将采取一定的业务限制措施，甚至终止双方的业务合作关系。

值得关注的是，2007 年中国移动推出了更为全面的 SP 分层分级管理制度。这一制度在信用积分评测的基础上，对信用度合格的 SP 依据其综合实力与发展潜力进行优秀级别的评选，并对各级 SP 按比例实施业务合作资源和营销资源的差异化分配。级别越高的 SP 将在业务数量、业务申请个数与资费上限等业务合作资源方面拥有更大的空间，同时也有机会享受中国移动分布广泛的终端营销资源。为了更好地激励优秀 SP 企业，SP 的分层分级管理机制将以 3 个月为周期对排名进行调整。这一管理体制首先为 SP 的信用度、综合实力与发展潜力建立了可量化的、可持续跟踪的指标体系。同时，这些动态的参数实现了对 SP 的长期跟踪。SP 在运营过程中的开发、策划、市场宣传、资费设计、服务质量等任何一个环节有问题，都将从用户投诉中折射出来，因而消费者的投诉和满意度依然作为决定 SP 能否获得资源分配的重要参数，把评判 SP 优劣的权力交给体验和使用移动梦网服务的消费者。移动梦网的分级分层管理办法为优秀 SP 良性发展业务提供了支撑，为中国移动和 SP 的强强联合、优势互补、搭建合作共赢平台创造了条件。这一管理思路意味着中国移动越来越多地扮演了为 SP 提供资源与合作机遇的角色，并通过激励的方式引导整个行业朝着健康良性的方向发展，为用户提供更好的移动通信增值服务。

3. 监管权力上移时期

虽然近几年来，运营商对 SP 的管理力度加大，且更加规范，但运营商和 SP 从某种角度属于利益共同体的关系是不会改变的，即运营商同时承担着"运动员"和"裁判员"的角色，这存在着较大暗箱操作的"隐性危险"，因此监管权上移是大势所趋，是移动媒体良性发展的必然要求。

对于短信陷阱等，虽然运营商已经出台了详细的短信运营与管理规范，但各运营商通常只是采取签订合同的形式对 SP 经营行为进行制约，即更多是经济处罚手段，却无法采取行政及法律监管手段。"上有政策，下有对策"，不少 SP 通过成立新公司、不规范运营牟取暴利、关闭公司的方式进行循环经营，一个公司往往有多个外壳，说明运营商的经济处罚对于这类的公司缺乏有效的管理成效。在这样的大背景下，为了促进监管权力上移，工业和信息化部（原信息产业部）发布了《关于调整和统一短消息类服务接入代码的通告》，并指出自通告发布之日起，在全国范围内启动短消息类服务接入代码调整工作。从 2007 年 10 月 31 日起，全国各基础电信运营商的网络同时统一正式启用新的接入代码。统一代码之后，监管部门一旦接到消费者投诉，即可迅速通过代码直接找到出问题的业务。

对于未来，无论是工业和信息产业部、国家新闻出版广播电影电视总局，还是网络运营商都在积极完善监管制度和措施，相信在监管部门和运营商的双重努力下，移动媒体监管会越来越符合可持续、健康发展的要求。

综上所述，我国移动媒体产品分层监管体系已经经历了从粗放式监管时期、细化管理制度时期，到目前的监管权力上移时期，但是监管体系仍需要进一步完善。对于监管主体、监管内容体系有待进一步明确界定。

实例分析 3-3 　　　中国移动媒体运营管理实例

目前移动媒体的运营管理主要由移动运营商负责，运营商都结合自身情况，制定了相应的管理办法，比如《移动梦网 SP 管理办法》、《中国联通无线增值业务管理规定》、《移动梦网 SP 短信业务信用积分管理办法》等。运营商对于 SP 的管理主要包括合作模式管理、准入管理、定价管理、日常合作管理、计费结算管理、客户服务管理、营销推广管理和网络管理。

下面主要以中国移动手机上网 WAP 服务为例，重点介绍合作模式、准入管理、定价管理 3 项运营管理制度（注：手机上网 WAP 业务是指用户通过手机上网的业务，具体产品介绍详见第 8 章）。

一、合作模式管理

目前针对手机上网 WAP 业务，中国移动与 SP 的合作模式主要分为以下 3 类，SP 可根据自身情况进行合作模式的选定。

1. 普通型合作

（1）中国移动定位：提供网络通道，代计、代收信息费服务，配合 SP 有偿提供客户服务。

（2）SP 定位：提供业务内容，进行自主营销宣传，并负责提供全程客户服务。

（3）结算模式：

① 中国移动与 SP 应收信息费结算比例为 15%：85%，SP 向中国移动支付不均衡通信费；

② 中国移动与 SP 实收信息费结算比例为 9%：91%，SP 向中国移动支付不均衡通信费。

2. 半紧密型合作

（1）中国移动定位：提供网络通道、业务管理平台，提供代计、代收信息费服务，负责客户服务。

（2）SP 定位：提供业务内容，负责营销宣传，配合客服支撑。

（3）结算模式：视业务内容价值不同设定不同的结算比例，中国移动与 SP 的应收信息费结算比例为 30%：70%，SP 向中国移动支付不均衡通信费。

3. 紧密型合作

（1）中国移动定位：提供网络通道、业务管理平台，提供代计、代收信息费，自主进行业务营销宣传，提供全部的客户服务，并享有业务的相应知识产权（包括但不限于商标、业务名称、业务标识、专利、商业模式）。

（2）SP定位：负责提供业务内容。

（3）结算模式：视业务内容价值不同设定不同的结算比例，但中国移动与 SP 的信息费结算比例为 50%：50%，与 SP 之间不再进行不均衡通信费的结算。

通过以上的分析可知，当 SP 仅把运营商当做传递媒体内容的渠道时，信息费的收入大多数属于SP，随着两方合作的深入，运营商信息费的收入比重加大。

二、SP 准入管理

增值业务企业即使在电信管理部门申请到了《跨地区增值电信业务经营许可证》或《增值电信业务经营许可证》，还需要达到运营商规定的条件才可能真正运营增值业务。下面以跨地区的 SP 提供全国 WAP 业务为例进行介绍。

新增SP必须至少满足如下条件才可申请全国 WAP 业务的经营权。

（1）必须具有信息产业部颁发的《跨地区增值电信业务经营许可证》。

（2）必须获得至少一个省公司的本地运营推荐。

（3）业务数量：每个新增 SP 每次业务申报最多不能超过 5 个，新增 SP 业务评估通过数量必须为 3 个或 3 个以上，否则视该 SP 资质评审不通过。

（4）客户服务：提供直线或手机电话，手机必须为客服专用，不得更换；保证 7×24 小时工作；拨测接通率不低于 90%。

三、定价管理

目前增值业务的资费采取市场调节价和政府/企业指导价两种方法。运营商往往会限定各类增值业务的资费上限，SP 根据业务特定、结合市场制定具体价格，报运营商审批。

以移动 WAP 业务为例。WAP 业务的信息费由 SP 在中国移动指导下制定，中国移动有权根据业务特点和客户消费习惯，来确定业务的计费方式并参与和决定信息费的定价。WAP 业务信息费的计费方式包括按次、包月和免费 3 种，其中按次业务资费不超过 2 元，包月不超过 8 元。各频道和子频道根据业务内容和提供形式等分别设定子频道资费标准，但所有资费上限均不得超过按次 2 元和包月 8 元。如 SP 对高资费业务代码具有特殊需求，需单独提出申请。

参考文献：

移动梦网 SP 合作管理办法　　　中国移动通信　　　2007 年 1 月

 思考3-3　请结合移动媒体分层监管体系的演进及移动梦网对 WAP 的管理规定，谈谈你对分层监管体系的认识。

提示：可在分析监管体系演进和移动梦网管理规定基础之上，谈谈自己的看法。

3.4　中国数字媒体产业监管

目前我国数字媒体产业的监管尚处于磨合期，尚没有形成系统的管理体系。监管主体主要是传统媒体监管部门和通信产业监管部门。数字媒体内容的监管主要归属与文化部、国家新闻出版广播电影电视总局等传统媒体管理部门，管理模式往往沿袭传统媒体的管理方法，政治属性被放在了第一位；数字媒体产品监管往往归属于所属行业，如移动媒体内容监管主要由工业和信息化部、国务院新闻办公室等部门联合监管。无论是传媒角度还是电信产业视角，由于产业都具有较强的外部性，都采用许可证经营制度，不是开放的完全竞争市场。

1. 数字媒体内容监管现状

目前我国数字媒体内容监管上注重媒体社会舆论的功能，沿袭了传统媒体的监管方式，强调媒体内容的政治属性。

对于全国互联网络新闻宣传工作目前由国务院新闻办网络新闻宣传局负责管理，其出台的《互联网站从事登载新闻业务管理暂行规定》第七条规定：非新闻单位依法建立的综合性互联网站，具备本规定第九条所列条件的，经批准可以从事登载中央新闻单位、中央国家机关各部门新闻单位以及省、自治区、直辖市直属新闻单位发布的新闻的业务，但不得登载自行采写的新闻和其他来源的新闻；第十四条规定：互联网站链接境外新闻网站，登载境外新闻媒体和互联网站发布的新闻，必须另行报国务院新闻办公室批准。

视听类数字媒体内容目前基本形成了"前置审批（许可证制）、总量控制"的监管模式。如 1999 年 10 月，国家广播电影电视总局发布《关于加强通过信息网络向公众传播广播电影电视类节目管理的通告》，明确规定：在境内通过包括国际互联网络在内的各种信息网络传播广播电影电视类节目，须报国家广播电影电视总局批准；在境内通过信息网络传播广播电影电视类节目，不得擅自使用"网络广播电台"、"网络中心"、"网络电视"等称谓；经批准通过信息网络传播的广播电视新闻类节目（包括新闻和新闻类专题），必须是境内广播电台、电视台制作、播放的节目。2003 年 1 月，广电总局又发布了《互联网等信息网络传播视听节目管理办法》。该最新管理规定指出：信息网络，是指通过无线或有线链路相连接，采用卫星、微波、光纤、同轴电缆、双绞线等具体物理形态，架构在 Internet 或其他软件平台的基础上，用于信息传输的传播系统；视听节目，是指在表现形式上类同于广播电视节目或电影片，由可连续运动的图像或可连续收听的声音组成的节目；信息网络传播视听节目，是指通过包括 Internet 在内的各种信息网络，将视听节目登载在网络上或者通过网络发送到用户端，供公众在线收看或下载收看的活动，包括流媒体播放、Internet 组播、数据广播、IP 广播和点播等。

2. 数字媒体产品监管现状

对于移动媒体产品，我国基本形成了分业管制模式，主要归属工业和信息化部管理。根据工工业和信息化部颁发的《中华人民共和国电信条例》第八条规定"电信业务分为基础电信业务和增值电信业务"，2003 年颁布的《电信业务分类目录》中对基础电信业务和增值电信业务进行了进一步的划分，将增值电信业务划分为两类（如表 3-1 所示的 2003 年《电信业务分类目录》），于是形成了我国分业管制体制的总体框架。

表 3-1   2003 年《电信业务分类目录》

基础电信业务	一、第一类基础电信业务	二、第二类基础电信业务
	（一）固定通信业务	（一）集群通信业务
	（二）蜂窝移动通信业务	（二）无线寻呼业务
	（三）第一类卫星通信业务	（三）第二类卫星通信业务
	（四）第一类数据通信业务	（四）第二类数据通信业务
		（五）网络接入业务
		（六）国内通信设施服务业务
		（七）网络托管业务

3．Internet 监管现状

在网络媒体产品领域，早在 1995 年 12 月底，中共中央办公厅、国务院办公厅就加强计算机信息网络国际联网管理发出通知。1996 年 2 月 1 日，《中华人民共和国计算机信息网络国际联网管理暂行规定》正式出台，规定：计算机信息网络直接进行国际联网（含台湾、香港、澳门地区），必须使用国家公用电信网提供的国际出入口信道，任何单位和个人不得自行建立或者使用其他信道进行国际联网。

2000 年后新出台的网络法规不断向各个分支领域扩展，其中最引起各方关注的是涉及网络新闻及信息传播领域的以下 9 个法规。

（1）国家保密局制定的《计算机信息系统国际联网保密管理规定》（2000 年 1 月 1 日发布）。

（2）国务院第 31 次常务会审议并通过的《互联网信息内容服务管理办法（草案）》（2000 年 10 月 1 日发布）。

（3）国务院新闻办公室、原信息产业部制定的《互联网站从事登载新闻业务管理暂行规定》（2000 年 11 月 7 日发布）。

（4）原信息产业部制定的《互联网电子公告服务管理规定》（2000 年 11 月 7 日发布）。

（5）最高人民法院审判委员会第 1144 次会议通过的《关于审理涉及计算机网络著作权纠纷案件适用法律若干问题的解释》（2000 年 12 月 20 日发布）。

（6）九届全国人大常委会第十九次会议表决通过的《全国人民代表大会常务委员会关于维护互联网安全的决定》（2000 年 12 月 28 日发布）。

（7）2000 年 11 月 20 日，最高人民法院审判委员会第 1142 次会议通过了《关于审理为境外窃取、刺探、收买、非法提供国家秘密、情报案件具体应用法律若干问题的解释》（2001 年 1 月 17 日发布）。

（8）2001 年 10 月 27 日，九届人大常委会第 24 次会议审议通过了修订后的《著作权法》。

（9）原新闻出版总署 2001 年 12 月 24 日第 20 次署务会和原信息产业部 2002 年 6 月 27 日第 10 次部务会审议通过的《互联网出版管理暂行规定》（2002 年 7 月 15 日发布）。

综上所述，目前我国数字媒体监管尚处于"诸侯割据"的状况，不同的监管者往往习惯于按照原有的管理模式进行监管。对于未来，随着数字媒体在政治、社会、教育、文化等领域的应用越来越广泛和深入，数字媒体分类、分层监管系统管理体系亟待完善。

3.5 本章小结

本章首先剖析了数字媒体产业的监管归属问题，其次分析了数字媒体分类，分层监管体系，最后介绍了我国数字媒体产业的监管现状，具体如下。

1. 数字媒体的监管归属：由于数字媒体产业是融合的产物，其监管归属问题发生冲突在所难免，需要第三方站到系统的角度，对监管归属进行划分。

2. 数字媒体分类监管体系：理论上，数字媒体产品和内容应按照归属的行业类型分类监管。但由于产品与内容的不可分割性，实施起来有困难。对于未来，有专家提出成立"不管部门"，专门负责管理数字媒体产业这样的交叉领域，从而实现系统管理。

3. 数字媒体分层监管体系：政府管制部门对数字媒体企业的管制和网络运营商对 SP 的管理统称为数字媒体产业的监管。

4. 中国数字媒体产业监管现状：目前我国数字媒体产业的监管尚处于磨合期，尚没有形成系统的管理体系。监管主体主要是传统媒体监管部门和通信产业监管部门。

技术应用篇

传统媒体是"内容为王"的时代，数字媒体则不然。

数字媒体是计算机技术、网络技术、数字通信技术与媒体信息高速融合的产物，是发散的艺术和收敛的技术融合的产物，单纯地将传统媒体内容数字化放在数字化网络上是难以赢得市场的。一言以蔽之，数字媒体时代中"渠道为王，内容为后，商务为妃"，其中"渠道"就是"数字化网络"，"商务"的实现依托于数字媒体产品，而"内容"就是用户切实感受到数字媒体产品的表现形式。注意，其中的"内容"不一定受制于"渠道"。

因此，对于每一位数字媒体产业的从业者，包括产品的运营者、内容的制作者，都应该适度地了解数字媒体应用技术。

按照老子《道德经》中所言："道生一，一生二，二生三，三生万物。"本篇将介绍数字媒体企业制作和传播数字媒体产品中所应用到的核心技术，即数字媒体之"二"，数字媒体产业中的"生产工具"及"运输工具"。

关键词： 音频　图像　多媒体　移动通信　互联网　数字电视网

第 4 章

数字媒体制作技术

数字媒体是计算机技术、网络技术、数字通信技术与媒体信息高速融合的产物。数字媒体应用技术主要包括制作技术和网络传播技术两大类，这两大类技术之间并非是独立的，而是相互支撑的。数字化的媒体信息产品可以在多种数字化网络上传播，而网络为数字化的媒体信息传播提供了渠道。本章将重点介绍数字媒体制作技术。

4.1 数字媒体技术概述

数字媒体技术是一种新兴和综合的技术，涉及并综合了许多学科和研究领域的理论、知识、技术与成果，广泛应用于信息传播、影视创作、游戏娱乐、广告、出版、网络应用以及教育、医疗、展示等各个领域，有着巨大的经济增值潜力，将成为国民经济新型支柱产业的核心技术。

数字媒体技术是融合了数字信息处理技术、计算机技术、数字通信与网络技术等的交叉学科与技术领域，是通过现代计算机和通信手段，将抽象的信息变成可感知、可管理和可交互的内容，并进行传播的技术的总称。由此可见，数字媒体技术主要服务于数字媒体内容制作和数字媒体产品传播两个环节，所涉及的关键技术主要包括数字信息获取与输出技术、数字信息存储技术、数字信息处理与生成技术、数字传播技术、数字信息管理与安全等。

由于数字媒体技术中只有信息处理与生成技术为数字媒体产业所专属，因此数字媒体信息处理和生成的制作技术常被等同于数字媒体技术。国内数字媒体技术专业的人才培养主要侧重于计算机制作技术人才培养，即服务于数字媒体内容的制作环节，使抽象的信息变成可感知、可管理和可交互的技术。数字媒体制作技术主要包括数字音频处理技术、数字图像处理技术、计算机图形技术、计算机动画技术、数字影视剪辑技术和数字影视特效技术，利用这些技术能制作平面、二维、三维以及数字视频等数字媒体产品和内容。

传统媒体产品的制作过程中往往只使用一两种技术手段，如纪录片仅仅采用拍摄的方式，但是数字媒体产品的制作过程中往往需要涉及多种技术手段，采用哪种技术手段要根据实际制作的需要，这就对技术制作人员提出了更高的要求。

实例分析 4-1　　李宁运动品牌广告的启示

有一则 60 秒的宣传李宁运动品牌的广告，最终确定的策划方案主要包括 4 部分。第一部分是我国乒乓球、跨栏、排球、游泳运动健儿蓄势待发的瞬间；第二部分是一颗跳动的心脏，表示观众心情很紧张；第三部分是运动健儿取得胜利的瞬间和心脏被促动猛烈跳动的瞬间交织在一起的画面；第四部分是看台上观众从中间向四周形成人浪，配合背景音"为同一个梦想而动，因为我们都是中国制造！"；最后结尾出现李宁运动品牌的 Logo。

根据策划方案，第一部分主要使用影视剪辑和特效技术制作；第二部分显然不可能拍摄到跳动的心脏，需要使用计算机动画技术制作；第三部分综合应用剪辑、特效、计算机动画技术制作；对于第四部分，按照常规的思路是组织一群观众，让观众根据口令从中间向四周依次站起来、坐下，形成人浪，让观众从左向右依次站起来、坐下比较容易，但是从中间向四周组织起来就非常困难。最终经过商量，采用了计算机图形技术，通过一段程序形成从中间向四周扩展的光环，将光环遮罩在照片上，于是在视觉上形成了从中间向四周的人浪，这样的制作方案成本远远小于组织观众表演拍摄的成本。

综合此实例可以看出，一方面数字媒体产品在实际制作过程中往往需要综合应用多种技术手段；另一方面数字媒体策划人员需要综合了解多种技术手段，要结合策划的需要和成本选择最适合的技术手段。

 思考 4-1 请结合一则广告，分析其中可能应用到的制作技术。

　　提示：可参考实例分析 4-1。

4.2　数字音频处理技术

数字音频处理技术是将模拟的声音信号变换成数字音频信号。由于数字化音频信号的数据量非常大，因此需要根据音频信号的特性，即利用声音的时域冗余、频域冗余和听觉冗余对其数据进行压缩。根据压缩后的音频能否完全重构出原始声音可以将音频压缩技术分为无损压缩及有损压缩两大类。

1. 数字音频的基础概念

随着数字媒体内容的发展，数字音频处理技术受到高度重视，其不仅作为单一媒体形式，同时也与其他媒体（如图文、视频等）构成多媒体形式，对提升和丰富数字媒体内容起着举足轻重的作用，并得到了广泛的应用。例如，手机视频中的配音、配乐，手机游戏的音响效果，网络游戏虚拟现实中的声音模拟等。相比传统的音频处理技术，数字音频采用全新的概念和技术。人类感知的声音信息都是模拟的，因此数字音频技术不仅需要将采集的音频信号进行模/数转换，而且需要通过数字化方式对信号进行加工和处理。在音频的编辑、合成、效果处理、存储、传输和网络化以及价格等方面，数字音频技术有极大的优势。但是利弊总是相伴出现的，数字音频的声音相比模拟信号有时会显得生硬，因此在专业音频领域，为了得到温和的模拟音质，仍旧需要采用模拟技术，如电子管话筒、电子管前置放大器和压缩器，以及功率放大器等。为了与数字化音频系统配合使用，最新的音频专业电子管产品大多带有数字接口。因此，数字化时代的音频技术应该是模拟音频技术与数字技术有机的结合，取长补短，用数字化技术去追求模拟的音质，用数字化手段来弥补传统音频设备的不足。

2. 数字音频文件格式

数字音频文件格式用来在计算机平台中存储和播放音频数据。每种不同扩展名的声音文件都对应着不同的文件格式。有的文件格式只能在一种平台中使用，而有的却能够在各种平台之间兼容。除了音频数据之外，有些文件格式还应包括控制信息和格式介绍（如比特字长、声道数量和压缩方式等）。常用的文件格式有 **Wav**、**MP3**、**AIFF** 等，具体如下。

（1）Wav 文件

波形（Wave）文件是 Windows 所使用的标准数字音频文件，扩展名为.wav，记录了对实际声音进行取样的数据，广泛支持 Windows 平台及其应用程序。Wave 格式目前是计算机上最为流行的声音文件格式，但其文件尺寸较大，多用于存储间断的声音片段。

（2）CD 音频文件

CD 是当今世界上音质最好的音频格式之一，存储立体声，可以完全再生原始声音。CD 光盘可以在 CD 唱机中播放，也可用计算机上的各种播放软件来播放。

（3）MP1/MP2/MP3/文件

MPEG 音频文件格式压缩质量和编码复杂程度的不同可分为 3 层，即 MPEG Audio Layer1/2/3，分别对应扩展名为.mp1、.mp2 和.mp3 这 3 种声音文件，其中 mp3 使用最为广泛，特别是利用 Internet 进行传送。

（4）AIFF 文件

AIFF（音频交换文件格式）首先应用在 Macintosh 平台及其应用程序中，扩展名为.aif，也可用于其他类型的计算机平台。其格式包括交织信道数量信息、取样率和原音频数据。

（5）VQF 文件

VQF 是 YAMAHA 公司购买 NTT 公司的技术开发出来的一种接近 CD 音质的音频压缩格式。在相同的情况下，压缩后的 VQF 文件量比 MP3 小 30%～50%，更利于网上传送。但由于 VQF 是 YAMAHA 公司的专有格式，得到的支持相当有限，所以影响力不如 MP3。

（6）RealAudio 文件

RealAudio 文件是 Real Networks 公司开发的一种新型流式音频文件格式，主要用于在低速上网的计算机中流畅回放，其最大特点是可以采用流媒体的方式实现网上实时播放，也就是边下载边播放。

（7）WMA 文件

WMA（WindowsMediaAudio）格式，扩展名为.wma，音质要强于 MP3 格式，是 Microsoft 公司推出的一种数字音乐格式。它的特点是可保护性极强，甚至可以限定播放器、播放时间及播放次数，具有相当强的版权保护能力。因此，WMA 主要是针对 MP3 没有版权限制的弱点。

（8）Midi 文件

Midi 音频是计算机产生声音的另一种方式，可以满足长时间播放的需要。Midi 文件记录的不是声音本身，而是将每个音符记录为数字。Midi 标准规定了各种音调的混音及发音，通过输出装置就可以将这些数字重新合成为音乐，比较节省空间，扩展名为.mid。Midi 格式的主要缺点是缺乏再生自然声音的能力，不能用在需要语音的场合。

4.3 数字图像处理技术

数字图像处理技术与数字音频处理技术一样，是将自然界的视觉信息转换成数字信号。原始图像数据也需要进行高效的压缩。目前的图像压缩编码方法大致可分为三类：一是基于图像数据统计特征的压缩方法；二是基于人眼视觉特性的压缩方法；三是基于图像内容特征的压缩方法。第三类压缩编码方法是新一代高效图像压缩方法的发展方向。

1. 数字图像的属性

在数字媒体技术中处理与应用的是数字图像，而自然界存在的原始图像形式通常是连续的，不但在空间上是连续的，而且在亮度上也是连续的，即往往是非数字形式的，所以在进行处理前需要将其转换为数字形式。

描述一幅图像需要使用图像的属性，图像最重要的3个属性是分辨率、像素深度、真/伪彩色。

分辨率分为两种，即显示分辨率和图像分辨率。显示分辨率是指显示屏上能够显示出的像素数目。屏幕能够显示的像素越多，说明显示设备的分辨率越高，显示的图像质量也越好，图像就越清晰；反之，图像显得越粗糙。图像分辨率和显示分辨率是两个不同的概念，显示分辨率是确定显示图像的区域大小，而图像分辨率是确定组成一幅图像的像素数目。

像素深度是指储存每个像素所用的位数，它决定彩色图像的每个像素可能有的色彩数量，或者灰度图像的每个像素可能有的灰度级。例如，一幅彩色图像的每个像素用R（红）、G（绿）、B（蓝）3个分量来表示，如果每个分量用8位来表示，那么一个像素就由 $8 \times 3 = 24$ 来表示，于是像素的深度就是24位，每个像素可能的色彩就是 2^{24} 中的一种。表示一个像素的位数越多，它能表达的色彩数目就越多，它的深度就越深。显然，像素深度越深，图像表现的色彩就越细腻，但是同时图像所占的储存空间就越大。鉴于人眼的分辨率的局限性和设备复杂度的限制，一般不追求过高的像素深度，只要能达到人眼的感觉和对资源耗费的平衡点就可以了。

真彩色是指在组成一幅彩色图像的每个像素值中的R、G、B 3个基色分量，每个基色分量直接决定了显示设备的基色强度，这样产生的色彩称为真彩色。例如，一幅图像的RGB为8:8:8的图像，称为全彩色图像。伪彩色图像的含义是，每个像素的颜色不是由每个基色分量的数值直接决定，而是由查找得到的数值显示的色彩决定的，但其并不是图像本身真正的色彩，它不一定完全反映原图的色彩。

2. 数字图像的种类

在计算机中，表示图像和计算机生成的图形有两种常用的方法，即矢量图法和点位图法。虽然这两种生成图像的方法不同，但在屏幕上显示出的效果几乎是一致的。

（1）矢量图

矢量图是用一系列计算机指令来表示一幅图像，如画点、画线、画圆等。这种方法其实是用数学的方法来描述一幅图，然后变成许许多多的数学表达式，再进行编程，最后用计算机语言表达出来。在计算机显示图像的时候，往往可以看到这些画图的过程。

矢量图有许多优点。例如，当需要管理每一小块图像的时候，矢量图法非常有效；目标图像的移动、缩放、旋转、拷贝、属性的改变都很容易做到；相同的或类似的图可以把它们当做图的构造块，并把它们存到图库里，这样不仅可以加速画图的生成，而且可以减小矢量图文件的大小。当然，矢量图的缺点也是显而易见的，当图像变得非常复杂的时候，计算机就要花费很长的时间去执行绘图指令；此外，对于一幅真实的彩色照片，用矢量法来描述就非常困难了，这时一般就采用点位图来表示。

（2）点位图

点位图法与矢量图法有很大的不同，它是把彩色图像分成许许多多的像素，每个像素用若干个二进制位来表示色彩、亮度和色度。因此，一幅图由许许多多描述每个像素的数据构成，这些数据通常被称为图像数据，而这些数据作为一个文件来储存，这种文件又称为图像文件。

点位图文件的体积比较大。图像分辨率和像素深度是影响点位图文件大小的两个主要因素。分辨率越高，就是组成一幅图像的像素越多，图像文件越大；像素深度越深，就是表达单个像素的色度和亮度的位数越多，图像文件越大。而矢量图文件的大小主要取决于图的复杂度。

3. 数字图像文件格式

图像文件格式种类繁多，按图像的时序特性可以分为两大类：一类是静态图像文件格式；另一类是动态图像文件格式。

（1）典型静态图像文件格式

① BMP 位图文件格式：位图文件格式是 Windows 采用的图像文件格式，在 Windows 环境下运行的所有图像处理软件都支持这种格式。它是一种与硬件设备无关的图像文件格式，使用非常广。BMP 文件所占用的空间很大，BMP 文件存储数据时，图像的扫描方式是按从左到右、从下到上的顺序，采用的是 RGB 色彩空间。

② GIF 文件格式：图像互换格式（GIF）是 Compu-Serve 公司开发的图像文件格式。GIF 文件的数据是一种连续色调的无损压缩格式，其压缩率一般为 50%。它不属于任何应用程序，目前几乎所有相关软件都支持它，公共领域有大量的软件在使用 GIF 图像文件。

GIF 图像文件的数据是经过压缩的，而且是采用了可变长度等压缩算法。所以，GIF 的图像深度为 1～8bit，即 GIF 最多支持 256 种色彩的图像。GIF 格式的另一个特点是其在一个 GIF 文件中可以存储多幅彩色图像，如果把存储于一个文件中的多幅图像数据逐幅读出并显示到屏幕上，就可构成一种最简单的动画。

③ JPEG 文件格式：JPEG 格式是由 ISO 和 CCITT 共同组织推出的位图文件交换格式，目前已经发展到了 JPEG 2000 标准。JEPG 是最常用的图像文件格式。

JPEG 具有调节图像质量的功能，允许用不同的压缩比例对文件进行压缩，支持多种压缩级别，压缩比率通常在 10:1～40:1，压缩比越大，品质就越低；相反地，压缩比越小，品质越好。当然也可以在图像质量和尺寸之间找到平衡点。JPEG 格式压缩的主要是高频信息，对色彩的信息保留较好，适合应用于 Internet，可减少图像的传输时间，可以支持 24bit 真彩色，也普遍应用于需要连续色调的图像。

JPEG 提供了一种高效的图像压缩存储格式，压缩后的图像文件所占的存储空间很小。一幅 4MB 的 24 位 BMP 位图图像文件，经 JPEG 压缩后，其文件大小只有 50KB 左右，而且重建图像质量感觉不出明显的区别。

④ TGA 文件格式：目标图像格式（TGA）是 True Vision 公司为其显示卡开发的一种图像文件格式，已被国际上的图形、图像工业所接受。TGA 的结构比较简单，属于一种图形、图像数据的通用格式，在多媒体领域有很大影响，是计算机生成图像向电视转换的一种首选格式。

TGA 图像格式最大的特点是可以做出不规则形状的图形、图像文件。TGA 格式支持压缩，使用不失真的压缩算法。

⑤ SVG 格式：SVG 是一种可缩放的矢量图形格式。它是一种开放标准的矢量图形语言，可任意放大图形显示，并不会破坏图像的清晰度；文本在 SVG 图像中保留可编辑和可搜寻的状态，没有字体的限制，生成的文件很小，十分适合用于设计高分辨率的 Web 图形页面。

（2）典型动态图像文件格式

动态图像文件格式一般又可分为两类，一类是影像文件；另一类是动画文件。影像文件的主要格式有 AVI、MPEG，以及流媒体格式 RM、ASF、MOV 等。动画文件格式主要有 GIF、FLIC、SWF 等。

① MPEG 文件格式：MPEG 文件格式是动态图像压缩算法的国际标准，包括视频、音频和系统（视频、音频同步）3 个部分。MPEG 压缩标准主要采用两个基本压缩技术：运动补偿技术实现时间上的压缩，而变换域压缩技术则实现空间上的压缩。MPEG 是一个系列标准：MPEG-1、MPEG-2、MEPG-4、MEPG-7 和 MEPG-21。MEPG-2 除了作为 DVD 的指定标准外，还可以用于为广播、有线电视网、网络以及卫星直播等提供广播级的数字视频。MEPG-4 标准将众多的多媒体应用集成于一个完整的框架，旨在为多媒体通信及应用环境提供标准的算法及工具，从而建立起一种能被多媒体传输、存储、检索等应用领域普遍采用的统一数据格式。MPEG-4 应用非常广泛，如多媒体互联网、网上音频点播、网上流式视频、网络数据库服务、交互式视频游戏、视频会议、数字多媒体广播、电子节目指南等。

② AVI 和 AVS 文件格式：AVI 和 AVS 是 Intel 和 IBM 公司共同研制的数字视频交互（DVI）系统动态图像文件格式。AVS 文件格式提供较多的灵活性，能够支持多个数据流同时操作。

音频交互 AVI 文件格式是一种不需要专门的硬件支持就能实现音频与视频压缩处理、播放和存储的文件。AVI 格式文件把视频信号和音频信号同时保存在文件中，在播放时，音频和视频同步播放。AVI 视频文件在使用上非常方便。

③ ASF、RM、MOV：ASF 是 Microsoft 公司建立的影像文件格式。音频、视频、图像以及控制命令脚本等多媒体信息，通过这种格式以网络数据包的形式传输，实现流式多媒体内容的发布。其中，在网络上传输的内容就称为 ASF Stream。ASF 支持任意的压缩编码方式，并可以使用任何一种底层网络传输协议，具有很大的灵活性。

RM 是 Real Networkers 公司开发的视频文件格式，也是出现最早的视频流格式。它可以是一个离散的单个文件，也可以是一个视频流。它在压缩方面做得非常出色，生成的文件非常小，它已成为网上直播的通用格式，并且这种技术已经相当成熟，占据视频直播的主导地位。

MOV 是 Apple 公司开发的一种视频格式，几乎所有的操作系统都支持 QuickTime 的 MOV 格式，现在已经是数字媒体事实上的工业标准，多用于专业领域。

④ 动画文件格式：动画文件格式除了上面介绍的 GIF 文件格式，还有 Flic、SWF 等。

Flic 文件是 Autodesk 公司在其出品的 2D、3D 动画制作软件中采用的动画文件格式。其中，FLI 是最初的基于 320 像素×200 像素分辨率的动画文件格式，而 Flic 是 FLI 的扩展，采用了更高效的数据压缩技术，其分辨率也不再局限于 320 像素×200 像素。

SWF 是 Macromedia 公司 Shockwave 技术的流式动画格式，由于其具有体积小、功能强、交互性能好、支持多个层和时间线程等特点，被越来越多地应用到网络动画中。SWF 文件是 Flash 的一种发布格式，已广泛用于 Internet。

4.4 计算机图形技术

1. 计算机图形学概述

图形是传递信息的最主要媒体之一，其表达信息更直观、更丰富。20 世纪 60 年代的计算机图形学（CG）迅速成为计算机科学最活跃的分支之一。随着计算机软、硬件的不断发展，尤其在 20 世纪 80 年代以后，计算机图形学快速发展，计算机能够表达的图形越来越丰富，从整体而言，图形学经历了二维图形、三维图形和实时图形仿真的阶段，正朝着虚拟环境方向飞速发展。计算机图像技术在众多领域得到广泛应用，特别是在数字媒体技术与应用领域发挥着越来越重要的作用，如动画、游戏、影视艺术、虚拟现实等。

计算机图形技术几乎在所有的数字媒体内容及系统中都得到了非常广泛的应用，它是利用计算机生成和处理图形的技术，主要包括输入技术、图形建模技术、图形处理与输出技术。计算机图像技术能够生成（绘制）非常复杂的图形，可根据计算机绘制图形的特点分为真实感图形绘制技术和非真实感（风格化）图形绘制技术。真实感图形绘制的目的是使绘制出来的物体形象尽可能地接近真实，看上去与真实感照片几乎没有区别。非真实感图形绘制是指利用计算机来生成不具有照片般真实，而具有手绘风格的图形技术。

2. 计算机图形学的定义及研究内容

ISO 给出的计算机图形学定义为：研究用计算机进行数据和图形之间相互转换的方法和技术。也可以定义为：计算机图形学是运用计算机描述、输入、表示、存储、处理（检索、变换、图形运算）、显实、输出图形的一门学科。

计算机图形学研究的对象是图形。图形是指能在人的视觉系统中产生视觉印象的客观对象，它包括人眼观察到的自然景物、拍摄到的图片、绘图工具得到的工程图、用数学方法描述的图形等。图形是客观对象的一种抽象表示，它带有形状和颜色信息。构成图形的要素有几何要素（刻画对象的轮廓形状的点、线、面、体等）和非几何要素（刻画对象表面属性或色彩的点阵，简称为像素图、图像（数字图像），即点阵表示法）。

计算机图形学主要研究如何在计算机中表示图形，以及利用计算机进行图形的计算、处理和显示的相关原理与算法，其核心就是将客观世界对象以图形的形式在计算机内表示出来，主要包括模型生成和图形显示。模型生成是获取、存储和管理客观世界物体的计算机模型，以在计算机上建立客观世界的模拟环境。图形显示生成、处理和操纵客观世界物体模型的可视化结果，以便在输出设备上呈现客观世界物体的图像。

计算机图形技术所涉及的研究内容非常广泛，如图形硬件、图形标准、图形交互技术、光栅图形生成算法、曲线面造型、实体造型、真实感图形计算与显示算法、风格化绘制，以及科学计算可视化、计算机动画、自然景物仿真、虚拟现实等。

 ## 4.5 计算机动画技术

计算机动画技术是以计算机图形技术为基础，综合运用数学、物理学、生命科学及人工智能等学科和领域的知识来研究客观存在或高度抽象的物体的运动表现形式。计算机动画经历了从二维到三维、从线框图到真实感图像、从逐帧动画到实时动画的过程。计算机动画技术主要包括关键帧动画、变形物体动画、过程动画、关节动画与人体动画、基于物理模型的动画等技术。目前，计算机动画的主要研究方向包括复杂物体造型技术、隐式曲面造型与动画、表演动画、三维变形、人工智能动画等。

1. 计算机动画概述

计算机动画区别于计算机图形的重要标志是动画使静态图形产生了运动效果。计算机动画的应用小到一个多媒体软件中某个对象、物体或字幕的运动，大到一段动画演示，甚至到电视片头片尾、视频广告，直到计算机动画片和数字特效的设计与制作。

计算机动画是采用连续播放静止图像的方法产生景物运动的效果，也就是使用计算机产生图形、图像运动的技术。一般来说，计算机动画中的元素包括景物位置、方向、大小和形状的变化，虚拟摄像机的运动、景物表面纹理、色彩的变化。计算机动画的关键技术体现在计算机动画制作软件和硬件上。动画制作软件是由计算机专业人员开发的制作动画的工具，使用这一工具不需要用户编程，通过简单的交互操作就能实现计算机的各种动画功能。不同的动画效果，取决于不同的计算机动画软件和硬件功能。虽然制作的复杂程度不同，但制作动画的基本原理是一致的。从另一方面来看，动画的制作本身是一种艺术实践，动画的编剧、角色造型、构图、色彩等的设计需要高素质的美术专业人才才能较好地完成。总之，计算机动画真正体现了技术与艺术的相互交融。

2. 计算机动画的基本类型

根据运动的控制方式，计算机动画可分为实时动画和逐帧动画两种。

实时动画是用算法来实现物体的运动，因此也称为算法动画，它是采用各种算法来实现运动物体的运动控制。在实时动画中，计算机对输入的数据进行快速处理，并在人眼观察不到的时间内将结果随时显示出来。实时动画的每个片段在生成之后就立刻播放，因此生成动画的速率必须符合刷新频率的约束。实时动画的生成速率与许多因素有关，如计算机的运算速度、图形计算的软件或硬件实现、所描述的景物的复杂程度、动画图像的分辨率等。实时动画一般不存储在相应的媒介上，观看时可在显示器上直接实时显示出来。电子游戏的运动画面一般都是实时动画，在玩游戏时，人与机器之间的作用完全是实时的。

逐帧动画是通过一帧一帧显示动画的图像序列而实现运动效果。对于逐帧动画，场景中每一帧是单独生成和存储的，然后，这些帧可以记录在相应的存储媒介上或以实时回放的模式连贯地显示出来。简单的动画可以实时生成，而复杂动画的生成要慢得多，通常是采用逐帧生成的方法。然而，有些应用无论动画复杂与否，始终要求实时生成，如虚拟现实与电子游戏。计算机动画片和影视特效等的画面是质量要求很高的动画，则往往采用逐帧生成的方法，都是逐帧动画。

根据视觉空间的不同，计算机动画又可以分为二维动画和三维动画。

二维动画，也称平面动画，它的每帧画面是平面地展示动画内容。虽然二维动画可以具有立体感，但这是借助于透视原理、阴影等手段得到的视觉效果。三维动画，也称立体动画，它包含了组成物体模型完整的三维信息，根据物体的三维信息在计算机内生成影像的模型、轨迹、动作等，可以从各个角度表现角色，具有真实的立体感。但与真实物体相比，三维动画又是虚拟的，它所显示的画面并不是由摄像机拍摄记录下来的真实物体的影像，而是由计算机生成的图像，因而它可以创造出现实生活中并不存在的景物，其"虚拟真实性"使动画作品很有感染力。

随着网络的发展和普及，符合网络特点的计算机动画技术层出不穷，网络动画形成了计算机动画的又一个分支。

网络动画采用矢量图形，其文件可以很小，且画面的线条简洁、颜色鲜艳，对计算机硬件的要求不高，软件操作也比较容易，适合个体创作。同时，网络动画充分利用了网络的交互特性，所生成的动画往往还可以具有交互功能，可由观看者去控制动画的进程和变化。但网络动画的画面质量与采用像素点阵图形的影院计算机动画片不可相提并论。后者画面的色彩种类、灰度层次、线条笔触远远优于前者。

制作网络动画的软件有很多，其中 Flash 是目前的主流。它不仅支持动画、声音及交互功能，其强大的多媒体编辑能力还可以直接生成主页代码。由于 Flash 使用矢量图形和流式播放技术，克服了目前网络传输速度慢的缺点，因而被广泛采用。Flash 提供的透明技术和物体变形技术使创建复杂的动画更加容易，为网络动画设计者提供了丰富的想象空间。其他的动画制作软件还有 Ulead GIF Animator、Cool 3D、Firework 等，它们各自的功能特点不同，因而制作的动画风格也不同。

3. 计算机动画系统

计算机动画系统是一种交互式的计算机图形系统，涉及硬件和软件两部分平台。

硬件平台主要包括输入与输出设备、主机等。输入设备包括对动画软件输入操作指令的设备和为动画制作采集素材的设备。2D/3D 鼠标是最常见的输入设备；图形输入板则是更专业的输入设备，它为操作者提供了一个更加类似于传统绘画的直观的工作模式。

图形扫描仪为动画系统提供了所需要的纹理贴图等各类素材。三维扫描仪则可以通过激光技术扫描一个实际的物体，然后生成表面线框网格，通常用来生成高精度的复杂物体或人体形状。刻录机和编辑录像机是常用的动画视频输出设备。主机是完成所有动画制作和生成的设备，一般为图形工作站。而图形工作站是一种以个人计算机和分布式网络计算为基础，具备强大的数据运算与图形处理能力，为满足工程设计、动画制作、科学仿真、虚拟现实等专业领域对计算机图形处理应用的要求而设计开发的高性能计算机。针对小型动画工作室和大中型制作公司的不同使用要求，有不同级别的图形工作站。

软件平台不单单指动画制作软件，还包括完成一部动画片的制作所需要的其他类别软件。动画制作系统的软件分为系统软件和应用软件。系统软件包括操作系统、高级语言、诊断程序、开发工具、网络通信软件等。目前，可用于动画制作的系统软件平台有 Windows 系统、Linux 系统、UNIC 系统以及 Mac OSX 系统。应用软件包括图形设计软件、二维和三维动画软件和特效与合成软件等。图形设计软件一般提供丰富的绘画工具，让用户可以直接在屏幕上绘制出自己想要的图形。另外，这类软件都具有强大的图像处理功能，如图像扫描、色彩校正、颜色分离、画面润色、图像编辑、特殊效果生成等，如 Photoshop、Illustrator 等。二维动画软件一般都具有较完善的平面绘画功能，还包括中间画面生成、着色、画面编辑合成、特效、预演等功能，如 Animator studio、Flash 等。三维动画软件采用计算机来模拟真实的三维场景和物体，在计算机中构造立体的几何造型，并赋予其表面颜色和处理，然后设计三维形体的运动、变形，确定场景中灯光的强度、位置及移动，最后生成一系列可动态实时播放的连续图像。软件一般包括三维建模、材质纹理贴图、运动控制、画面渲染、系列生成等功能模块，如 Maya、3ds Max、Softimage 等。特效制作与合成软件，可将手绘画面、实拍镜头、静态图像、二维动画和三维动画影视文件的多层画面合成或组合起来，加入各种各样的特技处理手段，达到前期拍摄难以实现的特殊画面效果，如 Combustion、Maya fusion、Shake、Aftereffects 等。

4. 计算机动画生成技术

运动是动画的本质，动画的生成技术也就是运动控制技术。为了实现各种复杂的运动形式，动画系统一般提供多种运动控制方式，以提高控制的灵活度以及制作效率。计算机动画生成技术主要有关键帧动画、变形物体动画、过程动画、关节动画与人体动画和基于物理模型动画等。

① 关键帧的概念来源于传统的卡通片制作，先使用一系列关键帧来描述每个物体在各个时刻的位置、形状以及其他有关的参数，然后让计算机根据插值规律计算并生成中间各帧，在动画系统中，提交给计算机插值计算的是三维数据和模型。所有影响画面图像的参数都可成为关键帧的参数，如位置、旋转角、纹理的参数等。关键帧是计算机动画中最基本并且运用最广泛的方法。另外一种动画设置方法是样条驱动动画。在这种方法中，用户采用交互方式指定物体运动的轨迹样条。几乎所有的动画软件如 Maya、Softimage、Wavefront、TDI、3ds Max 等都提供这两种基本的动画设置方法。

② 变形物体动画是把一种形状或物体变成另一种不同的形状或物体，而中间过程则通过形状或物体的起始状态和结束状态进行插值计算。为了使变形方法能很好地结合到造型和动画系统中，人们提出了许多与物体表示无关的变形方法，如自由格式变形（FFD）方法不对物体直接进行变形，而是对物体所嵌入的空间进行变形，其适用面广，是物体变形中最实用的方法之一。目前许多商用动画软件如 Softimage、3ds Max、Maya 等都有类似于 FFD 的功能。

③ 过程动画指的是动画中物体的运动或变形由一个过程来描述。最简单的过程动画是用一个数学模型去控制物体的几何形状和运动，如水波随风的运动。较复杂的过程动画如物体的变形、弹性理论、动力学、碰撞检测物体的运动等。另一类过程动画为粒子系统动画和群体动画。粒子系统动画是一种模拟不规则模糊物体的景物生成系统。由于粒子系统是一个有"生命"的系统，它充分体现了不规则物体的动态性和随机性，因而可产生一系列运动进化的画面。这使得模拟动态的自然景色如火、云、水等成为可能。群体动画主要解决生物界群体运行的随机性和规则性的仿真问题。

④ 在计算机动画中，把人体的造型与动作模拟在一起是最困难、最具挑战的问题。人体具有 200 个以上的自由度和非常复杂的运动，人的形状不规则，人的肌肉随着人体的运动而变形，人的个性、表情等千变万化。另外，由于人类对自身的运动非常熟悉，不协调的运动很容易被察觉，因此，主要采用运动学和动力学方法来实现关节动画与人体动画。在运动学方法中，一种实用的解决方法是通过实时输入设备记录人体各关节的空间运动数据，即运动捕捉法。由于生成的运动基本上是真人运动的复制品，因而效果非常逼真，且能生成许多复杂的运动。把运动学和动力学相结合能够产生更加逼真的动画。与运动学相比，动力学方法能生成更复杂和逼真的运动，并且需要指定的参数相对较少，但计算量相当大，且很难控制。在动作设计中，可以采用表演动画技术，即用动作传感器将演示的每个动作姿势传送到计算机的图像中，来实现理想的动作姿势，也可以用关键帧方法或任务骨骼造型画法来实现一连串的动作。

⑤ 基于物理模型的动画也称运动动画，其运动对象要符合物理规律。基于物理模型的动画技术结合了计算机图形学中现有的建模、绘制和动画技术，并将其统一成为一个整体。运用这项技术，用户只要明确物体运动的物理参数或者约束条件就能生成动画，更适合对自然现象的模拟。

计算机动画制作技术的基础是计算机图形学和计算机动画生成技术。目前，计算机动画制作技术已经形成了一个巨大的产业，并有进一步壮大的趋势。其中，表演动画和人脸动画成为这一领域最令人振奋和引人瞩目的新技术，且在数字影视和数字游戏的实际与制作领域得到了广泛应用。

 ## 4.6　数字影视剪辑技术

按照影视制作过程中数字影视剪辑的功能应用方面进行分类，可以将数字影视剪辑技术分为数字影像处理、数字影像合成以及数字影像生成 3 大类。

① 数字影像处理是利用软件对摄影机实拍的画面或软件生成的画面进行加工处理，从而产生影片需要的新图像，也包括对已有的影视资料的修复。用计算机软件来处理画面可以实现千变万化的效果，这种功能和传统的光学特效摄影技术相类似。数字影像处理在影视制作中的主要应用有画面的修饰、新拍做旧、数字复值、增加光效、模拟自然现象等。

② 数字影像合成是在实际拍摄中，将要合成的影像先用摄影机拍摄下来，然后以数字格式输入计算机，再用计算机处理摄影机实拍的图像，并产生影片所需的新合成的视觉效果。此外，也可以将实拍的画面与计算机生成的影像进行合成，或者是将一个形象有机地移植到另一个形象上。采用数字影像合成技术制作而成的电影画面，既有实拍的真实感，又有合成之后的视觉冲击力，可以合成得天衣无缝，创作出超越时空、亦真亦幻的视觉效果。

③ 数字影像生成是指利用计算机生成影像，它是除了摄影和手绘以外的第 3 种生成影像的方式。数字生成影像采用的计算机图形成像技术，是利用计算机动画软件从建立数字模型开始直到生成影片所需要的动态画面。其功能与用传统的模型摄影方法相仿，模型摄影技术先创造物体，进而创造画面，而计算机可以直接产生画面。它既可以生成手绘一般的动画片，也可以创造出逼真自然的如同摄影机拍摄的影像。计算机生成影像技术正给影视创作带来一场革命，可以创作出过去做不出来的、极具视觉冲击力的生动逼真的画面呈现给观众。

 ## 4.7　数字影视特效技术

数字特效广泛应用和综合了计算机图形与动画技术、数字图像处理等技术，目前已经被广泛运用于娱乐和艺术创作方面，很大程度上对原来的创作形式和方法构成了挑战，同时也进一步拓展了艺术创作与表现的空间与力度。数字特效不仅改变着传统的影视制作方式，极大地提高了影视制作的效率，同时也以更新、更奇的艺术表现力，带给了观众更具震撼力的视觉冲击，大大地丰富了影视制作设计手段。

数字特效已经被广泛地应用在电影制作的方方面面，很难简单地给它下一个定义。但可以认为数字特效就是利用数字技术，特别是计算机图形图像技术来实现和生成电影特殊效果的技术和手法。

从总体上看，带有数字特效的影视在制作流程上与传统影视并无太多的不同，大致也可以分为前期策划、中期制作和后期制作 3 个主要的环节。前期主要由导演、特效师、剧本作者、原画师等主创人员共同确定故事板，也就是形象化的剧本，要对所有涉及的动画元素，如角色、环境、道具等做一个统一的规划和设计，确定特效的制作方案并进行测试，确定人员的职责和协调工作。中期制作围绕动画的制作开展，包括模型的建立、材质与灯光的设定、特殊效果的生成、图像的渲染等工作，并且围绕这些核心的制作还要开展一些外围的配合工作，如提供三维扫描数据的泥塑模型的制作、纹理贴图的绘制、运动数据的捕捉等。后期合成的工作主要分为 3 个方面：一是将在动画软件中不便一次完成的镜头画面通过分层合成的方法来完成；二是添加特殊效果；三是对影片的整体艺术风格和画面质量进行处理。当然，在影视片实际制作中，大量运用的数字特效技法不需要上述整个制作过程，特别是后期合成制作上运用的数字特效。

实例分析 4-2　关于数字媒体专业人才培养的思考

传统媒体人才培养中往往会根据媒体制作过程中的分工划分专业，并侧重于内容制作人才的培养，忽视经营与管理人才的培养。例如，目前某国内知名的电影学院设置了文学系、表演学院、导演系、摄影系、录音系、影视技术系、动画学院、美术系、摄影学院、管理系和电影学系 11 个院系。根据院系设置可知，和运营相关的专业占不到 20%。而在实际产业运作中，电影制作、电影推广和电影发行 3 个环节的成本分配为 1:1:1，但在人才培养中电影制作则占到了 80%，这也从一个侧面反映了为何我国电影产业的商业运作能力和国际水平还有较大的距离，根源在于人才的匮乏。

该电影学院中和数字媒体相关的院系主要是影视技术系和动画学院，占全院专业比例不到 20%。但目前在国外的电影制作过程中，特效、动画制作的工作量往往超过实际拍摄工作量，大量的镜头都是经过处理的。比如 2010 年热映的《阿凡达》中完全不用技术处理的镜头不到 10 个，有超过 3000 个特效镜头。虽然阿凡达宣传势头远远不及国产贺岁片《三枪拍案惊奇》，但却在很短的时间就实现了票房过亿。虽然《三枪拍案惊奇》也获得了过亿的票房，但在全球范围内吸金尚存在较大的差距。对比国内外贺岁片的悬殊差距，有影评人感慨"只能被欣赏，短期内难以超越"。媒体制作能力和国际水平相差甚远的根源还是人才培养的问题。

根据以上分析可知，传统媒体产业运营能力较差的根源在于人才匮乏。同时，由于需要破旧立新，传统媒体高校迎合数字媒体时代转型的力度和产业实际要求还有一定距离。虽然伴随着数字媒体的蓬勃发展，近年来新增了多个与数字媒体相关的专业，但不少综合高校在专业设置上沿袭了传统媒体高校专业设置思路，按照内容制作的类型设置专业，如动画专业、数字影视方向等，这样思路下培养的学生往往只能充当数字媒体制作过程中的工匠，而难以成为一个有思想的设计者，因为单个数字媒体产品往往需要综合应用多种技术手段。

实际上，美国的数字媒体人才培养模式和我国存在较大差别，美国数字媒体专业的学生不仅仅需要学习文学、制作技术，还需要学习艺术实现，也就是说一个学生需要综合了解数字媒体产品经营、数字媒体内容策划、艺术制作和技术开发 4 大环节，因此学生的综合素质较高，迎合了数字媒体产业融合的特点，这为美国能制作出世界顶级的媒体产品奠定了基础。但在我国进行这样的改革具有一定的难度，美国数字媒体人才模式的前提是学生入大学之前不做文科、理科和艺术类的划分。

思考 4-2　数字媒体是一个系统，请结合你的专业谈谈对自己未来职业的规划。

提示：可结合博客作者的角度分析。

4.8 本章小结

本章在介绍数字媒体技术基本概念的基础上，依次介绍了数字音频处理技术、数字图像处理技术、计算机图形技术、计算机动画技术、数字影视剪辑技术、数字影视特效技术等数字媒体制作技术，具体如下。

1. 数字媒体技术：数字媒体技术是融合了数字信息处理技术、计算机技术、数字通信与网络技术等的交叉学科与技术领域，是通过现代计算机和通信手段，将抽象的信息变成可感知、可管理和交互的内容，并进行传播的技术的总称。

2. 数字音频处理技术：数字音频处理技术就是将模拟的声音信号变成数字音频信号，并根据音频信号的特征，对数据进行压缩。

3. 数字图像处理技术：数字图像处理技术与数字音频处理技术一样，首先是将自然界的视觉信息转换成数字信号，然后再进行一系列的图像处理，原始图像数据也需要进行高效的压缩。

4. 计算机图像学：ISO 给出的计算机图形学的定义为：研究用计算机进行数据和图形之间相互转换的方法和技术。也可以定义为：计算机图形学是运用计算机描述、输入、表示、存储、处理（检索/变换/图形运算）、显实、输出图形的一门学科。

5. 计算机动画技术：计算机动画技术是以计算机图形技术为基础，综合运用数学、物理学、生命科学及人工智能等学科和领域的知识来研究客观存在或高度抽象的物体的运动表现形式。

6. 数字影视剪辑技术：按照影视制作过程中数字影视剪辑的功能应用方面进行分类，可以将数字影视剪辑技术分为数字影像处理、数字影像合成以及数字影像生成 3 大类。

7. 数字影视特效技术：数字特效就是利用数字技术，特别是计算机图形图像技术来实现和生成电影特殊效果的技术和手法。

第5章

数字媒体传播技术

Chapter 5

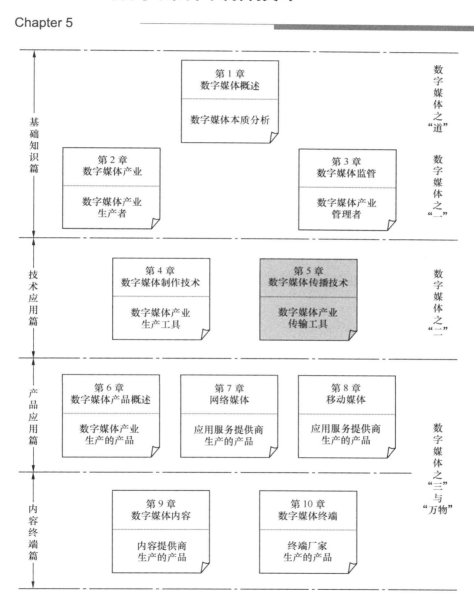

数字媒体传播技术就是指承载数字媒体的数字化网络，以下简称数字媒体网络。数字媒体网络主要服务于数字媒体产品的传播。按照依托网络的不同，主要包括 Internet、移动通信网络、数字电视网、数字广播网等。移动通信网、Internet 的建立是从零开始的，不需要破旧立新，且技术手段和经营模式较为成熟，目前普及率较高。展望未来，三网融合将

是必然趋势，即 Internet、通信网和广播电视网络的融合。

5.1　Internet

Internet 起源于美国军用计算机网，于 20 世纪 90 年代初开始商用，90 年代后期至今一直呈指数增长，Internet 的应用领域也从最初单纯的科研服务逐步进入到网上购物、远程教育、远程医疗、视频点播、视频会议等人们社会生活的方方面面。

5.1.1　Internet 基本概念

Internet 是一个全球性的计算机互联网络，中译名为"因特网"，此外，还被称为"网际网"或"信息高速公路"。

Internet 是利用光纤、微波、电缆、普通电话线等通信介质，将各种类型的计算机联系在一起，采用 TCP/IP（传输控制协议/网际互连协议）标准，互相联通以实现信息传输和资源共享的计算机体系。形象理解，TCP/IP 是 Internet 世界中实现信息共享的"语言"，计算机是 Internet 世界中通信的主体，光线、微波等通信介质是传播信息的介质，Internet 的核心就是提供网络中计算机之间的信息共享。而今 Internet 已经成为各类媒体信息存在的平台，为电子邮件、即时通信、网络电视、网络游戏等各类媒体服务。

Internet 之所以发展如此迅速，被称为 20 世纪末人类最伟大的发明，是因为 Internet 从一开始就具有开放、自由、平等、合作和免费的特性，也正是这些特性，使得 Internet 被称为 21 世纪的商业"聚宝盆"。

实例分析 5-1　　　　　Internet 与电子商务

　　20 世纪 90 年代末，Internet 以摩尔的速度渗入人心，但利益才能使产业可持续发展，因此如何利用 Internet 开展商务活动一跃成为诸多企业关注的焦点，基于 Internet 的商务活动被称为电子商务。曾经有一个笑话形容 2000 年年初电子商务的火暴程度：一个要饭的趴在地上求别人给他钱，样子非常可怜，但是没有人给他投钱；当要饭的知道了电子商务比较热，要饭的在身上写了"www"，于是就开始有人给他钱罐投钱；最后要饭的在身上写了 www.com，不想竟然有人拉着他说，"走，我给你投资！"

　　这个笑话看似很夸张，实际不尽然。当 Internet 迅速席卷我国时，不少风险投资者纷纷投资电子商务，报纸、书籍、广播、电视各类媒体都在用各种方式描述电子商务时代的数字生活的美好蓝图，于是和 www.com 相关的内容仿佛都意味着巨大的商机。

　　但是随着巨额的投资看不到盈利的希望，诸多雨后春笋般快速长大的电子商务企业又以同样快的速度退出市场，人们开始质疑：电子商务是泡沫，电子商务没有大家想象中的美丽。

　　电子商务是泡沫吗？电子商务的市场前景如何？主要可从以下 3 个方面认识。

　　首先，电子商务有泡沫，但是没有泡沫的电子商务未必是美好的。

　　就像啤酒一样，没有泡沫的啤酒是不好喝的；但是全部是泡沫的啤酒是没有办法喝的。啤酒是否好喝，关键在于倒啤酒的速度和方式；电子商务是否能带来好的市场前景，关键在于电子商务的发展速度和发展的方式。

　　其次，企业电子商务的进程是逐步的，一蹴而就是不可能的。

　　一个企业如果希望全面实现电子商务，那么按照产业链主要包括以下3大部分。

　　（1）企业内部办公的电子化，如企业的办公自动化（Office Automatic，OA）系统、企业的信息管理系统（Management Information System，MIS）等。

　　（2）体例企业和供应商之间的电子化，如供应链管理（Supply Chain Manufacturing，SCM）等。

　　（3）体例企业和客户之间的电子化，如客户关系管理（Customer Relationship Management，CKM）等。图5-1所示为电子商务架构简图。

　　这些电子商务的系统如果企业要一次全部实现，就如同把一个巨大的石头一次性推到山顶，很可能推到半山腰就推不动了，短期内投资巨大，但利润回收较少，于是全盘皆输。正确的做法是把这块巨大的石头分成小块，根据重要级别、紧迫性逐步推到山顶。对于企业电子商务进程，首先要分析企业哪些环节需要实现电子商务，其次分析各个环节实现电子商务的成本、收益、进程等各项关键要素，最后制定企业电子商务的进程。

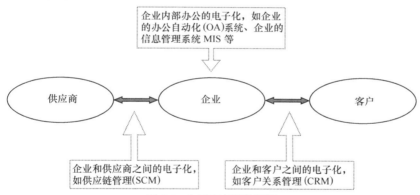

图5-1　电子商务架构简图

　　电子商务的实现过程，最初由于电子化程度不足，对电子商务盈利模式的认识不够，往往需要经历从只是工作模式、交易模式电子化，但没有盈利或盈利很少到盈利的过程，这个过程也需要磨合、摸索，也不可能一蹴而就。

　　再次，电子商务最先获得巨大收益的商务模式是B2B的模式，而不是B2C。

　　电子商务按照交易主体的角色主要包括B2C（Business to Consumer 企业和客户之间的电子商务）和B2B（Business to Business，企业之间电子商务）两大类，当然如果细分，还有 G2B（Government to Business，政府和企业之间）、G2C（Government to Citizen，政府和消费者之间）等。在电子商务发展初期，不少人认为电子商务最先获得巨大收益的商务模式应该是B2C，不少人在勾画B2C的美好前景，人们开始在家里办公，足不出户就可以享受购物的乐趣等，B2C的电子商务将被人们所认同，将彻底改变人们的生活。然而市场证明，B2C并没有大家想象中的乐观，消费者的习惯不是那么容易改变的。例如，虽然目前网站上有大量免费的新闻，但是还是有很多人在花钱阅读报纸。而从整体来看，企业之间的电子商务B2B相对B2C的模式更容易见到收益，因为企业改变工作习惯的难度远远小于消费者。对于这个观点，阿里巴巴是一个很典型的例证，2007年阿里巴巴的上市，使60%的员工身价过百万更是给B2B模式创造了典范。

最后，虽然Internet从一开始就具有的开放、自由、平等、合作和免费的特性，但"经济基础决定上层建筑"，如果企业没有在使用Internet的过程中获利，企业将失去使用Internet的原动力。虽然Internet并没有像人们想象中带来巨大的财富，但"前途是光明的，道路是曲折的"，通过Internet进行商务是发展趋势。

思考5-1 请谈谈你对Internet和电子商务的理解。

提示：可结合自己对Internet的使用，谈谈感受。

5.1.2 地址和域名

IP地址是Internet上主机的数字型标识，它由两部分构成，一部分是网络标识，另一部分是主机标识。例如，IP地址168.160.207.163，其中前两个字节168和160是网络号，后两个字节207和163为主机号。形象地理解，可以把计算机比作Internet中通信的"人"，那么IP地址就是Internet上每个计算机的"名字"，TCP/IP是Internet世界中的"语言"。网络上最终访问的只能是IP地址，因此每个主机对应一个IP地址，IP地址具有唯一性。

IP地址是一种数字型网络标识和主机标识，但数字型标识不容易记忆，于是研究出字符型标识，这就是域名（Domain Name System，DNS），俗称网址，如www.sina.com.cn就是域名。DNS和IP地址一一对应。DNS服务器用于存储IP地址和域名DN的对应关系。

为了便于使用者理解和记忆，域名一般都按照一定的规律定义，如com代表商业性组织；edu代表教育机构；gov代表政府机构；mil代表军事机构；net代表网络支持中心；org代表非营利性组织。

5.2 移动通信网络

5.2.1 移动通信概述

1. 移动通信的定义

移动通信是指通信双方，至少有一方是可以移动或正在移动的通信方式。例如，固定电话和行人、汽车或轮船中的人之间的通信等，即移动体可以是人，也可以是汽车、火车、轮船、收音机等在移动状态中的物体。这里所说的通信，不仅仅指通话，还包括数据、传真、图像等的传送（图5-2所示为移动通信示意图）。

通过移动通信的定义可知，移动通信主要有两大特征。

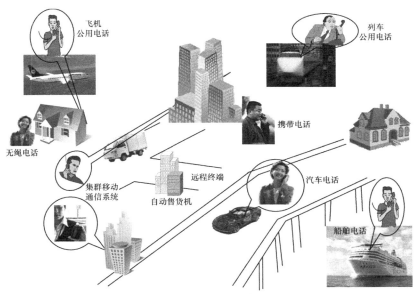

图 5-2　移动通信示意图

① 可移动性。这个特征是移动通信相比其他数字媒体网络载体所特有的特性，而这正是移动媒体相比于其他媒体的差异化优势所在。虽然我们可以带着笔记本电脑到处走，但是其移动性相比手机还是有一定的距离，于是对于能充分发挥移动性特征的移动媒体产品往往能在激烈的市场竞争中脱颖而出，因为它所提供的服务是其他媒体产品难以替代的。例如，中国移动信息咨询电话 12580 用短短的一年多的时间，在认知度上就超过有多年历史的信息咨询电话 114 就是很好的例证。

实例分析 5-2　中国移动生活顾问 12580 的启示

中国移动在 2007 年开始推广信息咨询电话 12580，利用一年多的时间客户认知度就超过了竞争对手的信息咨询电话（图 5-3 所示为 2008 年 8 月第三方调查结果），12580 成功的关键在于产品的定位和策划，在于充分发挥了移动媒体的特征。

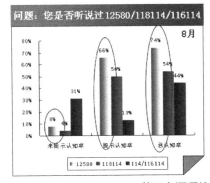

图 5-3　12580/118114/116114 第三方调研结果

信息咨询电话 12580 没有简单地把竞争对手确定为 116114、118114、114 等传统的信息咨询电话，而是把竞争对手确定为广播、电视、报纸、Internet 等各类信息渠道。通过分析对比竞争对手，中国移动认为 12580 的差异化优势在于可移动地提供信息。那么用户在移动中需要什么样的信息呢？通过市场调查发现，用户在移动中最需要贴心的生活顾问信息，因此 12580 最终被定位为生活顾问，宣传口号为"一按我帮你"。相比之下，114 号码百事通的市场定位则难以发挥移动性的差异化优势，因为在 Internet 普及率较高的今天，用户查询号码可以轻松通过计算机来解决。当然 114 在推出之初，Internet、移动网的普及率还比较低，但"流水不腐，户枢不蠹"，当市场已经发生巨大变化，仍不积极调整，被后来者居上自然在所难免。现在 116114 定位为一号订天下，而这项服务显然在和对手竞争票务资源，而难以体现移动信息渠道的优势（注：中国电信拆分前信息咨询电话是 114，拆分后 116114 归中国网通（现为中国联通），118114、114 归中国电信）。

结合 12580 的市场定位，中国移动一直在根据市场的变化积极调整 12580 所包含的产品组合，并制定和实施了一系列相对应的促销策略。如 2008 年我国举办奥运会，中国移动在 6～8 月期间推出了"奥运资讯包打听"产品包，其中包含奥运资讯、实时路况、公交换乘、便捷查号、动态影讯、商场折扣六大功能，并在高速公路、地铁、机场快轨、火车站等奥运来访游客必经地点进行户外大牌的宣传；各种奥运电视节目、广播节目的黄金时段高频率播放。最终 12580 奥运资讯日均查询量高达 2.8 万次，远超同期其他信息服务的查询量。

在具体产品设计上，12580 也一直充分利用移动性的差异化特点，如 2008 年北京移动 12580 首推的产品类型就是实时路况查询，由于此信息用户难以通过其他媒体渠道获得，而且用户需要交通信息的时候往往是在移动中，因此此服务推广不到半年时间，日均查询量就从 2008 年年初的 345 次/日增加到了 7 月份的 9289 次/日。

思考 5-2 请结合 12580 提供的实时路况查询服务，分析移动媒体的移动性特征对于市场竞争的意义。

提示：可从用户角度出发，结合路况查询需求，分析移动媒体移动性的市场意义。

② 移动的主体可以是人，也可以是物体。这个特征揭示了移动通信的市场远不止提供人与人之间的通信。根据通信主体的不同可将移动通信市场划分为 3 大领域：人与人的通信、人与物的通信以及物与物的通信。目前，人与人之间的通信已经发展得较为完善，如我国目前就已经有了 6 亿多的手机用户；人与物的通信是目前发展的重点，如手机上网浏览信息的用户数量近年来一直呈现高速增长的趋势；物与物（Machine 2 Machine，M2M）的通信市场是未来市场竞争的关键，目前不少企业已经开始积极部署物联网的建设。

实例分析 5-3　　下一个增长点——物联网

正如中国电信上海研究院祁庆中副院长所言："我国希望到若干年后每一亿 CDMA 用户中，至少能有 1000 万～2000 万是机器用户。"，物联网是通信企业继 Internet

之后又一大发展机遇。目前，中国电信正规划分三阶段建设 M2M 网络。第一阶段中国电信将在全国终端管理平台尚未部署的情况下，以较为成熟的应用快速部署；第二阶段，中国电信将加快终端标准化进程，降低终端生产成本，建设开放的 M2M 管理平台，并提升 M2M 业务的附加值，建设标准化的行业应用；第三阶段，将探讨引入公用 M2M 终端接入网络的可能性，这样，网络中的每一个 M2M 通信终端都可以被多个用户的传感网络所共享，最终形成一个电信级的"物联网"。目前中国电信已经在江苏、浙江、安徽、福建、湖北、上海等省市试点，重点关注公用事业、交通、无线商圈三大领域。

之前，M2M 同样以很大的笔墨出现在中国移动最新版的"新产品路标"中。中国移动已经在重庆设立了全国 M2M 业务运营中心，并在电力、交通、金融等领域推出了无线抄表、车辆位置监控、移动 POS 等业务。

实际上不仅仅是通信运营商，中国科学院以及诸多新兴企业也一直致力于物联网的研究和商用。展望未来，随着人与人的通信、人与物的通信市场逐步成熟，物与物的通信必将成为企业新的增长点，成为通信企业争夺的焦点。

思考 5-3 请谈谈你对物联网的认识和理解。

提示：可从身边的实例入手分析，如出租车上的紧急呼救系统、光感路灯系统等。

2. 移动通信的分类

移动通信按使用要求和工作场合不同进行如下分类。

（1）蜂窝移动通信

《中华人民共和国电信条例》中定义，蜂窝移动通信是指采用蜂窝无线组网方式，在终端和网络设备之间通过无线通道连接起来，进而实现用户在活动中可相互通信。其主要特征是终端的移动性，并具有越区切换和跨本地网自动漫游功能。之所以在移动通信前面加"蜂窝"，是因为移动通信网络基站的外形非常像蜂窝。

（2）卫星移动通信

根据《电信业务分类目录》的定义，卫星移动通信业务是指地球表面上的移动地球站或移动用户使用手持终端、便携终端、车（船、飞机）载终端，通过由通信卫星、关口地球站、系统控制中心组成的卫星移动通信系统实现用户或移动体在陆地、海上、空中的通信业务。卫星移动通信业务主要包括语音、数据、视频图像等业务类型。卫星移动通信的优点在于覆盖范围广，缺点是对于楼宇、建筑物等设施的信号穿透能力弱。

（3）集群移动通信

在我国现行《电信业务分类目录》中，集群通信业务是指利用具有信道共用和动态分配等技术特点的集群通信系统组成的集群通信共网，为多个部门、单位等集团用户提供的专用指挥调度等通信业务。

集群移动通信最常见的应用就是对讲机，主要提供有限范围内的移动通信服务，其优点是费用低廉，缺点是通信服务范围较小。

目前基于蜂窝移动通信的服务种类较多，且服务普及率较高，下面将重点介绍蜂窝移动通信系统。

实例分析 5-4　　　　"铱星计划"的启示

目前蜂窝移动通信的普及率远远高于卫星移动通信，不少人会把此归结为蜂窝移动通信技术更先进，其实不然。"市场选择适合的，而不是最优的"，现实中最优的产品被淘汰，适合的产品具有较高的普及率的例子不胜枚举。"技术优势不等于市场优势"，在竞争中脱颖而出的往往不仅仅是技术原因，而是市场运作上的更胜一筹。

早在1987年，MOTO等几家跨国公司组建了一个财团，计划依托卫星移动通信技术实施"铱星计划" —— 利用77颗低轨道卫星组成移动通信网络覆盖全球。其原理是手机通过卫星实现通信，只要能看到天的地方就能实现通信。计划以化学元素周期表上排第77位金属"铱"来命名，后来卫星减少到66，但名字未变。

"铱星计划"开始于1987年，历时11年，整个投资50多亿美元，每年的维护费几亿美元。1998年正式商用，2000年宣布破产，最终仅发展了5.5万用户，支撑运营需要65万用户。

目前仅我国就已经有7亿多移动通信用户，一个覆盖全球的移动通信网络为何连65万用户都没有呢？究其失败的原因主要在于以下几点。

（1）没有用变化的思想看市场。

"铱星计划"开始于1987年，当时蜂窝移动通信主要采用的是模拟通信技术，通信质量差、终端携带不便。但是到1998年"铱星计划"正式商用时，蜂窝移动通信已经发展到了数字通信时代，通话清晰，终端不仅体积小，而且种类繁多。

（2）忽略了用户的需求，一味追求最优。

"铱星计划"试图利用卫星提供覆盖全球的移动通信服务，忽略了人们虽然需要移动通信服务，但实际有限范围内的移动通信服务就能满足人们的绝大多数需求。大多数的人都在一个国家、一个城市，有的甚至就在一个区域内活动，在全球范围内频繁活动的用户数量寥寥无几，因此如果"铱星计划"基于二八原理，先期仅开通美国、日本等发达国家以及中国、巴西等人口众多的国家的移动通信服务，抢先占领这些市场，然后根据竞争对手的变化再作调整，也许"铱星计划"不会最终以失败告终。

🌱 **思考5-4**　移动通信按照使用要求主要分为几类？谈谈你对各类移动通信技术的认识。

提示：可结合各类移动通信技术适用范围进行分析。

5.2.2 蜂窝移动通信网络技术基础

蜂窝移动通信系统从 20 世纪 70 年代诞生以来，已经历了三代的发展历程，并还将向更新的移动通信系统发展。未来几代移动通信系统最明显的趋势是要求高数据速率、高机动性和无缝隙漫游。

1. 蜂窝的由来

最初的移动通信系统是由移动台和基站组成的。移动台通常是装在汽车里的车载移动电话机；基站担负着移动用户之间的信息交换任务。由于"无线的往往是有限的"，基站的天线高度和发射机功率都有限，无线电波的覆盖面不是很大，而且又受信道数量的限制，系统容纳不了多少用户。为了实现更大范围的移动通信，有人便提出把需要实现移动通信的区域划分成许多小区，每个小区设置一个基站的办法。为避免彼此干扰，相邻的小区采用不同的频率；而相距较远的小区可以采用相同的频率。由于每个基站覆盖的范围小了很多，其发射的功率也可相对减小，故不会对相距较远的小区产生影响。这样，同一个频率便可以重复使用多次，达到节省频率资源的目的。

小区选择什么样的几何形状，主要从以下几个方面考虑。

① 有效面积越大越好。这样，同样大小的服务区所需的小区数就越少，占用的频率组数也越少。

② 重叠区域越小越好。这样，相邻频道的干扰就小。

③ 相邻小区的中心点之间的距离越大越好。这样，使用相同频率的小区之间同频干扰便可以减小。

研究的结果是，无论从上述哪个方面考虑，正六边形小区形状是最佳的选择。一个正六边形小区错落有致地排列起来，其形状酷似蜂房。图 5-4 所示为蜂窝移动通信构成示意图，"蜂窝式移动通信"便因此得名。

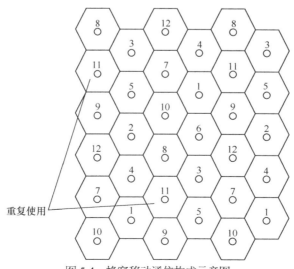

图 5-4　蜂窝移动通信构成示意图

2. 频谱资源的利用方式

蜂窝移动通信系统自 20 世纪 70 年代诞生以来，已经历了三代的发展历程，1G、2G 以及 3G（the 3rd Generation）移动通信系统的核心区别在于网络速度，所谓第三代移动通信技术实际就是网络速度在 2Mbit/s 以上。那么移动通信网的速度主要取决于什么呢？类似于广播，移动通信网实际也是在一定的频率上提供通信服务，如 GSM 的工作频率为 900 MHz 和 1800MHz。由于必须工作在特定的频率上，因此频谱资源是有限的，越高效地利用频谱资源，就越能提供更高效的传递，即网络速度越快。因此，网络速度主要取决于频谱资源的利用方式。如果形象地把移动通信网络比作公路的话，公路的宽度就是频谱。显然公路宽度是有限的，如果想传递的内容多，传递速度加快，必须完善利用有限宽度公路的传递方式，即频谱资源利用方式。

频谱资源的利用方式主要包括 3 种，即 FDMA（Frequency　Division Multiple Access）、TDMA（Time Division Multiple Access）和 CDMA（Code Division Multiple Access），具体如下。

① FDMA（频分多址）：不同的用户使用不同的频率进行通信。

② TDMA（时分多址）：不同的用户使用不同的时隙进行通信。

③ CDMA（码分多址）：不用的用户使用不同的码型进行通信。

由于 FDMA 传输速度受制于空间，即 TDMA 传输速度受制于时间，CDMA 传输速度取决于开发者指定的编码，因此 CDMA 是最有效的频谱资源的利用方式。

实例分析 5-5　　频谱资源利用方式通俗理解

为了便于理解频谱资源的利用方式，可以把移动通信网络设想成一个大房间，把通话双方比作是进入大房间内一对对相互交谈的客人。

FDMA 相当于把这个大房间分隔成一个个小间（频分），类似于宾馆中的客房，一对对客人进入小间交谈，通过隔间实现谈话内容的相互保密（见图 5-5）。因此，FDMA 同一频谱资源能提供通信的容量取决于空间划分的数量。

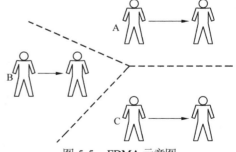

图 5-5　FDMA 示意图

TDMA 相当于不分割这个大房间，而是在时间上错开（时分），由于网络传递的速度远远大于人沟通的速度，因此通过把时间细分成微小的时隙就可以实现提供不同主体之间的通信（见图 5-6）。因此，TDMA 同一时间和同一频谱资源传递通信的容量取决于时间划分的数量。

CDMA 同样也不需要把房间进行分隔，一对对客人可以同时在这个房间中通信，由于不同的通信主体之间使用不同的通信语言，通过难以逾越的语言障碍进行区分，从而实现通信彼此通信内容的保密（见图 5-7）。因此，CDMA 移动通信标准有多少种语言，即多少种编码方式，就能在同一时间、同一频段提供多少对主体之间的通信。

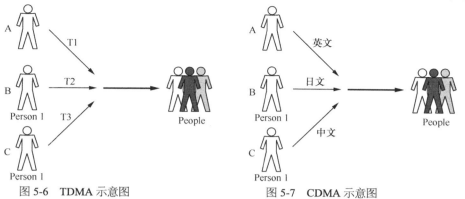

图 5-6 TDMA 示意图　　　　　　　图 5-7 CDMA 示意图

通过上述的介绍可知，FDMA 传递的容量受空间限制，TDMA 传递的容量受制于时间，只有 CDMA 传递的容量取决于设计者，因此也最有挖掘潜力。这也是为什么目前第三代移动通信系统全部是基于 CDMA 技术。

思考 5-5　请把移动通信网络比作公路，形象地介绍 FDMA、TDMA 和 CDMA 3 种频谱资源利用方式。

提示：可参考实例分析 5-5。

5.2.3　蜂窝移动通信网络的演进

1. 1G/2G/3G

1979 年，日本开通了世界上第一个蜂窝移动电话网至今，移动网络已经历第一代移动网络、第二代移动网络以及第三代移动通信。蜂窝移动通信技术演进如图 5-8 所示。

图 5-8 移动通信技术演进图示

第一代移动网络中，主要业务应用是语音，采用模拟制式，基于频分多址（FDMA）技术，技术标准主要包括 TACS 等。1G 移动通信技术只能提供模拟语音服务，并且不能提供信息服务，这时的移动通信终端（手机）只是一部可以移动接收语音信息的电话。

第二代移动网络中，主要业务应用是语音、短信息、电子邮件、浏览网页等。采用的技术标准主要有 GSM 和 CDMA95A。GSM 全球移动通信技术（Global System for Mobile

Communications），俗称"全球通"，与中国移动通信的高端用户品牌"全球通"同名，但是内涵不同，工作频率为 900 MHz 和 1800MHz。GSM 网络采用了时分多址（TDMA）和频分多址（FDMA）的复用，即不仅在空间上对频谱资源进行划分，而且在时间上也进行了分隔。目前，GSM 网络是世界上最大的运营网络体系，拥有全球超过 50%的市场份额，最大的移动设备制造商也出自该阵营，如爱立信、诺基亚。GSM 网络标准已经成为世界上最成功的标准之一。我国第一大移动运营网络（中国移动）和第二大移动运营网络（中国联通 G 网络）均采用 GSM 网络标准。CDMA95A 是 20 世纪 90 年代末期由美国推出，其技术基于码分多址（CDMA），中国联通在 2002 年建立的第二张移动通信网就采用了 CDMA95A 的制式，后于 2008 年将所属 CDMA 网络卖给了中国电信。

在向第三代过渡的移动网络中，2.5G 移动网络主要业务应用是语音、短信和彩信等对网络速度要求中等的服务，采用的技术标准主要有 cdma1x、GPRS 和 EDGD。2G/2.5G 移动网络的发展，促进了移动业务的发展，推动了移动媒体的发展；反过来，移动媒体需求的出现又会促进移动网络技术的发展。在第三代移动网络中，主要的业务应是语音、短信、彩信、流媒体、视频通话、下载等不同等级速率需求的服务，采用的技术标准有 WCDMA、cdma2000 和 TD-SCDMA。第三代移动通信技术（3G）目前处于推广阶段，今后 10 年将是 3G 手机时代。第三代移动通信技术与前两代的主要区别是网络速度大幅上升，因此它能够传输图像、音乐、视频流等多种媒体形式，提供包括网页浏览、电话会议、电子商务等多种信息服务。

2. 第三代移动通信

3G 是第三代（3rd Generation）移动通信技术的简称，是相对第一代模拟制式手机（1G）和第二代 GSM、CDMA 等数字手机（2G）而言的。国际电联（ITU）早在 1985 年就提出了第三代移动通信系统的概念，最初命名为 PPLMTS（未来公共陆地移动通信系统），后来 1996 年更名为 IMT-2000（International Mobile Telecommunications 2000）。目前，IMT-2000 所包含的技术标准主要包括 WCDMA、cdma2000 及 TD-SCDMA。2007 年 7 月又批准了第 4 个 3G 的标准 WiMAX。但 WiMAX 的商用范围远远小于前三个标准。

下面简要介绍 WCDMA、cdma2000 和 TD-SCDMA。

① WCDMA（Wideband CDMA）意为宽频码分多址，其支持者主要是以 GSM 系统为主的欧洲厂家，日本公司也参与其中，包括欧美的爱立信、阿尔卡特、诺基亚、朗讯、北电，以及日本的 NTT、富士通、夏普等厂家。这套系统能够架设在现有的 GSM 网络上，对于系统提供者而言可以较轻易地过渡。

② cdma2000 也称为 CDMA Multi-Carrier，是在 IS-95 CDMA 的基础上提出的，它由美国高通北美公司为主导提出，摩托罗拉、朗讯和后来加入的韩国三星等参与，韩国现在成为该标准的主导者。虽然 cdma2000 的建设成本低廉，但目前使用 CDMA 的地区只有中、日、韩和北美，所以 cdma2000 的支持者不如 WCDMA 多。

③ TD-SCDMA 标准是由我国独立制定的 3G 标准，于 1999 年 6 月 29 日由中国原邮电部电信科学技术研究院（大唐电信）向 ITU 提出，该标准在频谱利用率、对业务支持的灵活

性、频率灵活性及成本等方面有独特优势，实现我国世界电信史上技术标准领域零的突破。

展望未来，移动通信技术将进入 4G，网络传输速度达到目前的一万倍，可以支持双向下载传递资料、图画、影像，接受高分辨率的数字电影和电视节目，当然更可以和从未见面的陌生人网上联线对打游戏。届时，手机成为一个小型的移动电脑，成为提供多媒体信息服务的信息接收和发送终端。

实例分析 5-6　　我国移动通信网络演进历程

理论上 GSM 和 CDMA 平滑过渡的演进路线如下：

（1）GSM—GRPS—EDGE—WCDMA（欧洲标准）；

（2）CDMA95A—CDMA1X—cdma2000（美国标准）。

我国移动通信网络演进如下：

（1）中国移动 GSM—GPRS—TD-SCDMA；

（2）中国联通 GSM—GPRS—WCDMA；

（3）中国电信 CDMA95A—CDMA 1X—cdma2000。

其中，中国移动 2002 年开通 GPRS 网络，中国联通 2003 年开通 CDMA1X 网络，后于 2008 年卖给了中国电信。

从我国移动通信网络演进历程可知，移动网络的演进非平滑过渡。原因在于通信标准好比语言，如果使用其他国家的"语言"，则往往会受制于人。欧洲研发的标准，欧洲人会支持；美国研发的标准，美国人也会支持；中国人研发的标准，如果中国人不支持，是不可能指望发达国家支持的，因此我们必须使用自己的标准。当然，移动通信市场也不能封闭，因此最终我国选择让中国移动从 GPRS 非平滑过渡到 TD-SCDMA。

思考 5-6　请结合第三代移动通信通信技术标准，以及运营商的历史，针对对三家运营商在网络技术和市场的优劣势谈谈自己的看法。

提示：可参考实例分析 2-7、电信产业发展历史。

5.2.4　手机媒体的传播特性

手机媒体特有的传播特性主要体现为以下 3 个方面。

① 移动性和即时性。使用移动互联网服务的用户一般都处于移动之中，移动互联网用户要求及时得到所需信息，不受时间和地域的限制，对服务的即时性要求高。

② 私密性和安全性。首先，移动终端一般都属于个人使用，具有私密性；其次，移动电话具备内置认证特征，手机所用的 SIM 卡具有身份认证的功能，可以唯一地确定一个用户的身份，适合于开展与私人身份认证相结合的业务，对移动互联网应用尤其是商务应用来说，具有了认证安全的基础。因此，移动互联网可开展：精确的广告推送、移动商务、移动支付等业务。

③ 小众化和个性化。内容和服务的差异化，使得用户有更多的选择权。移动互联网的

用户将具有更加差异化的消费偏好，内容提供和应用模式更趋于复杂化、多样化，细分客户群并提供个性化服务成为趋势。

5.3 数字广播

5.3.1 数字广播的基本概念

数字音频广播（Digital Audio Broadcasting，DAB）的出现是广播技术的一场革命，是继传统所熟知的 AM、FM 广播技术之后的第三代声音广播。数字广播具有抗噪声、抗干扰、抗电波传播衰落、适合高速移动接收等优点，而且在一定范围内不受多重路径干扰影响，以保证固定、携带及移动接收的高质量。它提供 CD 级的立体声音质量，信号几乎零失真，可达到"水晶般透明"的发烧级播出音质，特别适合播出"古典音乐"、"交响音乐"、"流行音乐"等，极其受到专业音乐人、音乐发烧友和音响发烧友的追捧。

就世界范围来看，数字广播已经进入了数字多媒体广播（Digital Multimedia Broadcasting，DMB）的时代，受众通过手机、计算机、便携式接收终端、车载接收终端等多种接收装置，就可以收看到丰富多彩的数字多媒体节目。DMB 是在 DAB 基础上发展起来的、面向未来的新一代广播系统。在第三代广播——DAB 已将传统 AM、FM 模拟广播声音质量提高至 CD 级别的基础上，DMB 又将单一的声音广播业务推向了多媒体领域：即在发送高质量声音节目的同时，还提供了影视娱乐节目、智能交通导航、电子报纸杂志、金融股市信息、Internet 信息、城市综合信息等可视数据业务，广泛应用在公交车、出租车、轻轨、地铁、火车、轮渡、机场及各种流动人群等移动载体上或家庭、办公室里。

5.3.2 数字广播的传输方式

数字广播主要有卫星、地面两种传输方式，它们之间并不排斥，而是相互补充、协调发展。地面广播层层接力的发射方式难以实现有效覆盖；卫星广播覆盖范围则较高，尤其能覆盖边远地区和人烟稀少的地方，在长途客运、火车旅客的集体广播业务上也有较好的前景，但在城市高密度建筑物环境下，卫星传输效果较差。相反地，地面广播的移动性、室内接收效果较好，因此两种传输方式可以互为补充。

实例分析 5-7   数字广播在我国的发展

尽管模拟广播将被 DAB 广播所替代已经是人们的共识，但 DAB 广播在发展中也遇到了不少问题，如 DAB 广播还处于开发阶段，必须投入巨大资金，广播电视台需要购置昂贵的制作播出设备，接听设备也需要更换。从理论上说，DAB 广播的开播将刺激收音机市场，但实际上，接收设备价格过高是导致普及落后最主要的原因。我国早在 20 世纪 90 年代初，原国家广播电影电视部就着手开始进行 DAB 广播的立项研究，1996 年，DAB 项目被正式列入国家重点科技产业工程之一；"九五"期间，我国先后建成广东珠江三角洲 DAB 先导网和京津塘 DAB 先导网；1999 年，广东 DAB 先导网与欧共体合作，开展数字多媒体广播（DMB）试验。2005 年年年初，北京人民广播电台全资子公司北京广播公司与阳光资产集团共同出资成立了北京悦龙数字广播传媒科技有限责任公司，与更早成立的广东粤广数字多媒体广播有限公司形成南北呼应之势，表明我国的数字广播发展从战略规划和准备阶段，正式转入战略实施阶段。

经过十几年的不断实践，我国广电媒体对数字音频广播（包括数字多媒体广播）技术系统的构建、业务的开发、市场化运营等诸方面进行了坚持不懈的有益探索，积累了许多可贵的经验。随着国内多家接收机生产厂家新一代接收机的投产，广东、北京等城市 DAB 网络的建设，目前我国 DAB 已经开始正式商用。

 思考 5-7 请谈谈你对数字广播的认识。

提示：可从数字广播的功能谈谈认识。

5.4 数字电视

5.4.1 数字电视的基本概念

数字电视指电视信号的处理、传输、发射和接收过程中使用数字信号的电视系统或电视设备。其具体传输过程是由电视台送出的图像及声音信号，经数字压缩和数字调制后，形成数字电视信号，经过卫星、地面无线广播或有线电缆等方式传送，由数字电视接收后，通过数字解调和数字视音频解码处理还原出原来的图像及伴音。在数字电视中，采用了双向信息传输技术，增加了交互能力，赋予了电视许多全新的功能，使人们可以按照自己的需求获取各种网络服务，包括视频点播、网上购物、远程教学、远程医疗等新业务，使电视机成为名副其实的信息家电。

数字电视提供的最重要的服务就是视频点播（VOD）。VOD 是一种全新的电视收视方式，它不像传统电视那样，用户只能被动地收看电视台播放的节目，它提供了更大的自由度，更多的选择权，更强的交互能力，传用户之所需，看用户之所点，有效地提高了节目的参与性、互动性、针对性。因此，可以预见，未来电视的发展方向就是朝着点播模式的方向发展。数字电视还提供了其他服务，包括数据传送、图文广播、上网服务等。用户能够使用电视实现股票交易、信息查询、网上冲浪等，使电视被赋予了新的用途，扩展了电视的功能，把电视从封闭的窗户变成了交流的窗口。

5.4.2 数字电视的传输方式

数字电视主要有数字地面无线传输（地面数字电视 DVB-T）、卫星传输（卫星数字电视 DVB-S）和有线传输（有线数字电视 DVB-C）3 类，DVB（Digital Video Broadcasting）是指数字视频广播，是国际承认的数字电视公开标准，具体如下。

① 数字地面无线传输系统标准 DVB-T。此系统的标准是 1998 年通过的，这是最复杂的 DVB 传输系统。8MHz 带宽内能传送 4 套电视节目，而且传输质量高；采用 MPEG-2 数字视频、音频压缩编码技术；地面数字发射的传输容量，在理论上大致与有线电视系统相当，本地区覆盖好。此系统有利于数字与模拟电视共存，在与现行模拟电视混合传输方面显示出优势。DVB-T 标准中主要规范的是发送端的系统结构和信号处理方式，对接收端则是开放的，各厂商可以开发各自的 DVB-T 接收设备，只要该设备能够正确接收和处理发射信号，并满足 DVB-T 中所规定的性能指标。

② 数字卫星传输系统标准 DVB-S。数字卫星传输系统是为了满足卫星转发器的带宽及卫星信号的传输特点而设计的。该标准以卫星作为传输介质，将视频、音频以及资料放入固定长度打包的 MPEG-2 传输流中，信号在传输过程中有很强的抗干扰能力，然后进行信道处理。通过卫星转发的压缩数字信号，经过卫星接收机后由卫星机顶盒处理，输出视频信号。这种传输覆盖面广，节目量大。在 DVB-S 标准公布以后，几乎所有的卫星直播数字电视均采用该标准，我国也选用了 DVB-S 标准。

③ 数字有线广播系统标准 DVB-C。该标准以有线电视网作为传输介质，应用范围广。采用 MPEG-2 压缩编码的传输流，由于传输介质采用的是同轴电缆，与卫星传输相比抗外界干扰能力强，信号强度相对较高。DVB-C 传输系统具有两大特点：一是可与多种节目源相适配，DVB-C 传输系统所传送的节目既可来源于从卫星系统接收下来的节目，又可来源于本地电视节目，或者其他外来节目信号；二是既可用于标准数字电视又可用于 HDTV。

实例分析 5-8　　　　**三网融合将是大势所趋**

虽然广电网络近年来一直在向数字化演进，但相比移动通信领域、Internet 领域，数字电视、数字广播的发展速度还比较慢，其中的原因很多。由于数字化将是未来的发展趋势，通信行业、传媒行业纷纷数字化，难免出现重复建设、资源浪费、过度竞争的局面。2010 年 1 月 13 日温家宝同志召开国务院常务会议，会议中决定加快推进电信网、广播电视网和 Internet 三网融合。

首先，肯定了电信网、广播电视网和 Internet 三网互连互通、资源共享、相互融合的重要意义。其次，提出了推进三网融合的阶段性目标。2010～2012 年重点开展广电和电信业务双向进入试点，探索形成保障三网融合规范有序开展的政策体系和体制机制。2013～2015 年，总结推广试点经验，全面实现三网融合的发展，普及应用融合业务，基本形成适度竞争的网络产业格局，基本建立适应三网融合的体制机制和职责清晰、协调顺畅、决策科学、管理高效的新型监管体系。最后，会议明确了推进三网融合的重点工作：①按照先易后难、试点先行的原则，选择有条件的地区开展双向进入试点，符合条件的广播电视企业、电信企业可以双向进入对方领域经营；②加强网络建设改造；③加快产业发展；④强化网络管理；⑤加强政策扶持。

思考5-8　请谈谈你对三网融合的看法。

提示：可结合三网融合的含义，从数字媒体产业、监管和产品3个角度分析。

5.5　Internet 与移动通信网

从表面上看，Internet 和移动通信网都是数字网络，两个平台上传播的数字媒体产品之间只要稍作修改就可以相互移植。从 Internet 产业视角出发，可以认为移动通信网是传统 Internet 在移动领域的延伸和发展，相对 Internet，具有更强的移动性，有效地消解了时间和地域的限制，使消费者随时随地的信息传输和商业交易成为现实。但实际上，Internet 和移动通信网有着迥然不同的特性，二者的比较如图 5-9 所示。

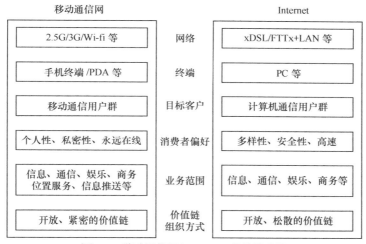

移动通信网		Internet
2.5G/3G/Wi-fi 等	网络	xDSL/FTTx+LAN 等
手机终端/PDA 等	终端	PC 等
移动通信用户群	目标客户	计算机通信用户群
个人性、私密性、永远在线	消费者偏好	多样性、安全性、高速
信息、通信、娱乐、商务位置服务、信息推送等	业务范围	信息、通信、娱乐、商务等
开放、紧密的价值链	价值链组织方式	开放、松散的价值链

图 5-9　移动通信网与 Internet 的特性比较

1. 网络差异

移动通信网是采用 GSM、CDMA、TD-SCDMA 等技术组成的"无线接入网"，在移动通信网上每个用户都有唯一的标识——手机号，于是不能忽视移动通信网无线频谱资源的有限性，移动通信网的带宽资源也是有限的。正所谓"有线的总是无限的，无线的总是有限的"，本着竭尽所能的原则构建 Internet，任何一个用户都可以作为 Internet 上的一个主体提供信息源，网络资源可以认为是无限的。但同时，移动通信网络具备非常成熟的鉴权、计费、统计、网管系统，是一个秩序井然的网络。而 Internet 则被称为"最快乐的混乱"，是一个平等互连的网络，于是网络上没有绝对的网络管理者，在给大家提供海量信息的同时，大家对网络上信息的置信度较低。

2. 终端的差异

移动通信网的终端以手机为主，手机同 PC 相比，其屏幕小、处理能力和存储能力低、电池容量有限，但手机的优点是用户范围广、便于携带。同时，二者的终端身份认证方式也不相同。Internet 上确认终端身份的是网络 IP 地址、硬件 MAC 地址方式。由于 IP 地址资源的有限，大多数上网终端获取的是动态地址，无法作为身份的确认依据；MAC 地址是硬件端口地址，如果用户不更换网卡等网络设备，其接口地址不会变化。虽然 MAC 地址相对比较固定，但由于终端可能存在公用性，因此也不能作为身份认证的依据。而移动通信网由于手机号码的唯一性、终端使用的非公用性，因此，号码可以作为身份认证的依据之一。另外，Internet 上的各种应用和终端的关联往往不大，不同的终端享受同一个 Internet 的应用至多是速度的差异，业务特性上不会有本质区别。而千差万别的各类手机终端则和移动通信网上的应用有紧密的相关性，不同手机能享受到的应用往往不尽相同，如对于两个屏幕大小不同的手机，若下载同一个图片作为屏保，如果后台没有分别为这两款手机作格式适配，显示的效果肯定是不同的。

3. 目标客户的差异

移动通信网的终端在相当一段时间内还会以手机为主，因此移动通信网的目标客户群是移动通信客户群。Internet 的终端为 PC，因此，其目标客户群为计算机通信客户群。这两类用户在消费习惯上显然存在差异性。

4. 消费者偏好的差异

消费者使用场所和习惯的不同，导致消费者偏好的差异。用户使用移动通信网服务时，大多是在移动状态下。从使用的时间上看，大多是短时间使用，如移动中处理商务信息、短暂闲暇时间的网上娱乐等。移动通信网客户（尤其是商务客户）通常要求永远在线的连接方式、个性化的业务和用户界面要求等。同时由于手机的个人性，移动通信网的客户要求更高的私密性。

5. 业务范围的差异

Internet 有着开放的平台和异常丰富的服务内容，这些服务内容随着移动通信网的发展将出现分化。移动通信网要从传统 Internet 的海量内容中汲取服务内容并不困难，但手机终端的私密性、有限的屏幕尺寸、无线通道的带宽限制、用户使用场所的移动性，需要移动通信网选择恰当的业务甚至量身定制新的业务。例如，高清晰的网络电影等内容在手机上并不适宜，由于用户大多是在不固定的场所使用，利用的是简短的闲暇时间，因此手机更适合播放在线的视频短片；电子商务、即时通信、搜索引擎、网络游戏等应用虽然被认为在手机上同样具有很大潜力，但需要在商业模式上进行创新，包括解决移动支付等问题；同时，也要从手机终端的特点出发，设计针对性的内容，如适合小屏手机的游戏。最重要的一点是由于移动通信网具有固定 Internet 所不具备的移动性，因而和位置有关的服务将是移动通信网差异化的业务，如定位服务、精确的广告推送等。

6. 价值链组织方式的差异

Internet 最大的特点是开放，其自治式的管理决定了价值链的开放性和价值链各环节价值活动组织方式的松散性；其传输方式的透明和终端的智能化，网络在其中的作用更类似"管道"。而对于移动互联网，首先，为了实现用户的位置切换和无线资源的高效利用，无线网络的管控能力更强。其次，其终端处理能力的限制，决定其网络智能化和终端简单化的特点。Internet 中网络与 PC 交互的方式类似于客户机/服务器模式，而移动通信网中网络与手机交互的方式类似于瘦客户机/服务器模式，因此移动通信网业务与网络的结合更加紧密。最后，移动通信网由于操作系统、终端、应用、网络等各环节均存在不同的技术标准，在价值链中各环节相互的配合更加必要，因此，移动通信网价值链组织方式是紧密型的。

综上所述，移动通信网不是传统 Internet 的简单延伸，也不仅仅是接入手段的改变，或是 Internet 的简单复制，而是一种崭新的能力和模式，这一领域将会创造出新的产业形态、业务形态和商业模式。在一定时期内移动通信网和 Internet 将成为两种存在明显差异性的媒体传播平台、信息服务平台、电子商务平台、公共服务平台、教育学习平台和生活娱乐平台。

另外，伴随着 IOS、安卓操作系统的迅猛发展，互联网和移动通信网融合的产物移动互联网从神坛走进了我们的生活（关于移动互联网的介绍详见 8.3），并以摩尔的速度改变着我们的生活和工作方式。相比互联网产业，移动互联网产业具有移动性、个性化、支付性强等独特性，于是移动互联网产业中的用户消费特征和盈利模式发生了本质的变化，这些变化意味着无论是互联网企业还是运营商、IT 企业、终端企业、传媒企业等和移动互联网紧密关联的企业在移动互联网产业都没有绝对的优势。移动互联网相比互联网的差异具体体现在用户在移动的场景下使用移动互联网，消费时长较短，但支付意愿更高，私密性要强、更高。同时移动互联网能为消费者提供流畅的 O2O（Oneline to Offline）的体验，即用户可以从移动互联网上发起一个服务，然后在线下消费，并且也可以从线下回到线上。比如用户在手机上订购一张电影票，收到一个验证码，然后去电影院兑换电影票，之后看完电影可以在线上进行点评，全流程消费体验比互联网更流畅。

 ## 5.6 本章小结

本章重点介绍了 Internet、移动通信网、数字广播、数字电视等主流的数字媒体传播技术，并着重分析了 Internet 和移动通信网的异同，具体如下。

1. Internet：Internet 是利用光纤、微波、电缆、普通电话线等通信传输介质，将各种类型的计算机联系在一起，采用 TCP/IP（传输控制协议/网际互联协议）标准，互相联通以实现信息传输和资源共享的计算机体系。Internet 之所以发展如此迅速，被称为 20 世纪末人类最伟大的发明，是因为 Internet 从一开始就具有开放、自由、平等、合作和免费的特性。

2. 移动通信网：移动通信是指通信双方，至少有一方是可以移动或正在移动的通信方式。按使用要求和工作场合不同可以分为蜂窝移动通信、卫星移动通信和集群移动通信。目前基于蜂窝移动通信的服务种类较多，且服务普及率较高。

3. 数字广播：数字广播是继传统所熟知的 AM、FM 广播技术之后的第三代声音广播。数字广播具有抗噪声、抗干扰、抗电波传播衰落、适合高速移动接收等优点。

4. 数字电视：数字电视指电视信号的处理、传输、发射和接收过程中使用数字信号的电视系统或电视设备。

5. Internet 与移动通信网：移动网不是传统 Internet 的简单延伸，两者在网络制式、终端、目标客户、消费者偏好、业务范围、价值链组织方式等方面存在较大差别。

产品应用篇

"数字媒体不再和媒体有关，它将改变我们的生活方式"，实际我们的生活正被门户网络、搜索引擎、手机音乐等纷繁多彩的数字媒体产品改变着。

根据老子《道德经》中："道生一，一生二，二生三，三生万物"。本篇将介绍 SP 利用应用技术制作和传播的"劳动成果"——数字媒体产品，即数字媒体之"三"。

另外，本篇将通过"实例分析"介绍不同的数字媒体机构，利用各种数字媒体应用技术，制作和传播数字媒体产品的实例，即数字媒体产业的"万物"。

关键词：产品　网络媒体　移动业务　移动媒体

第 *6* 章

数字媒体产品概述

基础知识篇

	第 1 章 数字媒体概述		数字媒体之"道"
	数字媒体本质分析		
第 2 章 数字媒体产业		第 3 章 数字媒体监管	数字媒体之"一"
数字媒体产业 生产者		数字媒体产业 管理者	

技术应用篇

| 第 4 章
数字媒体制作技术 | 第 5 章
数字媒体传播技术 | 数字媒体之"二" |
| 数字媒体产业
生产工具 | 数字媒体产业
传输工具 | |

产品应用篇

| 第 6 章
数字媒体产品概述 | 第 7 章
网络媒体 | 第 8 章
移动媒体 | 数字媒体之"三"与"万物" |
| 数字媒体产业
生产的产品 | 应用服务提供商
生产的产品 | 应用服务提供商
生产的产品 | |

内容终端篇

| 第 9 章
数字媒体内容 | 第 10 章
数字媒体终端 | |
| 内容提供商
生产的产品 | 终端厂家
生产的产品 | |

对于数字媒体产品的概念并不常见，这是因为传统媒体时代主要关注传媒的政治属性，经济属性常常被放在第二位。数字媒体产品就是门户网站、网络游戏、彩铃等依托于数字化网络的各类服务的统称。本章将重点介绍数字媒体产品的基本概念、特性及分类。

6.1 数字媒体产品的基本概念

随着 Internet、移动通信网的迅猛发展，媒体产业和现代科技、通信技术的融合加剧，数字媒体产业一直处于高速发展状态，诸多新名词层出不穷。由于数字媒体产业涉及范围较广，属于交叉学科，且发展速度较快，因此数字媒体涉及的数字媒体艺术、数字媒体技术、新媒体等诸多名词在业内并没有达成共识，对这些名词相关的界定大都是各类研究机构和各相关领域的学者从不同角度审视同一个概念的结果，各类概念界定并没有孰对孰错之分，往往只是视角不同而已。但纵观数字媒体相关的各类概念不难发现，数字媒体艺术出现频率较高，往往成为人们关注的焦点。但实际上数字媒体产业的经济属性远远高于传媒媒体产业，如土豆、酷6等著名的网络视频网站时刻面临着优胜劣汰的局势（详见实例分析 6-1），虽然传统媒体也在进行制播分离的企业化改革，但毕竟传统媒体行业门槛较高，电视台、广播台的数量有限，传统媒体企业面临更多的是改革的压力，而不是生存压力。数字媒体产业中的网络游戏、手机电视等各类服务除了具有传统媒体产品大众传播、社会舆论等特征，还具有较强的社会服务的特征，即数字媒体的各类服务具有较强的经济属性，因此上面提出了数字媒体产品的概念，用于突出强调数字媒体各类服务的商品特性。当然不能从一个极端走到另一个极端，数字媒体产品在考虑经济利益的同时，也必须考虑其政治属性，要发挥正确的社会舆论导向的功能。

一些改革力度较大的传统媒体企业在运营中已经能很好地平衡政治属性和经济属性，以湖南电视台为例，虽然湖南电视台通过选秀、晚会、情景喜剧等娱乐节目聚集了大量的人气，获得了很好的经济利益。但湖南电视台从未忘记媒体产品的政治属性和社会舆论的功能，如湖南电视台在选秀节目中往往会向观众传达积极向上的思想，策划的娱乐节目也是以"勇往直前"、"天天向上"等积极向上的主题出现。

实例分析　　　　**优胜劣汰的网络视频产业**

2006 年被公认为是网络视频发展元年，短短的一年时间，国内的视频网站从 30 多家剧增到 300 多家。美国著名视频网站 YouTube 被 Google 以 16 亿美元高价收购，进一步刺激了国内网络视频网站的创业热情。但在众多网络视频网站中已有 10 多家成功融资，总金额近亿美元。然而，所有这些融资都发生在 2006 年 5 月以前。也就是说，同年之后大量涌现的网络视频网站都未获风投。尽管行业竞争激烈，可包括百度、新浪、腾讯、搜狐等在内的大鳄都看好并先后进入这一领域。经过激烈的市场角逐，2007 年千橡集团旗下视频网站 uume 退出，曾是"80 后创业范本"的 Mysee 等一批视频网站倒闭。如今只有优酷网、土豆网等为数不多的视频网站存活下来。

据悉，国内涌现的视频网站包括视频博客、P2P 下载、视频分享、视频搜索等多种形式。但许多视频网站的发展缺乏想象力，受到 Google 巨资收购 YouTube 的刺激，许多创业投资者甚至只是简单地将 YouTube 的模式拷贝到中国市场，而其创建视频网站的目的也很简单——为了被大公司收购，这个现象导致目前整个视频网站领域的同质化非常严重，于是大量淘汰在所难免。

目前，视频网站的竞争格局已经逐渐步入寡头竞争的阶段，要成为最终的胜利者，资金实力、技术支持还有差异化服务缺一不可。有人曾说，视频分享网站要保持领先的地位，必须有 1 亿元人民币的投入。据了解，目前，只有优酷网、土豆网等少数网站具有相当的资金实力。而在差异化服务方面，优酷网是原创社会热点视频的首发平台，土豆网是热播影视连续剧的集散平台，我乐网则是原创自拍、歌曲翻唱等视频发布平台。视频网站之间的竞争，技术是核心。不少网友在上传视频的过程中，常不可避免地遇到断网、自己需要外出等临时情况，这常常会导致上传工作功亏一篑。据悉，绝大多数视频网站都有上传限制，土豆网、六间房、酷 6 最大只能上传 100MB 的视频。而最近优酷网推出了超大视频上传功能——"超 G 上传"，让用户可以上传 1GB 以上的文件。"超 G 上传"采用先进的 Internet 新应用技术，独创性的支持视频断点续传和自定义传速配置，为视频玩家带来了无与伦比的超大空间享受。

据了解，网络视频目前主要有 3 种盈利模式，一是网络广告，主要以视频贴片广告形式为主；二是移动增值服务，在未来结合 3G 手机服务的付费视频下载；三是视频搜索。优酷网、酷 6 网都不约而同地表示，未来视频广告中硬广告的比例会越来越少，而质量精良的软性广告会越来越多，而相应的产业链也正在形成。如 2009 年 4 月诺基亚为了推广诺基亚 5800 XpressMusic 手机，和优酷联手推出了"诺基亚玩乐派对"的全互动网络直播演唱会，开创了网络视频广告的互动演唱会的新模式。

思考　请谈谈你对数字媒体产品的经济属性和政治属性的理解。

提示：可从网络游戏、手机铃声等使用过的数字媒体产品谈起。

对于使用搜索引擎、网络游戏等数字媒体产品的消费者而言，往往不需要深入了解传输数字媒体产品的网络，更不需要了解制作产品使用的数字媒体技术，和数字媒体企业之间大都只是购买者和商家的关系，因此对于大多数的消费者而言，数字媒体、网络媒体、手机媒体常常就成为数字媒体产品的代名词，数字媒体企业、数字媒体网络、数字媒体技术则成为数字媒体背后的东西。显然将数字媒体产品等同于数字媒体，对于数字媒体产品的推广是有利的，便于用户理解和消费数字媒体产品。但是对于数字媒体产业中的从业者而言，显然要将这些概念区别开来。根据以上的分析可知，数字媒体产品或者称为数字媒体服务，就是依托于 Internet、移动通信网、数字电视网等数字化网络，以信息科学和数字技术为主导，以大众传播理论为依据，融合文化与艺术，将信息传播技术应用到文化、艺术、商业等领域的科学和艺术高度融合的各类媒体服务的统称。从本质上看，数字媒体产品是一种媒体服务，向用户提供文化、艺术、商业等各领域的服务产品。从传播途径上看，数字媒体产品主要通过 Internet、移动通信网、数字电视网等数字化网络传输。从技术角度上看，数字媒体产品主要通过信息科学和数字技术来制作。

6.2 数字媒体产品的特性和属性

数字媒体产品具备艺术设计、信息技术、大众传播和社会服务 4 种特性（见图 6-1 中数字媒体产品的 4 重特性），具有政治和经济双重属性。由于传统媒体时代以"内容为王"，且尚在逐步商业化改革中，经营与管理的意识较为薄弱，这就导致现有的数字媒体人才培养过程中，数字媒体艺术往往被过度放大，数字媒体产品被忽略，即过度强调数字媒体产品的艺术实现，而忽略了数字媒体产品的大众传播和社会服务的特性。

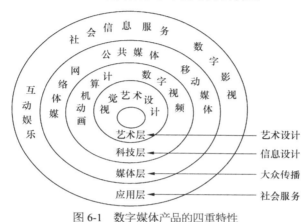

图 6-1 数字媒体产品的四重特性

6.3 数字媒体产品的分类

数字媒体产业具有相互交叉、相互融合的特点和趋势，因此各类数字媒体产品往往和传统媒体相关联，且各类数字媒体产品之间也相互关联，很难严格区分和分类。如依托于 Internet 的博客，常常会和传统媒体相关联，如电视节目往往都开通相关的主持人、参赛选手的博客，和其他数字媒体产品交织也很普遍——新浪、搜狐等门户网站大都设置了博客的栏目。因此，有的学者对数字媒体产品的划分采用了列举的方法，如中国传媒大学的宫承波教授在《新媒体概论》一书中重点介绍了门户网站、搜索引擎、虚拟社区、RSS、电子邮件、维客等主流的数字媒体产品，蒋宏编著的《新媒体的导论》重点介绍了短信、数字电视、网络游戏等主流的数字媒体产品。有的学者则按照数字媒体产品服务方式划分数字媒体产品，如复旦大学的张文俊教授将数字媒体产品划分为数字广播、互动电视、数字影视、数字游戏、数字广告、数字出版、数字网络社区等主要应用领域。此外，有的学者按照数字媒体依托的传播的载体对数字媒体进行划分，依托 Internet 上的博客、门户网站等媒介服务，通常被称为网络媒体或者网络媒体；依托于移动通信网的手机上网、手机游戏等媒介服务，由于主要由中国移动、中国联通等电信运营商运营，因此通常被称为电信增值业务或者手机媒体。

综合各分类方法，一方面按照数字媒体依托的数字化网络将数字媒体产品划分为依托

Internet 的数字媒体产品（简称为网络媒体）、依托移动通信网的数字媒体产品（简称为手机媒体）、依托数字电视网络的数字媒体产品等；另一方面采用列举法对依托各类数字化网络的数字媒体产品进行划分，如网络媒体包括门户网站、搜索引擎等。由于目前数字电视网络尚处于起步阶段，以下章节将重点介绍网络媒体和移动媒体。

特别要指出的是，每个数字媒体产品的归属并不绝对，一方面各类数字媒体产品之间存在交织；另一方面随着时间的发展，可能发生变化。一段时间内在 Internet 上占主流的数字媒体产品，很可能在未来变成移动通信网上主流数字媒体产品，如 QQ、MSN 等即时通信产品最初仅是 Internet 上的主流应用，如今手机即时通信产品已经不再陌生。因此，以上的归类是依据目前的情况对产品进行分类，目的在于让读者深入地了解各种产品的内涵、性质、功能等。

 # 6.4 本章小结

本章首先分析了数字媒体产品的基本概念，其次介绍了数字媒体产品的特性和属性，最后介绍了数字媒体产品的分类，具体如下。

1. 数字媒体产品的定义：数字媒体产品也称为数字媒体服务，是依托于 Internet、移动通信网、数字电视网等数字化网络，以信息科学和数字技术为主导，以大众传播理论为依据，融合文化与艺术，将信息传播技术应用到文化、艺术、商业等领域的科学和艺术高度融合的各类媒体服务的统称。

2. 数字媒体产品的特性和属性：数字媒体产品具备艺术设计、信息技术、大众传播和社会服务 4 种特性，具有政治和经济双重属性。

3. 数字媒体产品的分类：由于各类数字媒体产品之间也相互关联，很难严格的区分和分类，因此不少学者采用了列举或服务方式划分数字媒体产品。

第7章

网络媒体

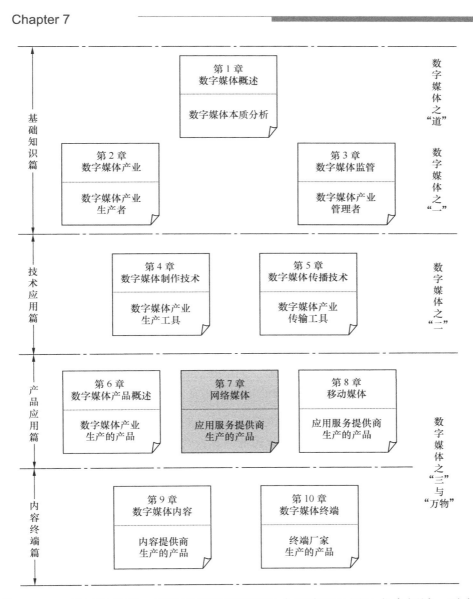

随着 Internet 的迅猛发展，网络已经渗透到了社会经济和生活的各个领域，对人类的生产和生活产生了极为广泛的影响，同时也带来了信息传播领域根本性的变革，Internet 被称为继报纸、广播、电视三大传统媒体之后的"第四媒体"。由于 Internet 具有传播速度快、覆盖范围广、互动性强等特征，已经成为文化传播活动、社会经济活动的重要载体，网络媒体正

在逐渐改变传媒产业的市场格局。

7.1 网络媒体产品的基本概念

按照传播载体的不同，纸介、广播、电视为传播载体的媒体分别被称为第一、第二、第三媒体。按照时间顺序，Internet 便成为了"第四媒体"。1998 年 5 月，联合国秘书长安南在联合国新闻委员会讲话中正式提出了"第四媒体"的概念，"在加强传播的文字和声像传播手段的同时，应利用最先进的第四媒体——Internet，以加强新闻传播工作"，从此，"第四媒体"被广泛使用。但从 2000 年开始，"网络媒体"的称谓开始出现，因为"网络媒体"的概念较"第四媒体"更为准确、直观，所以逐渐得到业界和学界的认可。

从信息传播的角度，网络媒体可以理解为依托于 Internet，以计算机、电视、移动终端为载体，以文字、声音、图片、多媒体为表现形式的数字化传播媒介；从经济的角度，网络媒体可以理解为借助于 Internet 的所有网络平台的统称。整体来看，网络媒体是一种基于 Internet 的以数字化、信息化为主体的人类信息传播与沟通的媒介系统。

综合网络媒体的定义，可以认为网络媒体产品就是依托于 Internet，以计算机、电视、移动终端为载体，以文字、声音、图片、多媒体为表现形式的，满足人们需求、影响人们思想的各类媒体服务的统称。典型的产品形式有门户网站、搜索引擎、博客、网络游戏等。通常网络媒体产品被简称为"网络媒体"。对于网络媒体产品的概念可以从以下 5 个方面理解。

① 网络媒体产品的本质是一种服务，是相对有形商品的无形商品，因此网络媒体具有无形商品的基本特性，即无形性、异质性和同步性。无形性是指网络媒体产品是无形的，这就要求网络媒体产品在经营过程中要提供有形依托、免费体验和产品承诺；异质性是指同一个产品在不同时间用户感受可能会有差异，如某网站的新闻在不同的时间，很有可能由于工作人员的个人原因导致品质差异，这就要求网络媒体产品在经营过程中要制定服务质量标准，规范工作人员的行为；同步性是指网络媒体产品的生产和消费同时进行，如游戏玩家在玩游戏，同时企业在运营游戏，因此网络媒体产品运营过程中不仅需要考虑企业员工，还需要考虑消费者，这样才能保证将产品准确的传递给消费者。

② 网络媒体产品的核心是一种媒介服务，满足人们需求的同时，影响人们的思想。这就要求必须对网络媒体产品进行管制，不仅要考虑网络媒体产品的经济效益，也要关注其社会效益，即网络媒体产品具有经济和政治的双重属性。在实际的经营活动中，既要注意网络媒体产品的经济属性和实现其产业功能，又要注意体现其政治属性和实现其宣传功能。

③ 网络媒体产品的承载平台为 Internet，因此网络媒体产品具有复合性、及时性、互动性、容量无限性、多元性、隐匿性、廉价性、置信度低等传播特性。

④ 网络媒体产品的内容表现形式包括文字、声音、图片和多媒体。从内容表现形式上看，网络媒体产品的表现形式和传统媒体的相同，所以在 Internet 发展之初，不少人会认为网络媒体产品实际就是把传统的媒体内容放在 Internet 上，即网络媒体产品等于媒体+网络。

例如，在 Internet 发展的初期，不少企业会建立网站宣传自己。但人们逐渐发现，媒体和网络简单的叠加难以实现经济效益，网络媒体产品是网络和媒体的融合，是针对网络的特点，重新构建的媒体形式和内容，简单模仿是难以取得成功的。于是不少企业在网站上开通了网上商城、在线支付等功能，以实现经济利益。

⑤ 网络媒体产品以计算机、电视、移动终端为载体。目前网络媒体产品主要以计算机为载体，但随着手机上网、网络电视的推出，终端功能的融合是大势所趋，三网融合、3C 产业（3C 产业就是计算机 Computer、通信 Communication 和消费性电子 Consumer Electronic 三大科技产品整合应用的信息家电产业）已成为近年来的关注热点。

实例分析 7-1　　　**从门户网站看网络媒体**
产品的基本概念

第一，门户网站本质是一种满足人们信息需求的服务。第二，门户网站上公布的内容会影响人们的思想，国家必须管制，以免一些污秽、偏激的思想影响人们的意识，或者一些歪曲事实的新闻混淆视听。第三，门户网站以 Internet 为载体，具有信息及时、容量大、互动性强，价格低廉的特点。第四，门户网站上往往会分为财经、体育、房地产等不同板块，但所有内容都是由文字、声音、图片、多媒体为表现形式。第五，用户可以通过计算机、手机或者电视浏览门户网站，目前主流的方式是通过计算机浏览门户网站上的信息。

思考 7-1　请结合网络游戏分析网络媒体产品的基本概念。

提示：可从网络媒体产品的核心、本质、承载平台、内容表现形式和载体 5 个方面分析"网络游戏"。

7.2　Internet 的基本功能

Internet 将全球的计算机连在了一起，但计算机是由人来控制和操作的，因此，网络实际上是把人连接起来了。人们之间相互连接的最基本的需求就是信息交流，这就是 Internet 的基本功能。门户网站、搜索引擎、网络游戏等层出不穷的网络媒体产品实际就是在这些基本功能之上，根据人们的需求类型，衍生出的各种各样的提供信息的形式。本节首先介绍 Internet 的基本功能。

7.2.1　WWW

1. WWW 的定义
WWW 是 Internet 最基本、最广泛的功能。

WWW（World Wide Web），又称为万维网、全球信息网或 Web，是指 Internet 上集文本、声音、图像、视频等多媒体信息于一身的全球信息资源网络。全国科学技术名词审定委员会于 1997 年 7 月 18 日确定此译名。WWW 为用户提供了一种功能强大的图形界面，不仅支持文本，还支持图像、图形、动画、音频、视频，以及不断发展着的新的数据格式，通常被称为超媒体（Hyper Text）文件格式。

WWW 的主要特点有两个，一是包含图形、动画、声音、影像等多种媒体信息，二是超文本链接（Hyper Links）——采集、存储、管理、浏览离散信息、建立和表示信息之间关系的一种技术。

2. WWW 的工作原理

WWW 中的信息资源主要由一篇篇的 Web 文档，或称 Web 页（网页）为基本元素构成。这些 Web 页（网页）采用超级文本（Hyper Text）的格式，即可以含有指向其他 Web 页（网页）或其本身内部特定位置的超级链接（简称"链接"）。链接可以理解为指向其他 Web 页的"指针"。链接使得 Web 页交织为网状。这样，如果 Internet 上的 Web 页和链接非常多的话，就构成了一个巨大的信息网。

当用户从 WWW 服务器取到一个文件（网页）后，用户需要在自己的屏幕上将它正确无误地显示出来。由于将文件放入 WWW 服务器的人并不知道将来阅读这个文件的人到底会使用哪一种类型的计算机或终端，要保证每个人在屏幕上都能读到正确显示的文件，必须以各类型的计算机或终端都能"读懂"的方式来描述文件，于是就产生了 HTML（Hyper Text Markup Language）——超文本标记语言。WWW 的网页文件都是用 HTML 编写的，并在超文本传输协议（Hyper Text Transfer Protocol，HTTP）的支持下运行。浏览网页时在浏览器地址栏中输入的网址前面都是以"http://"开始的。

实例分析 7-2　　　Web 网页和 HTML "趣解"

WWW 是一个信息交流的平台，那么人类非面对面的沟通需要什么呢？显然需要语言（沟通双方都能理解的语言）和介质（如纸），而 Web 网页就好比一张张"电子纸"，其上的字使用"通用的语言"HTML 编写，于是人们就可以通过 Internet 浏览或书写"电子纸"进行交流了。

思考 7-2　谈谈你对 WWW 的理解。

提示：可参考实例分析 7-2。

3. WWW 的主要功能

万维网的主要功能包括提供信息查询，不仅图文并茂，而且范围广、速度快，因此万维网几乎覆盖了人类生活、工作、学习的所有领域。其主要功能可以总结为传媒、娱乐和商务。

① 传媒：企业、学校、商场、政府部门、个人等主体都可以通过 WWW 进行宣传。各

大报纸、杂志、通信社、体育、科技都可通过 WWW 发布最新消息。

② 娱乐：休闲、娱乐、交朋友、看电影、听歌，丰富人们的业余生活。另外，还可以在线观看视频直播，如可以通过 WWW 实时观看欧洲杯直播、NBA 直播等电视直播节目。

③ 商务：企业可通过网页介绍本单位开发的新产品、新技术，与外界交流科研进展情况，并进行售后服务。这种形式正越来越受到企业、商家的青睐，被作为一种有效的促销渠道。

4. WWW 的收入来源

对企业而言，可持续发展的根本是有收入来源，WWW 网站上的服务种类繁多，但收入来源主要可以分为 3 类：内容收费型业务、营销收费型业务和中介收费型业务。其中，广告业务属于营销收费型业务，游戏和无线增值属于内容收费型业务，电子商务属于中介收费型业务。表 7-1 中列举了我国 Internet 企业在 2007 年的收入情况，从中可以看出，游戏、移动增值、广告、电子商务中介费是 Internet 企业主要的收入来源。

表 7-1　　　　　　　　Internet 企业 2007 年收入情况　　　　　　　单位：万元

公司	总收入	广告收入	移动/Internet 增值	游戏等	中介收费	利润
新浪	179 653	123 297	56 356			42 121
网易	231 000	30 500	6 800	193 000		126 000
搜狐	137 897	87 016	20 148	30 733		31 901
盛大	246 700			237 100		139 600
百度	174 440	174 100				62 900
腾讯	382 090	49 300	80 760	251 370		156 800
阿里巴巴	136 390				136 390	96 780

7.2.2　FTP

FTP（File Transfer Protocol，文件传输协议）是 Internet 上使用非常广泛的一种通信协议，它是为 Internet 用户进行文件传输（包括文件的上传和下载）而制定的协议。要想实现 FTP 文件传输，必须在相连的两端都装有支持 FTP 的软件，装在下载端的计算机上往往被称为 FTP 客户端软件，装在另一端服务器上的则被称为 FTP 服务器端软件。FTP 是为了在特定主机之间"传输"文件而开发的协议。因此，在 FTP 通信中往往都有通过用户 ID 和密码确认通信对方的认证程序。

从应用的角度，FTP 又可以理解为一种提供计算机网络上主机之间传送文件的服务，它是 Internet 上最早出现的服务功能之一。FTP 的主要作用是用户连接上一个远程计算机（即 FTP 站点或 FTP 服务器，这些计算机上运行着 FTP 服务器程序，并且储存有成千上万个文件，包括计算机软件、声音文件、图像文件、重要资料、电影等），然后把这些文件从远程计算机上复制到本地计算机，或把本地计算机上的文件复制到远程计算机上。FTP 几乎可以传送任何类型的计算机数据文件。如在网络教学中，学生可以通过 FTP 获取教师提供的各种程序、软件以及教材，同时通过 FTP 提交作业。

7.2.3　BBS

1. BBS 的基本概念

广义的 Internet 电子公告板指的是网络用户在 Internet 上以电子布告牌、电子白板、电子论坛、网络新闻组、网络聊天室、留言板等交互形式发布信息的功能。狭义的 Internet 电子公告板则专指电子公告牌（Bulletin Board System，BBS）。

BBS 的特点是任何用户均可以自由地利用其功能进行信息交流，包括提供各种信息、表达自己的观点、回应别人的观点等，每一个网络用户既是信息的获取者，同时也是信息的发布者。由于匿名的特点，BBS 提供了言论自由、表达自由的空间。BBS 是一种休闲式信息服务系统，它兼顾知识型、教育性、娱乐性。在一些校园网的应用中，BBS 是最活跃、最受欢迎的应用方式，为所有用户提供一种完全开放的服务。

与 Internet 上其他的服务相比较，BBS 具有相对明显的地域性特点，其服务面相对要小一点，并具有一定局限性。但是由于其具有数据传输量小、反应灵活、信息量大等特点，吸引了众多的爱好者在其上发表各种各样的言论和观点，并且可以将个人的观点和看法与其他人进行交流与沟通。BBS 上的这些活动进而形成了独具特色的 BBS 文化。

随着 Web2.0 的出现，WWW 服务的交互性得到了很大的提高，BBS 的服务方式和内容都可以通过 WWW 方式实现，于是一些知名的 BBS 网站，会同时提供 BBS 和 WWW 的登录方式。例如，清华 BBS 同时有 http://bbs.tsinghua.edu.cn/和 http://www.newsmth.net/两个网址，除了 BBS、WWW 之外，还可以通过 7.2.4 小节中介绍的 Telnet 进行登录。

Web2.0 是相对 Web1.0 的新的一代 Internet 应用的统称。Web1.0 的主要特点在于用户通过浏览器获取信息。Web2.0 则更注重用户的交互作用，用户既是网站内容的浏览者，也是网站内容的制造者。所谓网站内容的制造者是说 Internet 上的每一个用户不再仅仅是 Internet 读者，同时也成为 Internet 作者；不再仅仅是在网上冲浪，同时也成为波浪制造者；在模式上由单纯的"读"向"写"以及"共同建设"发展；由被动地接收 Internet 信息向主动创造 Internet 信息发展，从而更加人性化。

2. BBS 的分类

根据站点的性质以及服务的对象不同，BBS 可以分为以下几类。

（1）校园 BBS

校园 BBS 在 BBS 领域中有着举足轻重的地位，几乎每一所大学都有属于自己学校的 BBS 站点，而且成为校园内相互沟通与交流的常用工具。例如，"水木清华站"、华南理工的"木棉站"、中国科学院的"曙光站"等。

（2）专业 BBS 站点

专业 BBS 站点一般都由各大著名公司组建，其目的一般为技术咨询或公布产品升级情况等。在这类 BBS 站点上，人们可以交流自己对商品使用的看法，更为重要的是可以解决自己在使用中的各种问题。这种专业 BBS 站点充分利用了 BBS 的广泛性和使用性的特点，是一个解决问题的好方式。

（3）商业 BBS

商业 BSS 是由 ISP 建立的 BBS 站点，站点上集中了各种各样的人。一般来说，这样的网点上散布着各种各样内容较为丰富的信息。

（4）小型局域 BBS

小型局域 BBS 一般由个人或者小的集体建立，适合小范围的交流。在一些企业或单位中，此类 BBS 相对比较多而且集中。

（5）业余 BBS

业余 BSS 的目的主要是为广大网友提供一个在某些专业方面交流的场所。

3. BBS 的主要服务

BBS 主要提供的服务如下。

① 实时交流。用户在 BBS 上可以同任何一个 BBS 用户进行实时交流，不必有任何顾虑。

② 发表与阅读文章，这是 BBS 最基本的功能。通过这种功能，用户可以表达自己的观点和看法，与此同时，还可以了解他人的观点和看法。BBS 中设有各局特色的分类讨论区，包括各类学术专题、疑难问题解答、休闲聊天、经济杂谈、体育健身、休闲娱乐、电脑游戏等。用户可以围绕自己感兴趣的主题展开大范围深层次的讨论。

③ 设置个人信息。用户可以设定自己的昵称、个人说明档、签名等个人信息。

④ 电子邮件。用户在 BBS 上不但可以与其他用户进行信件交流，而且可以代替所有的纯文本的电子邮件。

⑤ 文件传送。BBS 文件区供用户免费下载或使用其软件，也为开发者提供了发布软件的空间。

7.2.4　Telnet

远程登录（Telnet）是让一台用户计算机暂时成为另一台远程计算机终端的过程，登录成功后，用户计算机可以实时快捷地使用远程计算机对外开放的全部资源，主要包括信息资源。这种连接可以发生在局域网里面，也可以通过 Internet 进行。被连接的计算机称为 Telnet Server，用户自己使用的机器被称为客户机或者终端。例如，BBS 水木清华（www.newsmth.net）可以通过 Telnet、WWW 和 BBS 3 种方式登录，一般远程登录速度更快。

由于目前 Web2.0 技术的完善，BT、迅雷等各种下载软件的普及，BBS、FTP、Telnet 的使用量在减少，WWW 成为了 Internet 的最主导的功能。

根据以上的介绍可以看出，Internet 的基本功能是很简单的，但越是简单，可塑性就越强，这也就是为什么在猫扑网、开心网等各种各样的网络媒体上，秒杀、网络装修等诸多新名词、新岗位层出不穷的原因。

实例分析 7-3　　　　　　**最简单与最复杂**

在诸多的游戏中，围棋是最简单的——方的棋盘，圆的棋子，黑白两色。只要 4 个子围 1 个子就死，输赢取决于圈地的大小。

围棋的复杂是世界公认的，即使一秒钟运算几千亿次、能赢国际象棋世界冠军的计算机，碰到围棋也会显得无能，因为围棋的变化太多了。围棋有多少变化？数学家说是 361 个 361 次方，就是 361×360×359×358…这么一直乘到 1。但围棋的变化还远远不止这些，因为围棋还可以打劫、吃子，变化就更多了。《天方夜谭》一书中有这么个故事，一个印度的皇帝要奖赏一个人，那个人说只想要粮食。他要多少粮食呢？他说国际象棋有 64 个格子，第一个格子放 1 粒米，第二个放 2 粒米，第三个放 4 粒米，这样翻着倍数放上去。皇帝觉得并不多，就答应了，结果算下来全国的粮食给他都不够。围棋棋盘比国际象棋大近 6 倍，算起来不知道要多多少倍。

Internet 和围棋很类似，形式简单，就是将计算机连在了一起，基本功能也很简单，但是却能衍生出无穷的表现形式。

正所谓"万变不离其中"，以一个最简单的规则为中心，产生无穷无尽的变化。

思考 7-3　　请结合你的使用情况谈谈对 WWW、FTP、BBS、Telnet 的认识。

提示：可从使用 4 种 Internet 基本功能的实际分别谈谈感受。

7.3　典型网络媒体产品

7.3.1　门户网站

虽然现在 Internet 使用量最多的前三大服务分别是即时通信、搜索引擎和电子邮箱，没有门户网站，但由于门户网站是多数网民接触 Internet 的第一站，对于门户网站人们往往并不陌生。在一定程度上，中国 Internet 的发展史几乎就是门户网站的演进史。

1. 门户网站的定义

Internet 旨在平等互连的基础上为计算机用户提供信息的共享，但"我们在信息的海洋中，却被渴死了"，浩瀚的 Internet 虽然能为我们提供海量的信息，但信息的适合度却很差。根据"二八原理"，一个事物 20％的特性决定了事物 80％的重要性，如 20％的人影响了整个班的风气、20％的管理者掌握着企业……于是 20％的信息商品是否就能满足 80％的人的需求呢？在这样的思路指引下，门户网站诞生了。门户网站形象地理解就是"网络超市"。

门户网站译自英文"Portal Site"，"Portal"是从拉丁文"Porta"演变而来的。"Portal"与"gate"同义，指门、入口。因此，门户网站通常被理解为网民进入 Internet 的起点与始发之地。门户网站是指进行信息收集、加工并按照类别向用户提供信息的网站。这样可以省去用户大量查询信息的时间，根据门户网站对信息的分类，在门户网站的引导下，用户可以看到备受大家关注的信息，即20%的信息商品（注：这里的20%只是一个概数）。目前 Yahoo!、AOL 与 MSN 是世界上最大的三大门户网站。在中国，比较有代表性的门户网站是新浪、搜狐、网易三大门户。

随着门户网站自身的成长与 Web2.0 的蓬勃发展，门户网站的概念逐渐被拓宽，从原来的搜索引擎门户扩展到集内容服务、信息服务、网上交易、虚拟社区于一体的综合门户网站，如新浪最初主要提供新闻、财经、体育等分类信息，现在新浪已经成为提供博客、网络游戏、网络视频等服务的综合门户。从最初的全部面向最广泛的受众过渡到既可以针对大众也可以面向特定类型的小众；从最初的商业门户、综合门户到政府门户、个人门户、特定兴趣领域门户的兴起，门户网站逐渐从第一代门户向第二代门户过渡与发展。因此，对门户网站的认识也从最初的"信息超市"转变为"服务超市"，即最初是按照信息的类别，向用户提供便捷的信息服务，而今则按照用户的需求，向用户提供各类服务。这从某种程度上标志着门户网站的成熟，实现了从以自身为中心，到以用户为中心的转变。总之，门户网站就是集合众多内容，提供多样服务，以尽可能地成为使用者上网的首选网站。

❀❀❀ **实例分析** 7-4 　　　　**不同视角人眼中的门户网站**

门户网站本质上是"信息超市"、"服务超市"，但从不同的商业视角审视门户则结果大相径庭。

例如，在搜狐 CEO 张朝阳的眼中："不同的人给门户的定义不同，门户是个很广的概念，它是大多数网民上网最先去的地方。门户网站能帮助用户解决最基本的需求。"于是搜狐的感觉很像"中央电视台"，提供的信息和服务往往是尽可能满足各年龄段的人们的需求，对应于搜狐吸引的眼球，如图 7-1 所示，其上聚集的商家也是创维、中国移动等面向大众提供商品的企业。

图 7-1　搜狐

再如，TOM 门户网站总裁王雷雷将门户定义为："门户是一个内容、应用、服务的平台，具有与不同运营商合作的多种通路，能为用户提供通过不同终端从不同的路径获取信息、进行交流的途径。"在这样思路的指引下，TOM 成为娱乐的代名词，吸引了很多时尚人群的同时，其上聚集的商家也是以这些用户为目标用户的企业，如图 7-2 所示中 TOM 的某视频节目的广告"欢迎来到非常人世界"，这样的广告内容如果出现在搜狐上显然有些奇怪。

图 7-2　TOM

慧聪网总裁郭凡生在 2004 年推出行业门户宣言时，认为门户网站是"门+户+路"的模式，按其解释，"门"即主页，"户"是主页上的各个版块，"路"就是搜索引擎。在这样思路的指引下，慧聪致力于成为中国领先的 B2B 电子商务平台，如图 7-3 所示。

图 7-3　慧聪网

　　思考 7-4　请结合你经常使用的门户网站，分析其商业市场定位。

　　提示：可参考实例分析 7-4。

2. 门户网站的类型

门户网站从最初的搜索引擎服务发展到目前的集多种功能于一体的一站式服务，其内涵与外延不断被拓展，根据不同的划分标准，门户网站可以分为不同的类型。

（1）从内容宽度来看

按照门户网站所提供的内容宽度来划分，可以将门户网站分为综合门户网站和垂直门户网站，如果用电视媒体作比喻，二者的关系就好比综合频道和财经频道、体育频道、音乐频道等专业频道的关系一样。

门户网站最突出的特点是其内容和服务的全面性与广泛性。综合门户的内容往往覆盖各行各业，同时提供新闻、电子邮箱、网站短信、软件下载、网上社区、网上购物、网络游戏、搜索引擎、网络聊天等多种服务，可谓包罗万象。目前提及率比较高的门户网站一般都属于这一类型，如 Yahoo!、MSN、新浪、搜狐、网易等。

垂直门户网站（Vertical Potal）是指针对某一特定领域、某一特定人群或某一特定需求而提供的有一定深度的信息和相关服务的网站。为特定用户服务的网络入口，主要关注的是用户对于一些特殊信息的需求，如各种各样的学术、科研、专业等网络门户，定位一般都比较清晰，垂直门户的用户往往是某一类型的特定人群。例如，要查询打折信息就去 55BBS，浏览旅游信息去携程旅行网，查找招聘信息去前程无忧，了解体育信息去华体网等。

相对于综合门户网站，垂直门户网站最突出的特点是"专、精、深"，它更专注于某一行业或领域，如 IT、财经、法律等，力求成为特定行业用户上网的起点与必经之地。与综合门户的包罗万象相比，垂直门户不追求大而全，更强调的是专业，强调在某一特定领域内信息的全面与内容的深入，并力图成为该领域的权威与专家。

总之，从内容角度来说，综合门户的优势在于其信息的广度与宽度，由此可以面向所有的网络用户；垂直门户的优势在于其信息的精度与深度，由此而吸引的是具有行业、专业背景的用户。

（2）从门户网站的构建主体来看

按照构建主体的不同，门户网站又可以分为个人门户、企业门户、商业信息门户与政府门户等。

个人门户主要是指那些没有注册公司的，因网民的兴趣爱好而创建的门户网站。企业门户是指通过一个唯一入口，为企业员工、分销商、代理商、供应商、合作伙伴等同一价值链上的相关人员，提供的基于不同角色和权限的、个性化的信息、知识、服务与应用的系统平台。商业信息门户是指面向普通的网络用户，为其提供有价值的资讯、信息以及服务的门户网站。所谓政府门户网站，是指在各政府部门的信息化建设基础之上，建立起跨部门的、综合的业务应用系统，使公民、企业与政府工作人员都能快速便捷地接入所有相关政府部门的业务应用、组织内容与信息，并获得个性化的服务，使合适的人能够在恰当的时间获得恰当的服务。

随着人们对 Internet 认识的深入，这些门户网站的功能一直在不断完善。以政府门户网站为例，最初的政府门户网站只是提供信息的发布，之后扩展到部分办公服务的网络化，目前一些政府部门正规划门户网站的商业化改革。

实例分析 7-5　　商圈老字号管理及服务平台

近年来，不仅仅是企业在利用 Internet 的商务功能，我国不少政府部门也在大胆创新，拓展政府服务的新模式。2009 年北京某区政府就规划将门户网站改造成所管辖企业的综合管理和服务平台，此平台定位为"××商圈老字号管理及服务平台"，改造后的门户网站将成为所管辖企业的综合服务平台，主要有以下三大功能。

（1）历史文化宣传体验功能

在网上除了有商家展示，还有商家客服系统，志愿者在线客服移动系统、短信活动通知、彩信杂志等功能。

（2）B2C、B2B 电子商务平台

其中，B2C 平台主要包括传统平台、3D 平台、企业黄页和客服系统，具体如下。

① 传统平台是指全国范围的 B2C 平台，功能包括品牌宣传、产品目录、在线支

付购买、信用体系，优势包括特色文化用品圈和政府信誉。

② 3D 平台主要基于 Web3D 或全景技术，提供给冠名商家，除提供电子商务功能，更是具备先进 3D 体验的在线品牌展示、品牌文化宣传的好场所。

③ 企业黄页是指为外地朋友、国外友人提供北京企业黄页列表（旅游、餐饮、住宿、交通、运营商、金融等）。

④ 客服系统=电子客服+人工客服+投诉系统（在线投诉、短信投诉）。

（3）宣传、商务、娱乐多功能综合平台注册

① BBS+社区功能。

② 3D 在线旅游，虚拟组团，配志愿者导游。

③ 用户聊天、交友、多人虚拟形象的场景合影、我的相册等。

④ 参与历史故事任务、在线游戏等。

思考 7-5　请登录北京政务门户网站，结合其服务谈谈自己对政府门户网站的想法。

提示：可结合实例分析 7-5 分析。

（3）从网站所提供的服务来看

按照门户网站所提供的主要服务的不同，可以将门户网站划分为信息型门户网站、商务型门户网站以及商务信息型门户网站。

信息型门户网站主要是为受众提供有价值的信息，以信息来吸引浏览者。信息型门户网站所提供的主要服务是信息的发布、传播与交流，还提供虚拟社区等增值服务。内容是这类网站成功的关键，通过开发相关的内容服务，提供相关的各种信息，来吸引受众在尽可能长的时间内访问网站。

商务型门户网站是指除了为用户提供产品信息外，主要目的是促成双方的交易，其主要利润来源于用户的交易。在这类网站中，买卖双方可以发布各自的需求信息和供应信息，买方选择产品，提交订单，卖方提供支付，安排送货，进而达成交易。例如，淘宝网、当当网等都属于此种类型。

商务信息型门户网站是指集中了信息型门户与商务型门户两种特征的门户网站，它既为用户提供其需要的有价值的信息，也为用户提供电子商务与交易的平台。目前部分门户网站如 Yahoo!、新浪等门户网站都属于此类。

门户网站经营企业被称为 ICP（Internet Content Provider，Internet 内容服务商）。由于国家对提供 Internet 信息服务的经营性 ICP 实行许可证制度因此商务型门户网站以及商务信息型门户网站企业需要办理经营性 ICP 许可证，信息型门户网站则只需要办理非经营性 ICP 许可证。经营性 ICP 主要是指利用网上广告、代制作网页、出租服务器内存空间、主机托管、有偿提供特定信息内容、电子商务及其他网上应用服务等方式获得收入的 ICP。ICP 证是指各地通信管理部门核发的《中华人民共和国电信与信息服务业务经营许可证》。例如，北京 ICP 证由北京市通信管理局核发。

3. 中国门户网站的发展历程

在我国，从 1997 年开始引入门户网站的概念，到 1998 年搜狐、新浪等各大门户网站的相继创立，再到 2000 年新浪、搜狐、网易三大门户网站在纳斯达克的上市，以及随后遭遇的 Internet 泡沫破灭，直至 2002 年步入盈利阶段，门户网站经历了一段起起落落的成长历程。有人将我国门户网站的发展道路用一个演进曲线（图 7-4 所示为国内门户网站的演进曲线）表现了出来。

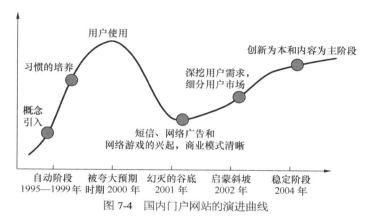

图 7-4　国内门户网站的演进曲线

从图 7-4 中可以看出，1995—1999 年是我国门户网站的启动阶段，这一时期门户网站的概念开始被逐渐引入；经过几年的成长，2000 年门户网站达到了一个发展和影响的虚拟高峰，进入"被夸大的预期峰值"阶段；由于门户网站的影响力被过于夸大，2001 年网络泡沫开始破裂，国内门户网站进入了一个"幻灭的低谷"；2002 年，经过再调整，三大门户网站宣布开始盈利；2004 年，国内门户网站盈利模式逐渐清晰，由此开始进入了稳定发展阶段。

在一定程度上，中国 Internet 的发展史几乎就是门户网站的演进史，从最初不成熟时期的"烧钱"理论发展已经到"内容为王"的理性投资，从关注"注意力经济"，发展到"影响力经济"，关注受众数量的同时，更关注对受众的影响力。

实例分析 7-6　　　**"物竞天择，适者生存"的**
门户网站市场

2000 年，新浪、搜狐等国内的几大门户网站刚刚在纳斯达克上市，就经历了全球 Internet 经济的泡沫和纳斯达克市场惊心动魄的动荡，新浪的股票在 2001 年 10 月曾达到了 1.06 美元的低点，搜狐的股票在 2001 年 4 月曾一度跌至 60 美分，而网易曾于 2001 年 9 月被一度摘牌。这给整个 Internet 发展带来了灾难性的影响。国内许多门户网站都没能熬过这个网络泡沫的严冬，纷纷倒闭，曾经风云一时的 263 首都在线、FM365 等门户网站开始另谋他途，仅剩新浪、搜狐、网易等几家门户在苦苦支撑，国内门户网站由此进入了一个调整与重新探索的时期。

在巨大的生存压力下，一路狂奔的国内门户网站开始减慢速度，重新审视自己的经营模式，探索新的盈利途径，如开始尝试收费邮箱、电子商务、手机短信等收费服务，进行以盈利为目标的艰苦转型。

但是转型的道路是艰难的，如网易第一个跳出来尝试邮箱收费，用户数量的大幅跳水曾让网易始料不及，被迫延长了免费邮箱的使用期限。

2002年，商业门户网站尤其是国内三大门户网站宣布从亏损步入了盈利阶段，这标志着中国门户网站进入了一个再起飞的新阶段。

这一时期，通过行业内的整合调整。国内门户网站的盈利模式已经从单纯的以网络广告为主要的收入来源，拓宽到以增值服务、网络游戏、网络广告三大渠道为主的多元化收入来源，尤其是增值服务，在这一阶段成为门户网站获得重生的救命稻草。在多元化盈利模式已经清晰的基础上，门户网站重获新生，实现了盈利。在三大门户网站的2003年的财务报告中，都显示了截至2002年9月30日的财务状况从以前的亏损步入了盈利。实现盈利的各大门户网站再度受到资本市场的追捧，股价一路飙升，三大门户开始在纳斯达克全线飘红，曾经跌至不足1美元的"垃圾股"，2003年却涨到了70美元一股。从2004年开始，门户网站进入了一个稳定发展的阶段，尤其是进入2005年以后，随着Web2.0时代的到来，门户网站在提供新闻、移动增值、网络游戏等服务的同时，纷纷推出了博客、播客、RSS等新的业务。

然而，新的盈利模式给国内门户网站带来新发展机遇的同时也带来了新的竞争，一些发展势头强劲的门户网站如TOM、腾讯等掀起了新一轮的门户之争，成为三大门户的有力竞争者。内容和服务的同质化、缺乏忠诚的用户群体等仍旧是摆在这些商业综合门户网站面前的一道难题。与此同时，一批新生的垂直门户网站如携程旅行网、前程无忧、搜房网等开始在纳斯达克上市，成为国内门户的后起之秀，其值得借鉴的战略模式、经营模式与内容模式给综合门户带来了有力的竞争。另外，Yahoo!收购3721，Ebay收购易趣，Google注资百度等一系列的收购事件也表明，国外具有雄厚资本的网络公司看准了中国市场，逐渐加入了竞争行列。除此之外，Web2.0来势汹汹，博客、播客等一系列新的技术与服务的出现，将使得门户网站开展新一轮的大战。因此，门户网站在未来的竞争将更加激烈。

思考7-6 请谈谈你对门户网站发展历程的想法。

提示：可参考实例分析7-6。

7.3.2　搜索引擎

Internet已经成为人们生活的一部分，尤其是中国的青年一代，已经无法设想没有网络的生活。越来越多、越来越成熟的网络服务已无缝地接入我们的日常生活，也使得Internet真正融入了现代社会的方方面面。

如果要问到，人们主要通过什么服务来使用Internet上的信息，人们上网时最常用到的服务是什么，人们在网上寻求问题的解决方案时一般采取什么途径？它们的答案通常落到了"搜索引擎"上。有数据表明，Internet上70%左右的信息是通过搜索得到的，搜索引擎服务是互联网络上最基本且最重要的服务。从大众搜索关键词的集中度排名上可以发现社会形态变化的轨迹，搜索已成为大众生活趣味和关注焦点的探测器。

1. 搜索引擎的含义

搜索引擎（Search Engine）通常指的是 Internet 上专门提供查询服务的一类网站，这些网站通过网络搜索软件（又称为"网络搜索机器人"）或网站登录等方式，将 Internet 上的页面收集到本地，经过加工处理而建库，从而能够对用户提出的各种查询，包括自由词全文、题词、分类检索及其他特殊信息的检索等做出响应，为用户提供网址、网页、文章搜索以及综合服务。目前，搜索引擎的导航功能正在向全方位发展，并成为人们搜索信息的捷径、进入 Internet 的向导。

根据以上介绍可知，如果把门户网站比作一个"网络超市"的话，搜索引擎就是提供了"寻找商品的服务"。于是我们不禁思考门户网站上提供的信息难道不能满足大多数人的需求吗？传统商务中不是没有类似于"搜索引擎"的服务吗？门户网站上 20%的信息和服务难道不能满足 80%人的需要吗？二八原理失效了吗？

在 Internet 领域，答案是肯定的。研究人员发现 Internet 中的信息服务符合长尾理论，长尾理论是指只要存储和流通的渠道足够大，需求不旺的产品共同占据的市场份额甚至可以超过数量不多的热卖品。也可以形象地理解为当获得产品的渠道和产品存储的地方足够大，80%的商品满足 80%人们的需求（注：这里的 80%和 20%是概数），人们的需要变得差异化。例如，亚马逊网上书店，个别销量小、但种类繁多的众多书籍，其总和占据了总销量的另一半。长尾理论揭示了，人们的需求并不是趋同的，只是选择的渠道不够大，所以呈现趋同的现象。而 Internet 作为电子化的渠道，给产品提供了广阔的发布渠道和存储空间，用户获取商品的渠道数量以及便捷性也发生了本质的变化。例如，在传统商务中，从西单到王府井用户需要考虑期间付出的时间成本，而在 Internet 中，用户从当当书店到卓越网则不需要考虑时间成本。

搜索引擎作为 Internet 的第一大应用，其理论基础就是长尾理论，门户网站的理论基础则是二八原理，这也是为什么门户网站是用户接触 Internet 的第一站，却没能成为用户使用 Internet 的第一大应用的根源所在。

实例分析 7-7　　**对于搜索引擎未来的思考——**
社区化搜索引擎产品

搜索引擎虽然能满足人们个性化的需求，但不可否认，人们在获得海量信息的同时，还获得了大量的垃圾信息，如何让人们迅速获得确实需要的信息成为搜索引擎赢得用户的重要的差异化优势之一。

而百度作为中国搜索引擎的成功者做到了，正如创始人李彦宏说："现在打开一个搜索引擎主页输入关键词，搜索结果差别不大，而社区化产品已经成为搜索引擎下一个战略方向和门槛。"社区化搜索引擎产品将是搜索引擎可持续发展的关键。百度早在 2003 年就创建了百度贴吧，之后还创建了百度知道，这些社区化的搜索产品，利用搜索引擎将对同一个话题感兴趣的人聚在一起，从而有效实现了个性信息服务和精准信息服务的双重目标。百度公司的积极创新，使得百度公司面对技术实力强劲的国际竞争对手 Google 依然能在国内赢得较高的市场份额。

思考 7-7 请结合二八原理和长尾理论谈谈你对搜索引擎的理解。

提示：可先分析二八原理和长尾理论，然后分析 Internet 的特点，最后结合搜索引擎进行分析。

2. 搜索引擎的组成和工作原理

一个搜索引擎通常由页面搜索器、索引数据库、检索程序和用户界面 4 个部分组成。搜索器也就是 Spider（网络蜘蛛），负责在网络间来回搜集信息和发现更新的信息。搜索策略通常有这样两种：一种是从一个起点页面开始，顺着该页面提供的链接地址以广度优先或深度优先的方式循环搜索；另一种是将 Internet 按照域名或 IP 地址划分成多个小区域，用不同的 Spider 对每个小区域进行穷尽搜索。

索引数据库则可看做搜索器搜索结果的汇总，它按照一定的顺序存放搜索到的信息，并为这些信息编排索引表，即类似于书中的目录，清晰地标识和指向具体内容。索引数据库中的索引项又分为客观索引项和内容索引项，前者指明与该条信息相关的客观信息，如作者名字、更新时间、链接流行度等；后者反映出该信息的具体内容，如关键字、短语等。客观索引项和内容索引项的结合为数据库中的每条信息做了准确而简洁的注解，在大量的即时查找中，能够方便、快捷地得到用户想要的结果。

检索程序是在接到用户的搜索关键词后，负责索引数据库中进行查找的算法和相关程序。它需要对数据库中的条目和搜索的指定词汇进行相关度的评价，对将要输出的结果进行排序，以期为用户呈现全面、合理的搜索结果。

用户界面是使用者与搜索引擎打交道的一个信息交流平台，用户在此输入要查找的内容，搜索引擎也在此反馈给用户查找到的结果。主要目的是方便用户使用搜索引擎，高效便捷地得到及时有效的信息。打开 Google、百度的主页面，呈现的即为用户界面。友好的用户界面能充分顺应人类的视觉习惯和思维习惯，是搜索引擎打开 Internet 市场的一扇大门。

搜索引擎的种类虽然较多，但基本的工作原理都是通过用户界面来与使用者进行交互的，获取用户的查询请求，然后将特定的查询信息分解成若干关键词来分析，之后在索引数据库中进行查找，按照关键词与数据库中条目关键词匹配程度的高低排序，最后将结果通过用户界面返回给用户。

3. 搜索引擎的类别

按照搜索引擎的工作原理，主要包括 4 类，具体如下。

① 目录式搜索引擎。它搜集 Internet 上的资源，并按照资源的类型分成不同的目录，再一层层进行分类，用户可以按照分类的目录索引查找自己感兴趣的内容。其典型代表有

Yahoo!、新浪、搜狐、网易。

② 基于网络机器人的搜索引擎。它由网络机器人程序沿着页面链接爬行，检索文档，并建立索引库、服务器处理由客户端发送来的检索请求，并以检索结果作为响应返回至客户端。这类搜索引擎的代表有 Google 和百度。

③ 垂直搜索引擎。这是一种专业的搜索引擎，它将注意力集中在某一特定领域和特定的用户需求上，为用户的特定需求提供全面、专业、有深度的服务。垂直搜索引擎适用范围极为广泛，如医学搜索、法律搜索、农业搜索、图片搜索、音乐搜索等。目前，还没有非常有名的垂直搜索网站，但在综合搜索网站中，它已经得到了运用，如 Google 和百度，都有专门的音乐搜索和图片搜索。

④ 元搜索引擎。它是用户同时登录到多个搜索引擎进行信息检索的媒介，通过一个统一用户界面帮助用户在多个搜索引擎中选择和利用合适的（甚至是同时利用若干个）搜索引擎来实现检索操作。此类搜索引擎没有自己的网页采集机制，也没有属于自己的独立索引库，而是对分布于网络的多种检索工具进行全局控制，出于其他多个搜索引擎之上，因此又被称为"搜索引擎的搜索引擎"。

4. 搜索引擎的收入来源

搜索引擎作为 Internet 的第一大应用，其最主要的功能就是帮助人们发现信息，并能帮助人们处理信息、发现隐藏于信息之中的知识。搜索引擎的收入则主要来源于商业广告和技术出售。搜索引擎的广告区别于传统的电视广告，表现为"软"广告，不是以生硬的方式推荐给用户，而是在用户搜索相关信息的时候提供给用户，这样的方式一方面对于用户更易于接受；另一方面对于广告企业而言，也确保了广告到达率，相当于给广告商的目标受众投放了广告。由于网络广告的效率和成本与广告目标的精确程度密切相关，而网上搜索行为（如关键词的选择）对网民的偏好有所揭示，两者结合的结果更加精确地定位和细化了搜索引擎广告的目标受众，大大地提高了广告的有效性，从而对广告主形成巨大的吸引力。

实例分析 7-8   **竞价排名和关键词广告**

目前百度广告方式主要采用的是竞价排名，如图 7-5 所示，当在百度中输入"动画"，排在第一位的是关于动画师手册的广告，第三位才是根据用户搜索量排在第一位的百度中各种动画。百度的竞价排名曾一度遭到质疑，百度公司不得不以受众为本，很快进行了调整，使搜索结果同时兼顾广告商利益和用户利益。

图 7-5 百度

　　而擅长于技术的搜索引擎 Google 则走了完全不同的发展路线，Google 的广告采用了关键词广告，与用户搜索关键词相关的广告出现在网页的右侧，而搜索结果仍然是按照搜索数量的多少排序。比如在 Google 中输入"动画"，排在第一位的是一则关于动画的资讯，排在右边的是商家的广告，如图7-6所示。

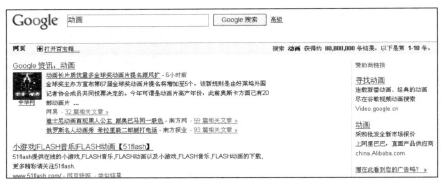

图 7-6　Google

　　Google 的做法显然比百度更站到了受众的视角，但却没有因此赢得大量用户的青睐，这也从一个侧面反映了 Google 本土化战略还有待进一步的深入。

　　思考7-8　请谈谈你对竞价排名和关键词广告的看法。

　　提示：可结合自己使用百度和 Google 的实际体会，谈谈对两种广告形式的想法。

7.3.3　网络游戏

　　随着信息技术的不断发展和 Internet 规模的不断扩大，网络游戏已成为人们十分熟悉的一种娱乐方式，同时也成为具有争议的热点话题。一方面政府出台各类政策，大力扶持和发展民族网络游戏；另一方面社会各界又批判网络游戏。但就大环境而言，网络游戏是时代发展的产物，具有极为广阔的发展前景，被誉为朝阳产业。

　　1．网络游戏的定义

　　"网络游戏"也称为"在线游戏"，是通过 Internet 进行的、可以多人同时参与的电脑游戏，通过人与人之间的互动达到交流、娱乐和休闲的目的。

　　从本质上看，网络游戏同麻将、扑克等传统游戏一样都是一种游戏，人们喜欢玩游戏的根源在于游戏满足了人们精神上的需求。

　　马斯洛需求原理告诉我们，人的需求是分层次的——生理需求、安全需求、情感需求、尊重需求和自我实现的需求。满足了底层需求，就会产生更高层次的需求。当能吃饱穿暖之后，人们就希望有一个房子、一个家；有了房子之后，人们就渴望有亲情、友情和爱情，希望得到尊重，最高层次的需求是自我实现。而无论是网络游戏还是传统游戏实际都不同程度满足了人们的情感需求、尊重需求和自我实现的需求。

实例分析 7-9　　　　　**关于麻将游戏的思考**

　　麻将在中国有着非常广泛的群众基础，有人从马斯洛原理分析了麻将广为流传的原因。

　　首先，麻将一般需要四个人一起玩，两个人太少、三个人力量不均衡，而四个人正好，人数不多，容易组织，参与的人能在玩麻将中体会到情感的交流。

　　其次，麻将桌是四方的，每一边的宽度相同，无论是领导、还是员工，在麻将桌上是平等的，麻将营造了一个玩者平等的环境，因此能让参与者体会到尊重。

　　最后，玩麻将者在赢的瞬间能体会到自我实现的快乐。

　　目前，传统游戏麻将已经拓展到了 Internet 和移动通信网，依旧有很庞大的消费群体，这从另一个侧面反映了人们玩麻将的根源在于较好地满足了精神需要。

　　思考 7-9　请结合马斯洛需求原理谈谈你对网络游戏定义的理解。

　　提示：可结合某款游戏具体分析。

　2. 网络游戏的分类

　　网络游戏按照是否需要下载软件可以分为网页游戏和客户端游戏，按照是否需要网络支持，可以分为在线游戏和离线游戏。从满足用户需求的角度，游戏可以分为休闲类网络游戏、网络对战类网络游戏和角色扮演类网络游戏，具体如下。

　　（1）休闲类网络游戏

　　此类游戏服务形式一般是用户登录网络服务商提供的游戏平台后，进行双人或多人对弈，如《QQ 麻将》、《疯狂坦克》等。在休闲竞技类游戏中，虚拟世界和游戏剧情被淡化，更强调游戏规则及游戏界面的具体化、形象化和可视化。休闲竞技类游戏是以独特的游戏规则，良好的操作感和丰富的趣味性来吸引玩家的，提供此类游戏的公司主要有腾讯、联众、新浪等。

　　（2）网络对战类网络游戏

　　网络对战类网络游戏的玩家通过安装市场上销售的支持局域网对战功能游戏，利用网络中间服务器，实现对战，如 CS、星际争霸、魔兽争霸、FIFA 等，主要的网络平台有盛大、腾讯、浩方等。

　　（3）角色扮演网络游戏

　　此类游戏首先由游戏设计者构建出一个具有较完善的社会文化和经济体系的虚拟世界，之后由玩家扮演生活于其中的一个角色，并利用自己的游戏技巧和相关装备设施与其他游戏玩家进行游戏内的合作与竞争来完成各种挑战任务，使自己所扮演的角色在游戏虚拟世界中不断成长。通过扮演某一角色，通过任务的执行，使其提升等级，得到宝物等，如大话西游、传奇、魔兽世界等，此类游戏大多拥有精心设计的虚拟世界体系，感同深受的角色带入感，直观华丽的游戏场景，丰富逼真的游戏剧情和音效，复杂的角色成长过程和奖励机制。提供此类平台的主要有盛大等。

这3类游戏中，休闲竞技类游戏由于规则简单而更容易入门，玩家不需要太多的智能损耗就可以快速地推进游戏，故而广受欢迎，玩家数量最多。角色扮演类耗费时间长、费用高，因而用户规模最小，但人均消费水平很高；网络对战类的用户数庞大，但消费能力有限，盈利模式有很大的局限。根据马斯洛原理，角色扮演类消费水平最高的根源在于，游戏构建了虚拟的成长环境，玩家在其中满足人类自我实现的需求程度最高，所以人们愿意支付更多的费用。

3. 网络游戏的收入来源

目前网络游戏的收入来源主要包括4大类，第一类是商业广告，网络游戏不仅仅是一个游戏，从本质上看是一种媒体产品，而媒体最重要的特征是信息的载体，因此网络游戏可以通过在游戏场景、道具、游戏登录等待时加入商业广告盈利。由于每款游戏都有特定的目标用户，这样针对于目标用户的广告的到达率较高。第二类是销售时长点卡，时长点卡的方式是指用户联网玩游戏，收费按照玩游戏的时间计算。这种方式最大的优点就是能有效地避免盗版的问题。采用这种盈利方式的游戏用户端通常是允许用户免费下载的。第三类是游戏道具。游戏道具收费模式的出现，为网络游戏产业带来了巨大的收入来源，网络游戏公司不再简单收取用户使用游戏的费用，而是设置了一个虚拟道具的商店，这意味着游戏商家的收入不再仅仅局限于在线用户数和在线时长，而是取决于开发者设计的游戏逻辑和其中的道具。游戏越引人入胜，各类道具设计越多，其中可能获利的渠道就越多。第四类是以游戏比赛、互动娱乐等方式收费。例如，举行大型游戏对抗比赛，打造平民游戏明星，然后通过游戏冠军巡回比赛表演、录制游戏比赛节目等方式盈利。这种盈利模式从本质上等同于选秀比赛，唯一的区别在于打造的是游戏明星。

实例分析 7-10　　对未来游戏盈利模式的思考

传统游戏的盈利主要是通过销售时长来计算，如在游戏机厅主要的获利方式是销售游戏币。网络游戏经过多年的摸索，目前盈利模式已经扩展到广告、销售道具的方式。对于未来，笔者认为游戏和商业融合将是网络游戏收入的下一个增长点。

网络游戏具有游戏和媒体的双重属性，因此游戏可以通过媒体属性盈利，如商业广告形式；也可以通过游戏属性盈利，如销售点卡和销售道具。但还有一个角度亟待挖掘，就是商业和游戏属性的结合。举个实例，图7-7所示的是一款搭配服装的休闲娱乐类游戏，玩家可以通过根据提示给角色选择衣服、裤子、帽子、鞋等服饰，单击确认之后，系统会返回一个分数，告诉玩家这样搭配是否恰当。显然这样的游戏收入非常有限，因为能给玩家带来的精神需求很有限。如果换个思路，用此游戏和时尚杂志合作，将游戏中的服装换成杂志中宣传的服饰，并在用户输入自己的身高、体形等参数，提交用户头像照片之后，系统自动提供几个虚拟人物供用户选择。于是用户可以通过这款游戏看到自己穿上各种新款服装的感觉。通过这样的改造，一方面时尚杂志将以多媒体的形式出现，服饰展现变得更立体化，不是通过模特展示，而是用户直接参与到服饰的展示过程；另一方面游戏的设计者增加了盈利模式，通过将游戏和商业的结合，大大拓展了游戏的玩家范围。未来，游戏中还可以加入支付环节，如用户看中了某款衣服，可以直接单击链接到支付界面，用户可以购买这款衣服。当然这样的商业扩展需要和商家合作。

图 7-7　搭配服装游戏

思考 7-10　请谈谈你对现在和未来网络游戏盈利模式的看法。

提示：可结合网络游戏的双重属性分析。

7.3.4　即时通信

随着 Internet 的普及，世界已经成为一个名副其实的"地球村"，人们为了打破传统媒体传播在时间、空间上的限制，实现真正的点对点、同时的、异地的双向互动传播，并且能够运用文字、语音、视频等多媒体方式，建造一个仿真的面对面传播情景，即时通信这一新兴媒体便应运而生了。

1. 即时通信的内涵

即时通信（InstantMessaging，IM）是一个允许两人或多人使用网络即时地传递文字、信息、档案、语音与视频，建立起直接联系并进行实时交流的终端软件。这种网络即时通信软件的出现极大地扩展了人际传播的时空距离，已经成为人们在 Internet 上进行沟通交流的主要方式之一。近年来，即时通信软件的使用范围已经不再局限于 Internet，主流的即时通信软件几乎都支持计算机和手机之间的信息传递，当然也支持手机和手机、计算机和计算机之间的信息沟通。目前，在 Internet 上受欢迎的即时通信软件有 MSN、QQ、Yahoo Messenger、飞信等。

实例分析 7-11　　　　**十年磨一剑——腾讯 QQ**

腾讯公司 1998 年 11 月成立，是我国最早的也是目前国内市场最大的 Internet 即时通信软件开发商。1999年2月，该公司正式推出第一个即时通信软件——腾讯QQ之后就相继推出了一系列网络生活产品，如2000年推出了QQ无线增值业务，2001年推广了移动QQ、QQ秀，2003年推出了QQ门户，2005年推出拍拍网，并收购了FOXMAIL，2006年推出SOSO，截至2008年上半年，腾讯公司已经拥有了8.3亿注册用户，其中3.4亿为活跃用户，如图7-8所示。经过多年的努力，目前腾讯已经初步完成了面向在线生活产业模式的业务布局，构建了QQ、QQ.com、QQ游戏以及拍拍网这4个网络平台，分别形成了规模巨大的网络社区。

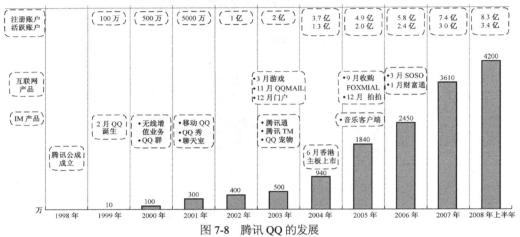

图7-8 腾讯QQ的发展

通过腾讯的发展历程可以看到，腾讯公司成功的根源在于以客户为中心，把自己定位了一个通过Internet服务提升人类生活品质的公司，而不仅仅是一个提供即时通信服务的企业。

横向比较门户网站和腾讯的发展历程可以看到，核心环节很类似，从最初的概念引入，到依托于移动网获利，最后形成自身的核心竞争力。不同的是，腾讯公司的步伐相比其他Internet企业更稳，浮躁、夸大的环节少，沉着、稳健的步伐多。从1998年至今，腾讯公司一步一个脚印，牢牢坐稳了自己即时通信领域第一把交椅的位置，即使面对国外MSN强大的攻势，国内中国移动飞信大幅的优惠，也难以撼动腾讯打下的牢固根基。

思考7-11 请结合即使通信的概念，谈谈你对腾讯QQ的认识。

提示：可参考实例分析7-11谈谈自己的想法。

2. 即时通信的分类

即时通信根据使用主体的不同，可以分成以下几类。

① 个人即时通信。个人即时通信主要是以个人用户使用为主、开放式的会员资料，主要服务于聊天、交友和娱乐，如QQ、雅虎通、网易POPO、新浪UC、中国移动飞信等。此类软件，以网站为辅、软件为主，免费使用；收入主要来源于增值服务。

② 商务即时通信。此处的商务泛指买卖关系，如阿里旺旺贸易通、阿易旺旺淘宝版、

惠聪 TM 等。商务即时通信实现了寻找客户资源或便于商务联系，以低成本实现商务交流或工作交流。

③ 企业即时通信。企业即时通信是一种以企业内部办公为主，建立员工交流的障碍实时协作平台，主要用于政府单位和企业。

④ 行业即时通信。主要局限于某些行业或领域使用的即时通信软件，不是大众所熟悉的，如盛大圈圈，主要在游戏圈内小范围使用。还包括行业网站所推出的即时通信软件，如化工网或类似网站推出的即时通信软件。

另外，现在还出现了一种泛即时通信软件，即一些软件虽然带有即时通信软件的基本功能，但以其他使用为主，如视频会议。泛即时通信软件，对专一的即时通信软件来说是一个极大的竞争与挑战。

实例分析 7-12　　关于企业即时通信市场的思考

目前个人即时通信市场已经趋于饱和，于是各大即时通信企业纷纷将眼光放在了企业即时通信软件市场。相比个人 IM，企业 IM 主要服务于商业活动，而不是满足娱乐需求。研究机构 eMarketer 的数据显示，全球企业即时通信市场规模在 2005 年为 2.67 亿美元，预计 2010 年年底将达到 6.88 亿美元。截至 2006 年年底全国企业即时通信市场达到了 2.7 亿元，企业终端用户达到 1392 万。企业 IM 软件强烈需要的企业主要包括脑力劳动者比较多的企业、产品更新比较快的企业、对客户服务速度要求高的企业以及需要节约通信成本，提高办公效率的大型跨国企业。

相比个人 IM，企业 IM 有以下几种不能替代的功能。

（1）更好的安全性：需要用户通过身份认证，通过集成的目录服务进行统一的身份管理。

（2）整合应用程序和企业流程：从基础架构上看，企业 IM 不仅仅单独存在，还将和企业流程以及其他应用整合在一起，如 E-mail 系统可以和 IM 进行整合，可以通过门户进行即时通信等。

（3）更及时的沟通工具：及时了解联系人状态，为沟通提供集合多媒体 IM，提供图片和文件传输，多人会话、语音、视频、手机短信等多种办公通信方式。

目前，腾讯、微软、中国电信等都已经推出了 IM 企业版，如腾讯 2003 年 9 月推出了腾讯通，微软于 2003 年一季度推出了 MSN 企业版，中国电信 2008 年 10 月推出了宽乐通信。中国移动的企业 IM 也即将推出。企业 IM 市场的竞争已经进入白恶化阶段，同时还诞生了 IMoffice、华途、GK-Express、优你客等国内新秀。

必须意识到，企业 IM 市场推广不能复制个人 IM 的模式，因为目前个人 IM 普及率较高，对于只需要简单文字、图片、视频等简单即时通信服务的企业用户，个人 IM 可以完全满足其需求。对于需要和现有办公系统融合 IM 功能的用户，独立推出的企业 IM 软件则难以融入现有的办公系统中。因此，企业 IM 的未来需要和企业办公自动化过程融为一体，才可能赢得大量的企业用户。

思考 7-12 即时通信软件根据应用范围可以分为几类？并谈谈你对各类即时通信市场的看法。

提示：可参考实例分析 7-12。

3. 即时通信的主要功能

即时通信的主要功能主要包括 3 种，具体如下。

（1）信息沟通

即时通信是一种多媒体视角下的新兴同步传播媒介服务。根据 2009 年 9 月 CNNIC 中国互联网络信息中心发布的报告，72.2％的网民使用即时通信进行交流沟通，因此即时通信最基本的功能是信息沟通，最初即时通信仅提供文字聊天，这也是其应用最普遍的功能，现在已经发展到视频、文件、语言等多种内容形式。

IM 传播的一个显著特点就是循环式的电子交流方式，即它的信息传播过程不是一次完成的。在这种双向互动的交流中，参与的成员既是传播者又是接受者。首先由对话的发起者发出信息，要求进行网络聊天，然后接收者及时反馈，同时也发出自己的话题，使谈话在不断产生新内容的环境中循环往复地进行，传者和受者也随着谈话话题的不断转换而进行角色的转变。因而，在即时通信媒介下的传播活动中，传者和受者的地位是模糊的，所有参与者都是传播过程的主体。IM 实现了多媒体信息的交互传播，用户之间可以自由地使用文字、语音、视频等进行交流。这种交流模式充分模拟了人际传播的特点，但是目前 IM 还不能完全复制面对面的人际交流。只是对现实生活中真实场景的无限接近，这种虚拟的人际传播与现实生活中的人际传播有很大的不同。

另外，即时通信的交流中可以使用一些特殊的符号和用语，例如（*^___^*）、OTZ、我汗、我倒、囧（俗称火星文）等个性的词语以及特色的表情、图片等。社会学认为，时尚是在大众内部产生的一种非常规的行为方式的流行现象。具体而言，是一个时期内相当多的人对特定的趣味、语言、思想和行为等各种模型和标本的随从和追求。时下，网络语言已成为一种新的时尚，网络流行语也愈来愈被广泛地日常化应用。

（2）文件传递

由于成本低廉、使用方便等优势，即时通信已经成为人们跨越时空限制进行异地通信的主要方式。因为使用即时通信工具，超过 60% 的用户减少了对电子邮箱的使用，超过 70% 的 MSN 用户和近 2/3 的 QQ 用户减少了对电话的使用。现在即时通信工具不仅应用于亲人、好友、群体之间的联络需要，进行情感交流、信息传递、文件传输、语音视频聊天，同时还被越来越多的人用于学习和工作，出现了政府机关、单位、商务、行业等的专用即时通信软件。例如，MSN 就被普遍应用于办公环境之中。阿里巴巴贸易通主要适用于中小企业的商贸活动。另外，IM 软件划分了不同的社会群体，如工作时有同事群、客户群，午饭时有午餐群，下班后有逛街群、篮球群；个性化的好友群、爱好旅游的驴友群以及影视评论群等。这也许是麦克卢汉所预言的在"全球村"中新"部落"的形成。

（3）好友管理

即时通信相比于传统的沟通方式最大优势在于提供了一个好友管理的平台，用户可以分类存储朋友的信息，如果好友或群成员在线，双方可以进行实时的同步文本信息交流。如果好友或群成员不在线，用户发送的文本信息将会自动保存在系统服务器中，等好友或群成员上线后还可以进行异步传播。同时也可以通过即时通信平台寻找朋友。于是从某种程度上，即时通信成为了一个交友平台。目前，广播上备受年轻人喜爱的"豆豆碰"就是一个典型的利用 QQ 即时通信扩大交友圈的节目。

实例分析 7-13　　关于即时通信功能的深入思考

在即时通信企业运营的实践中，成功的即时通信企业绝不会单单提供一个功能强大的 IM 软件，就觉得可以高枕无忧了。因为用户不是为了使用即时通信软件而使用它，用户是为了得到快乐、方便等利益，因此成功的 IM 公司会为以 IM 为中心，提供一系列的产品，满足用户沟通的需要，从而帮助用户实现快乐、得到方便的利益。

以微软公司的 MSN 为例，其下包含两类产品：第一类是 MSN 门户网站定位于白领；第二类是 Windows Live，即微软生活，其下涵盖即时通信 Windows Live Messenger、电子邮箱 Windows Live Mail、电子空间 Windows Live Spaces 三大品牌，如图 7-9 所示。

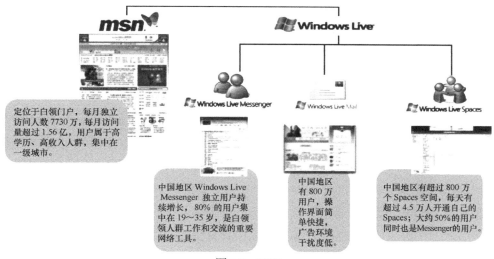

图 7-9　MSN

作为国内最成功的 IM 公司，腾讯公司一样以用户需求为中心的产品线，但腾讯的产品线相比 MSN 更完善，这为腾讯第一的位置奠定了基础。如图 7-10 所示，腾讯的产品线主要包括沟通、信息、娱乐和商务 4 个板块，为了满足人们的需求，对应 4 个板块，分别推出了各类应用服务，如娱乐板块就涵盖了游戏、博客、QQ 秀、音乐、宠物等 8 种服务。从这个产品线可以看出腾讯公司清晰的发展思路，实际对于用户提供产品时，腾讯公司是以打包的形式提供的，如 QQ 即时通信用户可以使用 QQ 秀定购服装，玩 QQ 游戏，也就是说腾讯将信息、娱乐、沟通等功能融合在一起，为用户提供了一站式服务。这样的成功之处在于，用户最初使用 QQ 是为了沟通，一旦使用之后，QQ 提供的一站式服务，引导用户使用信息、娱乐和商务的功能，因为用户的需求是多样化的，于是 QQ 成为用户网络生活的一站式平台。

图 7-10　腾讯产品线

思考 7-13　请结合 MSN、QQ 的功能，谈谈你对 IM 功能的认识。

提示：可参考 IM 主要功能入手分析。

7.3.5　博客

Internet 具有集开放性、共享性、平等性于一身的特点，这些特点决定了 Internet 相比报纸、广播、电视等传统媒体以及第五媒体手机交互性最强，因此在 Internet 上涌现了很多的"客"——博客、播客、维客、威客、晒客、闪客……这些客活跃在 Internet 的虚拟世界中，每个用户都在用自己的方式和他人分享观点和经验。他们是 Internet 上"上传"信息的主力军。从某种意义上说，他们更像一些反客为主的虚拟空间中的主人。

这些活跃的"客"并不认为自己是坐在家中计算机前的观众，他们视自己为 Internet 文化的主人，是 Internet 的"客"，在传统媒体眼中看似非主流的 Internet 世界中，这些客扮演着主流的角色，因此也有人把 Internet 称为"草根文化"。本节重点介绍目前最流行的"博客"。

实例分析 7-14　　Internet 中反客为主的"客"

在平等互连基础上创始的 Internet 具有较强的交互性，于是每天在网上有诸多的"客"在 Internet 世界中自由穿行，如威客、晒客、闪客……下面简单盘点一下。

（1）威客——在 Internet 上，凭借自己的创造能力帮助别人而获得报酬的人，或者说就是网上做知识买卖的人，如威客中国网 www.viken.com，威客天空网 www.witkeysky.com。

（2）晒客——在 Internet 上与网友分享自己资源的人，包括自己的想法、生活方式、工作感受、消费经历等，如晒客网 www.shareko.com/bbs/，白领晒客网 www.8080520.com。

（3）闪客——制作和使用 Flash 动画的人，如闪客帝国 www.flashempire. com，闪吧 www.flash8.net。

（4）印客——以 Internet 为沟通、联系渠道，把网民所写的、画的、摘录的任何文字和图片变成具有永久保存价值的个性化印刷品。印客可以实现大家当做家的梦想，如印客网 www.inker.com.cn，超印速网 www. mrprint.cn。

（5）播客——用户可以利用播客将自己制作的"广播节目"上传到网络上与网友分享，如中国播客网 www.maidee.com，木狗播客 www. mugou.com。

（6）其他——视客、秀客，就是网络视频的展示平台，如蛐蛐网 7qu.com；掘客，不是看新闻，还是掘新闻；黑客、骇客，都是计算机高手，入侵网络系统，只是一个为了使网络更安全，另一个以破坏为目的，有时被混为一谈。还有红客、粉客、搜客、影客等，相信未来还有更多的"客"。

🌱 **思考 7-14** 谈谈你了解的 Internet 中的"客"。

提示：可从自身使用 Internet 的实际分析。

1. 博客概述

"博客"是英文 blog 的音译，blog 的英文名称则来源于 Web log，本意是"网络日志"，后来缩写为 blog。中国台湾地区将网络日志根据发音翻译为"部落格"，非常准确地传递了一种新媒体使用者的时尚感，表达了这种新型传播方式的精神内涵。

从博客的形态和功能上说，博客实际就是一个自由的网络空间，是一种个性化的表达方式，用户可以发布自己的心情日志、技术文章，同时也可以作为网络硬盘，保存自己喜欢的文章、图片或者音频、视频资料，可以说是一个空间感非常强烈的网上家园。

2. 博客的特点

博客主要具有个性化、开放性、交互性和聚合性 4 大特点。

① 个性化：博客作为个人的日记，最大的特点就是具有较强的个性化。一方面，博客的传播主体是个人，而不是某个组织机构。博客可以通过文字、图片、声音、视频等多种表现形式，建立属于自己的个性化网上家园。博客没有内容主题的要求，也没有文体限制，纯粹是一个自由状态的人的自发行为。另一方面，由于博客的内容是个人性的行为、个人性的角度、个人性的思想、个人性的爱好和兴趣，于是博客读者往往可以轻松在别人的博客中找到自己需要的东西。博客搭建了个体—个体的沟通交流平台。

② 开放性：博客的本质是日记，但和传统日记不同的是博客是一个开放的私人空间。在博客圈里，知识渊博的衡量标准之一，就是文章数量的多少，博客要把自己最珍贵、最有价值的知识和思想奉献出来，才能吸引更多的读者，这样点击率和评论也会越来越多。博客的优势就是，不断搜索、提炼信息，不断学习和思考。博客的开放性意味着博客是真正意义的公共领域，即个人空间直接变成公共领域。传统意义上，个人进入公共领域的门槛和机制完全消散与无形。博客第一次实现了全方位、综合性的自我传播、人际传播、组织传播和大众传播等各个层次的传播，是第一个真正的自由媒体。在新信息传播技术条件下，许多传播需求被不断地激发和满足，并逐渐转换成为一种产业模式。

③ 交互性：博客（作者）是博客网站的核心，而围绕着博客与博客，博客与读者，读者与读者间多重交互的沟通是关键，没有交互就没有生命。以 Web2.0 为技术基础的博客的传播方式既可以是"一对众"或"众对一"，也可以是"众对众"。这种以个体主动性为前提的交互传播，使得博客有可能把个人与个人、个人与群体、群体与群体之间因为内容或博客主题的某种一致性或相关性，而自发地构建起来，形成不同的公共传播空间。同时，单个的博客作为传播主体，与受众对象之间也存在着交互性，受众可以在他人的博客上，自由地发表自己的观点和意见。这样，在传播主体和阅读博客的受众之间，也产生了交互性，传播主体和受众之间的关系，也变成了一种相对关系，成为互为主客体的关系。

④ 聚合性：博客具有 RSS（Really Simple Syndication，简易供稿）功能，即信息聚合功能，就是把网站内容如标题、链接、部分内容甚至全文转换为可以用特殊的"阅读器"软件来阅读，它将新闻分类，通过阅读过程中的"无限链接"让读者越来越深入地探寻信息背景，越来越广泛地了解信息关联，越来越清晰地理解他人对同一个信息的判断。博客都是采用 RSS 技术编写的，所以用户可以通过 RSS 订制任意调用、转载和阅读他人的博客内容。

实例分析 7-15　　个性化和开放性的综合体服务——博客

根据 CNNIC 发布的调查数据，截至 2009 年 6 月我国共有 1.81 亿博客用户，使用率为 53.8%。虽然博客用户群庞大，但较 2008 年使用率下降了 0.5%。究其原因在于用户注册博客最重要的原因是记录自己的心情，即写网络日记，如图 7-11 CNNIC《2007年中国博客市场调查报告》公布的数据所示。虽然博客相比传统日记具有开放性，但依旧是日记，是个人的事情，是个性化和开放性的综合体，如果没有给博客输入商业价值，则难以实现博客的可持续发展。类比即时通信市场，如果 IM 企业仅仅提供沟通信息的服务，没有可持续的盈利，企业怎么会有可持续提供优质 IM 的热情？目前博客市场的盈利模式还亟待深入挖掘，许多用户在产业化不完善的情况下注册，又在没有获得更多服务的情况下离开。

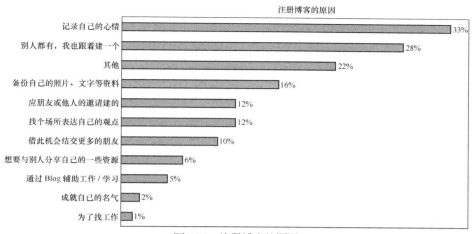

图 7-11　注册博客的原因

3. 博客的价值链

博客本质上就是在网上写日记，但是传统的写日记方式是自己承担成本，即自己买本子和笔。博客作为网络日记则不同，"本子"是由企业提供的，博客平台提供商需要购买服务器来存储用户的博客，而博客平台提供商必须获得相应的利益才能可持续地提供博客服务。2002 年博客的概念被引入中国并得到快速发展；2005 年，博客得到规模性增长；2006 年，网民注册的博客空间更是超过 3300 万个。随着博客注册数量的增多，博客广告、博客搜索、企业博客、移动博客、博客出版、独立域名博客等一系列博客创新商业模式新的应用也层出不穷，一条以博客为核心的价值链基本形成。

博客价值链条不仅囊括博客平台提供商（Blog Service Provider，BSP）、博客作者、博客读者、广告客户等传统博客价值链上的各种角色，也包含 RSS 订阅器等新兴角色，详见图 7-12 所示的博客价值链示意图。

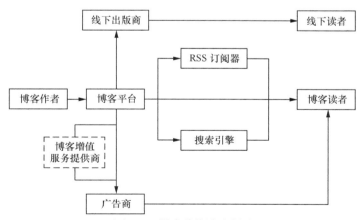

图 7-12　博客价值链示意图

博客网站提供平台，博客作者撰写博客，并通过持续不断地更新获得与公众之间的交互沟通，积累"人气"，提升知名度。"粉丝"们关注博客，并通过不断增长的点击量为博客平台带来持续高涨的注意力。巨大的点击量又吸引广告商，形成良性循环。然而博客广告收益如何分成的问题却成为制约博客广告发展的"瓶颈"。面对这一问题，和讯网率先成立"博客广告联盟"计划，取得了一定效果。实际上是在博客平台、博客作者和广告商之间建立了一种博客增值服务提供商的角色，使这一产业链更加完整。

除了广告，电信增值业务和博客增值服务也是博客的重要盈利模式，如移动博客、出版博文、博客空间等。

实例分析 7-16　　　　关于博客广告联盟的思考

2009年我国博客用户将近2亿人，显然浏览博客的人远远超过这个数据，于是广告成为业内公认的博客盈利模式之一。博客作为个人的网络日记虽然具有一定的影响力，但广告效益是很有限的，于是2006年和讯网率先推出了"博客广告联盟"，以代理个人博客广告批发销售。博客广告联盟成立后，将把大大小小的博客流量打包起来，批发卖给广告主，再把广告所得收入按流量或广告投放效果进行分成。

相对于传统媒体广告投放，博客广告的出现大大地丰富了广告形式，也丰富了广告业态。其特点：一是细分程度高。企业可以根据自己的行业选择相应的博客平台，如化妆品的厂家可以选择时尚类的博客作为广告投放的对象。二是根据广告主需要可有不同的付费标准，按时间、版位、显示的次数、点击的次数。三是按有效购买，如在博客上投放了当当网广告，用户单击当当网，网络将自动跟踪，查寻其来自于哪个博客，再依此进行分成，类似于分销。

思考 7-15　请结合你对博客价值链的理解。

提示：可先分析现有博客的价值链，然后谈谈自己的看法。

7.3.6　维客

继博客、播客之后，维客又一次成为人们关注的焦点。如果把网络日志博客比作一张张写着个人日记的"网络白纸"的话，维客则是一张"网络白纸"，每个人都带着自己的"铅笔"和"橡皮"在上面随意涂改。博客构建的是一对多的沟通，而维客构建的是多对多的沟通平台。

博客和维客存在根源在于是人类对信息沟通不同的需求，相对于博客，维客关注的主题更具公共性。人们在同一个平台上，创建、修改、删除页面，并可以随时修正错误，重新找回正确的版本。在这样一个前所未有的充分开放而自由的平台上，人们就公共性的话题进行讨论，将已有的知识与他人共享，信息在其中得到充分的双向流动。与此同时，人们在这个过程中自然地形成社会群体。而这样的新媒体，并不需要掌握多么高深的 HTML 复杂的语法，相反，只要有一台能上网并具备基础文字处理功能的计算机，任何人都可以成为一个维客。

1. 维客概述

维客（Wiki）从技术角度上看是一种超文本系统，从应用角度上看是支持社区化的协作式写作平台，而维客系统中的每一个参与者也被人称为"维客"。如果把网络日志博客比作一张张写着个人日记的"网络白纸"的话，维客则是一张"网络白纸"，每个用户都带着自己的"铅笔"和"橡皮"在上面随意涂改。于是博客构建的是一对多的沟通，而维客构建的是多对多的沟通平台。

"Wiki"一词来源于夏威夷语的"WeeKeeWeeKee"，英文是"Quick"，中文就是"迅速"的意思。作为一种任何人都可以编辑网页的社会性软件，维客用户无需学习复杂的 HTML 语法，就可以如同在写字板上编辑文字一样进行操作，方便地浏览、查询、创建、修改文本。同时，维客支持社群写作，Wiki 站点可以有多人维护，每个人都可以发表自己的意见，或者对共同的主题进行扩展、探讨。而维客的版本控制技术可以对不同版本内容进行有效控制管理，所有的修改记录都会被保存下来，不但可事后查验，也能追踪、回复至本来面目。这就意味着每个人都可以方便地对共同的主题进行写作、修改、扩展或者探讨，不仅保护了内容不会丢失，而且维护了系统的正常运行。当然，同一个维客网站的写作者们（Wikier）自然地构成了一个社会群体，他们集结于一个网络平台，共同创作内容，一起分享知识。

2. 维客的特点

维客已经成为继博客、播客等新媒体之后出现的又一个使受众广泛并深度参与的新型传播媒体。在维客网站提供的写作平台中，读者即作者，维客以"知识库文档"为中心，以"共同创作"为手段，依靠"众人不断地更新修改"，开创了一种借助 Internet 创建、积累、完善和分享知识的全新模式。通过维客在网站上的互动，人们共同创作，分享知识，并在这个过程中结交志同道合的朋友，自然地构成一个社会群体。其传播主要具有公共性、开放性、平等性、易操作性和组织性的特点。

（1）公共性

公共性是维客和博客最大的区别，维客站点一般都有一个众人共同关注的主题，维客的成果是大家共同写作的结果，个性化在这里不是最重要的，众人本着追求真理的愿望，或是对某个议题共有的兴趣，自觉为网站添砖加瓦。相对于博客、播客等追求个性化的新媒体，维客关注的主题往往都是大家共同关注的，它追求的是人们的普遍参与和自觉贡献，以达到知识的共享和内容的深入延展。因此，有人把维客形容为知识的"大同世界"。"独乐乐，不如众乐乐"，维客将全球的网民聚集起来共同创造和分享知识。

实例分析 7-17　　关于维客和博客的思考

维客和博客都是读者写作，所不同的是给了"一张纸"，还是"一人一张"，这样机制上设置的差异，则会导致维客和博客传播的内容存在很大的差异，维客的特点是公共性，维客信息内容更全面。博客的特点是个性化，博客信息内容更多样。

在 2001 年亚洲海啸灾难报道中，维客新闻网在海啸当日就刊登了一篇题为《东南亚发生 40 年来最强烈地震》的新闻，字数不足 200，但是该报道不断被数以百计的维客补充、修改，很快成为了一篇几乎涵盖整个事件方方面面的深度报道。

在"911"事件发生后，人们惊慌失措，纷纷登录公共信息平台看到底发生了什么事情，导致公共信息平台由于流量过大而瘫痪。实际当时公共信息平台也难以提供很全面的信息。这时博客受到了大家广泛的关注，不同人通过博客描述了自己眼中的"911"事件，一时间博客的关注度迅速提高。

对比来看，维客由博客"一对多"的模式转换成为"多对多"的传播模式，人和人的关系也在以内容为纽带的协作式写作模式中延伸。从这个意义上讲，维客成为了人类历史上第一个以独立社会个体的自主内容创造为基点、面向所有社会公众开放话语权的大众媒介。

思考 7-16 请结合博客和维客的基本概念，谈谈二者的异同。

提示：可从维客和博客写作者、读者的角度分析。

（2）开放性

同一维客网站的人们可以自由随意地增添、修改、删除页面，而且也可以自由地检查之前的版本。页面任何细小的变动都可以被访问者观察到。人们可以在不同版本中看到细小的差别以及修改理由并做出选择。

（3）平等性

在维客网站里，人人都处于平等的地位，并有着相同的责任和权利，人人既是编辑，也是作者。每个人都可以发表自己的言论，更正他人的言论。参与其中的每个人，既是参与者也是维护者，既是阅读者也是编辑者。在这里，从某种意义上说，每个人地位都是平等的，人们根据自愿原则，遵循自己的兴趣来参与创造和共享知识的过程。

（4）易操作性

维客抛弃了复杂的 HTML 语言，使用简化的语法来降低内容维护的门槛。用户只需使用 Web 界面的简单编辑工具，就可以轻松地在系统页面上创建、查找、修改超文本页面，这也就是为什么叫做"Wiki"的原因。维客直接以关键词来建立链接，方便人们查找与主题有关的所有相关信息。

（5）组织性

如果说"网络白纸"维客的公共性、开放性、易写作性保证了维客内容的丰富性、全面性，那么维客的组织性则有效保证了维客内容的质量。组织性一方面要求每一个维客所写的内容都需要提供理由和资料来源，通过审批之后才能被更新在维客中；另一方面维客整个超文本的组织结构也是可以修改和演化的，系统内多个内容重复的页面也可以通过链接被组织起来置于某个页面之中。这样不仅能保证维客内容的质量，而且保证了维客整体内容的系统性。

3. 维客的应用

维客（Wiki）作为一种支持社区协作式写作的超文本工具，在社会生活中的使用越来越受到重视，Wiki 的应用领域也越来越多，目前主要包括以下 4 个方面。

（1）Wiki 作为知识型站点

为了让更多的人参与 Wiki 的建设，它的语法与 HTML 相比要容易得多，几乎与在普通写字板中编辑文字差不多，很容易上手。每个人都可以很方便地提供、发表信息。Wiki 最适合做百科全书、知识库、整理某一个领域的知识等知识型站点，几个在不同地区的人利用 Wiki 协同工作可以共同写一本书。如果你熟悉了 Wiki 技术，你完全能够利用 Wiki 来编辑一部百科全书。

（2）Wiki 作为同主题研究系统

读书会、项目开发、写书、翻译、资料整理（如网站设计资源）、常见问题整理等这些本来就非常适合团队来做的事情都可以借助于维客平台得以实现。维客使得学者们得以和世界各地专业人共同研究。

（3）Wiki 服务于教学

维客为学生们提供了一种团队创作的平台，如现在知名大学的网络教学平台往往会给学生提供利用 Wiki 写作业、记上课笔记等服务。

（4）Wiki 作为企业交流的平台

维客作为企业内部员工交流的平台，正在被越来越多的企业所采纳。正如 Google 创始人拉里·佩奇所说："维客上涂涂改改的便捷非常适合现代管理制度下的职员交流，维客可以打破企业内部的各层隔阂，让那些靠压制手段来管理的主管们被群体的智慧淹没。"

7.3.7 SNS

加拿大传播学家 M.麦克卢汉 1967 年在《理解媒介：人的延伸》一书中提出"地球村"的概念——地球虽然很大，但是由于信息传递越来越方便，大家交流就像在一个小村子里面一样便利，于是地球这个大家庭就成为"地球村"了。但是在现实中，随着门户网站、搜索引擎、即时通信、网络游戏等各类 Internet 应用层出不穷，从某种角度而言，人与人的距离实际被拉远了，如今即使是邻居往往也难以叫出对方的名字。这是因为这些 Internet 应用将人的沟通对象变成了内容，而不是一个切实能感觉到的个体，人们面对的是"电脑"、"电视"、"电话"等硬件设备，于是人与人的关系变得越来越远，好似顾城的一首诗"你一会看我，一会看云，我觉得你看我时很远，你看云时很近。"

正是在这样的背景下，提供社会交流服务的 SNS 迅速成为了人们关注的热点。和之前提到的网络服务最大的区别在于，SNS 服务于日常人与人的关系，而不是提供人与内容的沟通。

1. SNS 概述

SNS（Social Networking Services），即社会性网络服务，专指帮助人们建立社会性网络的 Internet 应用服务。国内比较著名的 SNS 社区有：校内网（www.xiaonei.com）、开心网（www.kaixin001.com）、同学网（http://www.tongxue.com）等。国外比较著名的 SNS 社区有 Facebook、Frendster、Myspace 等。社交网络服务提供商针对不同的受众进行不同的定位。

最初的社交网站主要用于交友，如美国的 Friendster、Linkedin。另外，有些网站专门为商务人士交友提供服务，如中国的天极网、德国的 OPENBC。华人地区类似的网站有位于美国的聚贤堂（chinaworks. cn）、My Danwei 等。不过目前盈利前景最大的网站还是婚恋交友网站以及面向年轻人及大学生的 SNS 网站，如服务婚恋的世纪佳缘、百合网，针对美国大学生的社交网站 Facebook 以及中国的校内网等。

SNS 使网络不再停留在传递信息媒体这样一个角色上，而是使它在成为一种新型社会方向上走得更远。这个社会不再是一种"拟态社会"，而是成为与现实生活相互交融的一部分。既有现实的社会关系网被搬到网上，也有通过网络社交平台来编织新的社会关系网，网络生活已经渐渐地成为现代生活的重要组成部分。SNS 最终给我们带来的将是超越内容的社会网络以及文化网络，是人与人之间关系的重构，它不仅建立了一个个人与社会沟通的平台，还成为了一条社会纽带，是个体能量放大成社会能量的转换器。

但是我们也必须认识到，SNS 是现实社交活动的网络服务平台，因此其黏度则远远小于搜索引擎、门户网站等信息服务，因为 SNS 服务可以轻松被现实活动所替代，而搜索引擎等信息服务则难以在现实中找到替代。

实例分析 7-18　　　　我国 SNS 网站盘点

2006 年社交网站 Facebook 在美国风靡，SNS 成为一个新的 Internet 神话，一时之间，社区和 SNS 成为新的引领 Internet 发展方向的代名词。在国内，一大批创业者们嗅到了 SNS 的商业气息，一时间校内网、5Q 校园网、在校网、9 公寓、优优网、优点、好运龙等以及海外背景的 FaceRen、YouLin 大学生社区网站涌现。虽然即时通信、搜索引擎、电子邮件仍然牢牢地占据了网民使用的前 3 类，但是从数据显示社区网站在人数的覆盖上已逐步接近前面 3 个应用。

"物竞天择，适者生存"，经过了将近 3 年市场的优胜劣汰，2009 年国内已经形成了校内网、同学网、开心网三足鼎力的局面。3 个网站的市场各有侧重，校内网主要是抓住了一线大学生用户，开心网抓住了都市白领，而同学网以二线城市大学生用户居多，也有一大部分的白领用户群。就 SNS 发展的形势来看，大学生和白领支撑着 90%的 SNS 市场。

3 个网站的核心产品各有特色，校内是以博客和日志功能聚集人气，凭借 Webgame 基本实现了收支平衡。开心网则是通过偷菜、占车位等贴心的小游戏吸引了大量的白领。同学网主要通过"同学"实现人气聚集，试图将虚拟世界和真实世界联系在一起。

但无论是社交平台的校内网、游戏平台的开心网还是校友平台的同学网，他们的核心都是用一个支点提供人与人之间的聚集，但如果这些网站要实现盈利，单纯反映现实的生活是难以实现很好的用户黏度和收益的，比如现在很多人觉得玩开心网是在浪费时间，必须要创造出新的社会服务才能实现可持续的收入，赢得未来。

🌱 **思考 7-17**　　请结合 SNS 的概念，谈谈使用校内网、同学网、开心网的心得。

提示：这是一个开放式的问题，可以结合上面的案例分析和自己使用的经历谈谈这些网站的现状，并进行分析。

2. SNS 的理论基础

SNS 最初的理论基础是六度分割理论、150 法则和二八原理。

① 六度分割理论：1967 年，哈佛大学的心理学教授 Stanley Milgram（1934—1984 年）创立了六度分割理论，即"你和任何一个陌生人之间所间隔的人不会超过 6 个，也就是说，最多通过 6 个人你就能够认识这个世界上的任何一个人"。这说明社会关系中普遍存在着弱纽带，但是它却发挥着非常强大的作用，通过弱纽带，人与人之间的距离开始缩短。按照六度分割理论，每个个体的社交圈都不断地被放大，最后成为一个大型的社会网络。

② 150 法则：指从欧洲发源的赫特兄弟会有一个不成文的严格规定，每当聚居人数超过 150 人的规模，他们就把它变成两个，再各自发展。把人群控制在 150 人以下似乎是一个管理人群的最佳和最有效的方式，150 成为普遍公认的人们可以与之保持社交关系人数的最大值。

③ 二八原理：也叫巴莱多定律，是 19 世纪末 20 世纪初意大利经济学家巴莱多发明的。他认为，在任何一组东西中，最重要的只占其中一小部分，约 20%，其余 80% 尽管是多数，却是次要的，因此又称二八法则。

基于六度分割理论，SNS 社交网站通过"熟人的熟人"进行网络社交拓展，形成了一个个的朋友圈。但无论你通过哪种社会性网络服务与多少人建立了弱链接，那些强链接仍然在此时此刻同时符合 150 法则和二八法则，即 80% 的社会活动可能被 150 个强链接所占有，因此在 SNS 网站构建之初，种子用户变得非常重要，种子用户往往会决定最终网站所营造的社交平台的整体氛围。

3. SNS 的优点

基于"熟人的熟人"而建立的社交网站 SNS 的优点主要是具备了传统交友可靠性高和网络交友成本低的双重优点。

现实的朋友圈中人与人的交流是通过人与人之间的介绍、握手来形成一个朋友圈、联系圈的，每个人不需要直接认识所有人，只需要通过他的朋友，朋友的朋友，就能促成一次握手。现实中朋友圈的优点是可靠，缺点是产生握手的时间长、代价较高。

通过即时通信等网络平台交友，相当于把自己放到一个平台中去，让很多人看到，并且联系你、认识你。其优点是朋友圈拓展迅速，缺点是可信度低。

而社交网站 SNS 虽然是在网上交朋友，但需要熟人介绍，于是就实现了高可信度和低成本的双重优点。

根据"物以类聚，人以群分"的特点，一个人的心态、收入等指标是自己经常接触 5 个人的平均值。因此，对于社交网站 SNS 平台而言，最重要的是要保证种子用户的质量，这样能保证平台中用户的质量，对于不符合最初网站设定氛围的用户即使被加入进来，也会因为"不是同类"而自动离开。

7.3.8 微博

1、微博概述

微博，即微博客（MicroBlog）的简称，是一个基于用户关系的信息分享、传播以及获取平台。用户可以通过 Web、WAP 以及客户端，以 140 字之内的文字更新信息，并实现即时共享。

微博不仅颠覆了传统信息的发布方式，以一种半广播半实时互动的模式创立了新的社交方式和信息发布方式，使得每个参与者即是传播者也是受众，既是新闻发布者也是传播者。便携性、及时性使得微博更容易在第一时间成为事件发布的的平台。根据数据显示，2011年舆情热点事件中，由新媒体首先曝光的占 69.2%，其中通过微博首先的为 20.3%，这个比例还将不断增加。微博时代内容为王，短小精悍的文字更符合现代社会对于信息快速消费的需求。

2、微博起源和发展

最早微博源于 2006 年美国人埃文·威廉姆斯（Evan Williams）创建的新兴公司 Obvious 推出 Twitter，最初网站提供的服务只是用于向好友的手机发送文本信息，Twitter 最初计划是在手机上使用，并且与电脑一样方便使用。所有的 Twitter 消息都被限制在 140 个字符之内，因此，每一条消息都可以作为一条 SMS 短消息进行发送。 在国内第一个提供微博服务的是由校内网（即现在的人人网）的创始人王兴 2007 年 5 月建立的饭否网，饭否网最初定位于随时随地交流，所以在客户端的构建上下了足够的功夫，用户不但可以通过网页与好友交流，还可以通过 WAP 页面、手机短信、手机彩信、IM 软件（包括 QQ、MSN、Google Talk）和上百种 API 应用，且交流内容不再只局限于文字，而是把其扩展为文字和图片。这一点被后期的微博网站借鉴并发展。自饭否网开通后，国内跟进一批微博网站，如叽歪网、腾讯滔滔网等，但这些网站由于各种原因大部分在 2009 年上半年全部关闭，直至 2009 年 7 月份新浪网推出新浪微博起，微博在中国才开始发力，让国内网民真正关注于微博的应用。之后其他大型门户网站纷纷建立微博网站，如网易、搜狐等，同时也出现一些独立微博网，这些网站根据自身定位，也逐渐形成自己的特点，并吸引大量用户。

经过了 4 年的发展，目前国内微博的服务内容已经多样化，首先是个人用户日常生活分享的平台；其次是个人或者企业用于品牌营销和推销产品的平台；最后是社会公众、 政府以及社会组织之间的对话和交流的平台。

实例分析 7-19　　政务微博之北京微博发布厅

截至 2013 年 2 月，中国的微博用户已突破 4 亿，中国因此成为了微博用户数量最多的国家。随着微博对社会的影响力日益增强，微博舆论也逐渐引起各级政府部门的重视，大量的政府机构、政府官员纷纷入驻微博，政务微博成为政府发布信息、了解民意、汇集民智和官民沟通互动的新型渠道和重要平台。截至 2012 年 12 月 20 日，

新浪网、腾讯网、人民网和新华网 4 家微博网站共有政务微博账号 176 714 个，较 2011
年新增了 126 153 个，增长率为 249.51%。

2011 年 11 月 17 日，北京市新闻办发起的"北京微博发布厅"正式在新浪上线。
首批共有 21 个北京市政府部门的政务微博加入，6 个部门的新闻发言人开通个人微博，
通过"北京微博发布厅"与网友沟通。市政府新闻办、市发改委、市环保局、市安监
局等 20 个政府部门的微博首批加入"北京微博发布厅"。北京市首批进入"发布厅"
的部门，几乎涵盖了市民衣、食、住、行、教育、安全、医疗等生活的各个方面。

"北京微博发布厅"与传统网络政务有所区别的最大特点是它将城市所有政府微
博整合，在微博页面中进行集中展示。它由北京政府新闻办管理主导微博内容，同时
联合北京市几百个政府机关部门的微博账号发布新闻内容和发起活动，试图利用更为
立体多样的手段宣传城市，也为政务办公服务提供了一种高效、新型的网络沟通方式。
相对于一般的微博账号以及政务网站，它有几个显著的特点和优势：

1. 账号集中展示

进入"北京微博发布厅"的首页（http://city.weibo.com/g/beijing），可以看到进驻
发布厅的三大政务微博账号可选关注：北京发布厅官方微博、北京市新闻发言人、绿
色北京。"北京发布厅官方微博"包括北京市政府新闻办、北京消防、北京西城、北
京地税、北京残联、北京财政等一批政府机构的官方微博；"北京市新闻发言人"分
类下则是如北京市质监局张巨明、政府新闻官王惠、北京市商务委员会副主任许康等
一些政府新闻发言人的认证微博账号；"绿色北京"分类下是环保部门或与首都环保
相关的微博账号，如"@首都园林绿化""@环保北京""@畅游公园"等。

发布厅的聚合功能不仅能让微博用户能在一个页面中能便捷快速地找到相关分
类的微博批量关注，同时将这些账号放置在同一平台，有利于政务微博账号之间的统
一宣传管理和基于运营效果的良性竞争。同时，对从属委办局微博，按职能定位进行
自定义分类展示，利用主账号高人气，能够带动从属账号影响力的实际增长。

微博群展示的下方，是实时显示当前这些账号发布的最新微博，可根据"人文北
京""科技北京""绿色北京" 3 个类别切换查看，也可观看"全部微博"。解决政府用
户策略划分的实际需求，突显层次感。

2. 焦点新闻多重整合

解决政府用户重大新闻与日常新闻传播策略划分的实际需求，突显层次感。通过
"焦点大图""头条新闻""视频窗口" 3 大新闻展示模块，实现"图文影音"的多媒介
整合，让政务微博宣传手段更为立体多样。发布厅首页的右侧的视频窗口，滚动播放
北京卫视关于北京微博发布厅正式上线的新闻。

3. 语言特色贴近群众

视频窗口下方，是一段关于"北京微博发布厅"的简短介绍："如果您想了解北
京市政府有关部门最新政策法规，如果您想跟进了解政府工作进展情况，如果您关注
社会热点回应，请到我们的'北京微博发布厅'来，成为我们的粉丝！热爱北京的筒
子们，火速加入吧！"这段话既简练地介绍了北京微博发布厅的主要功能，又调动了
网民的兴趣，更重要的是将一本正经的政务又结合了网络环境的语言特点，彰显了新

闻工作者说话"接地气"的时代精神。

4. 便民服务连接聚合

页面右侧下方，还有便民服务电话、北京活动、北京微群等和北京市民相关的链接或文字信息提供，此外，友情链接中与北京市政市容委、北京市住房城乡建设委、北京市工商局、北京市公安局、北京市交通委、北京市发展与改革委员会、首都文明网、首都之窗等网站互为连接，达到网络问政的多种渠道相结合。

5. 与政府专属微博无缝整合

汇聚北京市百个"城市发言人"的"北京微博发布厅"官方新浪微博将在信息传达、民意沟通、发动动员三方面发挥重要作用。"北京微博发布厅"整合了市政府各部门资源，除及时全面传达最新权威政令外，还可直观地向市民展示工作进度和阶段效果；利于民意征集、调查工作展开；并可有效动员民众积极参与公益事业，全面宣传推广城市活动。

 思考 7-18　请结合北京微博发布厅的案例，分析广州政务微博的情况。

提示：这是一个开放式的问题，可以结合上面的案例分析谈谈自己使用广州政务微博的体会。

7.4　云　计　算

1. 云计算基本概念辨析

云计算被称为继计算机、互联网之后的第三次 IT 革命，正如尼葛洛庞帝所言"计算机不在于计算不再只和计算机有关，它决定着我们的生存方式。"云计算和计算机、互联网一样，不仅是一场 IT 变革，而对未来社会经济结构甚至社会组织形式都会产生深刻的影响。有人认为云计算是一种全新的商业模式，有人认为云计算是一种技术创新，也有人认为云计算是服务思路创新，实际这些观点都有合理的方面，云计算作为融合的产物，正如一颗钻石，从不同的视角审视，结果自然大相径庭——互联网企业看到了新的互联网业务，IT 企业看到了 IT 的发展趋势，终端企业看到了终端新功能。同时经济学家看到了一个新的产业，工程师看到了一个新的技术方向……总之，对于云计算的概念众说纷纭，仁者见仁，智者见智。但从本质上看，云计算是一种服务提供方式的创新，即 IT 服务的云端提供，其中的云就是指互联网。如图 7-13 所示，云计算就是将存储、运算、软件等 IT 服务在网络中实现，一方面减轻了用户的负担；另一方面通过"云"端的统一 IT 资源管理，有效地提高了 IT 资源的利用率。

注意，这里的云计算是广义的云计算，即涵盖了云存储、云桌面等各种云端服务，而非狭义在云端提供计算服务。图 7-13 中的终端主要包括计算机（Computer）、移动通信终端（Communication）和数字消费类电子产品（Consumer electrics）。以这 3 类终端为中心，构成了 3 大服务区域: 以桌面电脑为中心的 "电脑互连区域"、以手机为中心的 "移动设备区域" 以及由家庭视听娱乐设备组成的 "家用电器广播区域"。一方面 3 大区域中的终端设备之间 处于高度协作的状况, 另一方面 3 大区域内的终端功能融合成为发展趋势, 如手机与数码相 机、PDA 和 GPS 等融合。伴随着终端整合互通性的不断发展, 兼容和互通性强的多媒体一 体化数字媒体终端将成为主流。另外, 云计算中的通信网络不仅包括互联网、移动通信网, 未来数字电视网、数字广播网等都将为云计算服务提供数据传输。

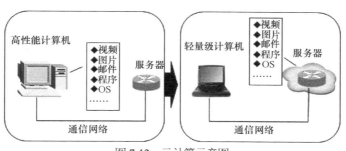

图 7-13　云计算示意图

2. 云计算服务形式

云计算的一个典型特征就是 IT 资源服务化, 也就是将传统的 IT 产品、能力通过互联网 以服务的形式交付给用户。通常按照服务层次, 云计算可分为 3 种服务形式, 如图 7-14 所示, 即分为 IaaS (Infrastructure as a Service, 基础设施即服务)、PaaS (Platform as a Service, 平 台即服务) 和 SaaS (Software as a Service, 软件即服务), 基本对应于传统 IT 中的硬件、平 台和应用软件。

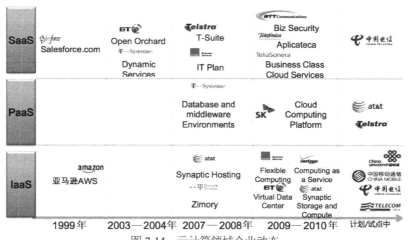

图 7-14　云计算领域企业动态

3. 云计算的发展阶段

任何新技术在从技术导向的早期市场向价值导向的主流市场过渡时都会遭遇断层危机, 即技术优势向业务优势、市场优势转变往往会出现发展中的断层, 如果企业不能把重心从技 术本身转向技术所能提供的价值, 就很难进入主流市场。而初期的成功往往给企业以过高的期望，投入大量资源以拓展企业规模，最终导致泡沫的产生。而云计算也不例外，如图 7-15 所示的技术应用生命周期理论（Technology Adoption Life Circle），目前云计算正处于技术导向时期，革新者和早期接纳者是目前云计算的主要使用者。

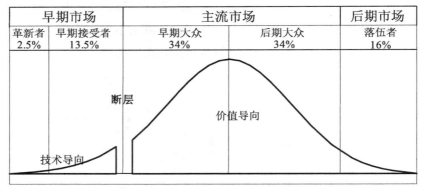

早期市场		主流市场		后期市场
革新者 2.5%	早期接受者 13.5%	早期大众 34%	后期大众 34%	落伍者 16%

图 7-15　技术应用生命周期理论

　　革新者通常是由技术狂热的人组成。从商业的角度看，技术狂热者是有兴趣学习新技术的人，也是有能力对新技术加以评估的人。单纯地从销售产品的角度看，技术狂热者可能是不重要的，但他们是一群绝对不能忽略的用户群。他们在产品开发过程中的反馈是最早可能的来自用户的反馈、最有价值的反馈。他们可以看做是任何新技术进入市场的"看门人"，具有很强的影响力。而早期接纳者的人数比技术狂热者的数量更少，但他们都处于决策层中，他们具有将正在出现的技术和商业战略机会匹配的洞察力，具有将这种洞察变成清晰的、高风险的商业项目的能力。因此，早期接纳者也具有较强的市场影响力。众所周知，互联网普及之后，消费者消费产品心理过程从 AIDMA 法则（Attention 注意/Interest 兴趣/Desire 欲望/Memory 记忆/Action 行动）转变为 AISAS 法则（Attention 注意/Interest 兴趣/Search 搜索/Action 行动/Share 分享），即搜索成为用户购买产品的主要环节，因此革新者和早期接纳者对云计算市场拓展至关重要。

　　"技术优势不等于业务优势，业务优势也不等于市场优势"，云计算作为一种新的服务形式，是否盈利取决于是否能将技术优势、业务优势转化为市场优势。因此，深入了解用户、自身优劣势以及竞争对手情况，对于在云计算市场可持续发展至关重要。

实例分析 7-20　　运营商与云计算

　　由图 7-16 所示的云计算产业链可知，目前有四大阵营进军云计算，分别是 IT 云、互联网云、终端云和电信云。以 AMAZON、IBM、Micosoft 公司为代表的 IT 云走在云计算服务市场的最前面。

　　根据以上分析可知，云计算本质上是一种 IT 服务形式的创新，即企业在互联网端提供 IT 服务，用户通过计算机、手机等终端享受 IT 服务，因此从表面上看，云计算主要涉及 IT 企业、互联网企业和终端企业，这三大阵营的出发点不同，云计算战略视角也大相径庭，首先 IT 阵营认为云计算是提升的 IT 服务，其云战略是聚焦产品和解决方案，以公众和中小企业为中心；其次互联网阵营认为云计算是新兴的互联网服务形式，其云战略是聚焦平台战略，提供应用开发环境；最后终端阵营认为云计算是终端的新的服务形式，其云战略是以终端体验为中心，提供中心化内容并运营。图 7-17 所示为云计算战略视角示意图。

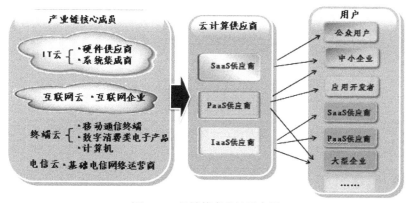

图 7-16　云计算产业链示意图

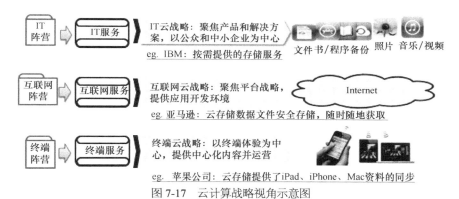

图 7-17　云计算战略视角示意图

　　通过以上分析，也许有人会质疑运营商是否应该进军云计算领域。实际上，虽然运营商在云计算领域不掌握核心技术，但运营商是产业链中离用户最近的一环，且具有丰富的基础设施资源，因此运营商在云计算领域有得天独厚的优势。事实告诉我们，在欧美不少运营商把云计算当做突破数据业务收入天花板的重要机会。那么运营商的战略视角是什么呢？图 7-17 的分析告诉我们，三大阵营都从自己原来的优势领域向云计算进军，而运营商原来的优势领域不是提供通信服务，而是搭建信息和通信服务的平台，因此运营商云计算战略视角应该是搭建云计算服务平台，即利用第三方的技术，凭借强大的平台整合能力，搭建用户和供应商服务沟通的平台，将技术转化为产品和服务。

　　目前从具体服务形式上看，大多数运营商主要先大力发展云主机、云存储服务等基础设施 IT 服务，并将数据中心云服务作为重点突破区，对于云桌面、云呼叫中心、云灾备、云游戏、云安全等往往采取保守市场策略。图 7-18 所示为运营商云计算产品发展策略示意图。

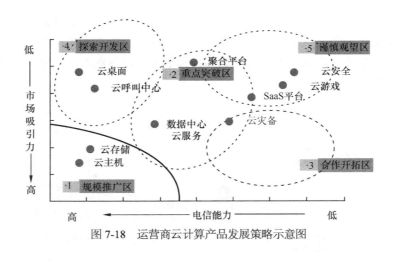

图7-18　运营商云计算产品发展策略示意图

思考7-19　请结合以上案例，基于市场调查，评价中国移动向大众用户提供的云存储产品。

提示：可从用户角度使用中国移动云存储服务，然后从产品组合、价格、渠道和促销4个角度分析。

7.5　互联网盈利模式综合分析

众所周知，相对于电视、移动网等传播渠道不同，"免费共享"是互联网最根本的文化特征，视频、通信等原本在其他传播渠道付费的服务，一旦到了互联网上往往变成了免费，于是互联网企业的盈利模式不再局限于买卖收益。

从满足用户需求角度看，互联网产品可以分为内容类（Content）、通信类（Community）、社区类（Community）、商务类（Commerce）和融合类（Convergence）5 大类，下面从这 5 类产品的角度分析互联网盈利模式。

1. 内容类产品

内容类产品，顾名思义，就是向用户提供内容服务。最典型的产品形式有门户网站、搜索引擎、网络游戏。虽然都是提供内容服务，但这 3 种服务的服务逻辑却截然不同——首先，门户网站试图用 20%的信息满足 80%人的需求，即其服务逻辑为"二八原理"；其次，搜索引擎利用了互联网的强交互性，采用了问答的方式提供内容服务，其服务逻辑是长尾效应，试图用 80%的信息服务满足 80%人的需求（注：这里的 80%和 20%为概数）；最后，网络游戏打破了传统的内容提供方式，构建了一个虚拟的世界，让用户参与到其中。其服务逻辑是马斯洛需求原理，即服务于用户情感、尊重和自我实现等精神需求。通过以上服务逻辑的分析可以得出以下 3 点启示。

（1）网络广告是内容类应用服务的主要盈利模式。因为一方面传统媒体市场实践告诉我们广告是内容服务的主要盈利模式，而从本质上看门户网站、搜索引擎和传统媒体领域的电视频道、广播频道一样，都是提供内容服务，只是承载的渠道不同；另一方面网络广告不需要用户付出资金成本，不打破互联网的免费文化。因此，网络广告是内容类应用的主要盈利模式。例如，新浪 2011 年二季度财报显示网络广告收入占总收入的 77%，同期百度网络广告收入占比高达 99.97%。盛大 CEO 陈天桥今年公开表示广告收入将是未来的主要收入来源。

（2）更符合互联网用户消费习惯的产品更容易获利。互联网渠道转换低成本以及信息商品极其丰富，决定了互联网内容商品的消费逻辑更符合"长尾效应"，因此搜索引擎从业务逻辑上更符合互联网用户的消费习惯，更符合用户需求特征的服务自然会得到用户更多的青睐，用户青睐就意味着盈利。这也从另一个侧面说明为什么 2010 年 baidu 营业收入是新浪的 3 倍的根源，不仅是企业经营问题，也因服务逻辑设计的差异导致。

（3）创新的产品思路能扩大盈利渠道。网络游戏打破了传统的信息提供方式，将信息整合成一个虚拟世界，虽然用户网上看信息不愿意付费，但玩 RPG 网游却愿意按照时长付费，更重要的是，网络游戏企业可以通过销售虚拟世界中的虚拟商品获得更多的收益。

2. 通信类产品

即时通信和电子邮箱是目前最典型的通信类产品，前者是通过软件满足用户的通信需求，后者则通过网页实现用户之间的通信。2000 年国内普及率最高的即时通信服务商是腾讯，同年 263 是国内最大的电子邮箱服务提供商。时至今日，腾讯市值全球第 7 位，263 则相名落孙山。究其根源在于 263 将自己定位为通信服务供应商，腾讯则将自己定位为"最受尊敬的互联网企业"，使命是"通过互联网服务提升人类生活品质"。虽然用户愿意为通过邮局寄信付费，但为网络邮箱付费的意愿却很低，将自己定位为通信服务商的 263 并没有充分意识到这一点。2002 年 5 月，263 启动了邮箱全面付费计划，违背消费心理的行为自然会得到惩罚，结果可想而知，263 损失了大量的用户。另一方面，腾讯公司不仅没有启动 QQ 全面付费计划，并且从 2000 年起，推出了 QQ 秀、QQ 空间、拍拍网等一系列服务产品，为目标用户提供了一站式互联网服务产品。多样化的服务形式，意味着盈利的多元化，QQ 秀、QQ 空间、QQ 游戏、移动增值、网络广告都为腾讯带来了丰厚的收入。腾讯的成功给我们的启示是，若想在免费共享互联网文化下，必须始终从目标用户需求出发，提供一站式服务，而不是从自身出发，产品组合设计要符合 FAB 原理（Feature 特点，Advantage 优点，Benefit 利益），即用户只关心你的产品能给他带来的利益。

3. 社区类产品

社区类产品的服务逻辑是基于经历、爱好或状态等要素将人们聚合在一个网络平台，如百合网旨在聚合单身觅偶状态的年轻人。虽然社区类产品能有效地帮助用户强化类似经历、类似爱好等有共同点的群体之间的沟通，但由于用户能通过其他途径获取这样的沟通，社区类产品普及速度很快，用户离网速度也很快。究其原因在于，损失大量用户的社区类产品运营商没有意识到，社区类产品最大的魅力在于其打造的网络平台是否具有独有的文化特征，独有的文化特征意味着能有效锁定认同此文化特征的用户群体。全球最大的社交网站 facebook 的创始人马克扎克伯格意识到了这一点，当 google 开出 50 亿的收购价时，他说："让我们共同建立持久的文化传播，并且为了从前人手中接管这个世界而全力以赴。"。在国内中文网络社区领跑者天涯也意识到了一点，将自己定义为全球华人的网上家园，经过十多年的积累，凝练了独有的文化特征——最多的草根明星、最具时代气息的天涯剧和最直率的话语。社区类产品告诉我们，网络社会群体有效锁定用户的关键是建立独有的文化特征。

4. 商务类产品

从产品逻辑上看，商务类产品通俗理解就是将传统商务搬到了互联网上，但由于互联网和传统商务渠道在消费者、支付方式、物流等方面存在较大差别（见表 7-2），因此一方面商务类产品的发展要依赖于电子支付、物流配送、网络环境的完善程度；另一方面商务类产品的发展有其独特的特点。

表 7-2　　　　　　　　两种典型的经济形态中不同业务模式的比较

业务模式	代表模式	消费者	支付方式	物流	商品载体	进入门槛
实体卖场	国美电器城	普通大众	现金、银行卡、信用卡	直接提货	货架	高（封闭）
网络卖场	淘宝商城	网民	支付宝、网上银行	物流公司	网站	一般（全开放）

具体而言，商务类产品主要有如下 3 个特点。

（1）交易风险大。由于没有实体店面，用户和商家无法见面，用户只能通过图片和文字了解商品，购买商品和用户预期的差距往往超过传统购物渠道。

（2）交易流程复杂。以淘宝为例，购买前用户需要登陆淘宝网站和即时通信软件，购买中用户需要通过聊天工具和商家交流，用户一旦决定购买，需要填写地址、电话、姓名等一系列相关信息，并通过网上银行或支付宝等方式支付。而在实体销售渠道，这个过程则大大简化。

（3）商品种类丰富，用户选择余地大。

这 3 个特点告诉我们，首先，网络商务类产品相比传统商务类产品最大的魅力在于能有效满足人们碎片化需求。其次，标准化强的产品往往最先热卖，比如书籍和电子产品。再次，B2B 商务类业务模式最先取得成功，然后才是 B2C。因为普通消费者购物习惯的改变远比企业更难。最后，网络购物信息不对称现象严重，较容易出现经济博弈论中的"柠檬效应"，即劣币驱逐良币，有效管制才能杜绝网络变成假货的主要输出渠道。

5. 融合类产品

融合类产品的服务逻辑就是通过一个服务载体满足用户多种需求，最典型的服务形态就是 2010 年兴起的微博。微博，虽然从本意上看就是短博客，但文字篇幅的限制，以及实名认证的引入，加上移动互联网的普及，使得微博能够同时满足用户内容、通信、社区和商务4 大类需求。首先，一个个以个人为中心的微博群构成了无数个相关联的内容库，任意两个内容库中只要有一个共同的用户，就能实现内容库之间的信息共享。其次，微博用户可以通过发微博、转发等多种方式与某个人或某群人实现通信。从业务功能上类似于传统的短信，但功能更强大。再次，微博不仅将用户现实中的沟通群体（如亲人、朋友、同学等）组合在了一起，且将和用户有相同爱好、用户认同的人，如明星组合在了一起，形成了一个真实社区和网络社区的集合体。最后，虽然目前国内微博的商务应用较少，但开放平台、整合各种应用、多元化盈利模式是未来的发展趋势。截至 2010 年 11 月，仅新浪微博整合的应用就已经达到 800 个。实际在微博没有出现之前，在某一服务领域处于寡头垄断的企业早就开始了融合服务的步伐，如新浪开办商城，腾迅开通 soso 搜索引擎、百度开通社区化服务百度贴吧等，向用户提供一揽子服务是未来的趋势，也是为了有效锁定用户的必然选择。服务产品多元化，意味着是盈利模式网络化，而微博以一个服务为中心满足用户多种需求，相应的盈利模式也将多元化。

通过以上分析可知，在互联网"免费共享"文化特征下可持续获利的关键在于，打破传统的盈利思维，充分了解互联网用户的消费习惯，通过针对目标用户需求的一揽子产品组合创建独有的文化特征，从而有效锁定用户。

7.6 本 章 小 结

本章首先分析了网络媒体产品的基本概念，其次介绍了 Internet 的基本功能，最后介绍了门户网站、搜索引擎等典型的网络媒体产品，具体如下。

1. 网络媒体产品的定义：网络媒体产品就是依托于 Internet，以计算机、电视、移动终端为载体，以文字、声音、图片、多媒体为表现形式的，满足人们需求、影响人们思想的各类媒体服务的统称。

2. Internet 的基本功能：人相互连接最基本的需求就是信息交流，这就是 Internet 的基本功能。网络媒体产品实际是在 WWW、FTP、BBS、Telnet 等 Internet 基本功能上衍生出的服务形式。

3. 典型的网络媒体产品。

（1）门户网站形象的理解就是"网络超市"。

（2）搜索引擎就是提供"寻找商品的服务"。

（3）网络游戏是时代发展的产物，具有极为广阔的发展其前景，被誉为朝阳产业。

（4）即时通信实现真正的点对点、同时的、异地的双向互动传播，并且能够运用文字、语音、视频等多媒体方式，建造一个仿真的面对面传播情意的环境。

（5）如果把网络日志博客比作一张张写着个人日记的"网络白纸"的话，维客则是一张"网络白纸"，每个人都带着自己的"铅笔"和"橡皮"在上面随意涂改。因此，博客构建的是一对多的沟通，而维客构建的是多对多的沟通平台。

（6）SNS 即社会性网络服务，特点在于服务于日常人与人的关系，而不是提供人与内容的沟通。

（7）微博，即微博客（MicroBlog）的简称，是一个基于用户关系的信息分享、传播以及获取平台。

（8）云计算从本质上看，是一种服务提供方式的创新，即 IT 服务的云端提供，其中的云就是指互联网。

（9）互联网盈利模式综合分析，在互联网"免费共享"文化特征下可持续获利的关键在于，打破传统的盈利思维，充分了解互联网用户的消费习惯，通过针对目标用户需求的一揽子产品组合创建独有的文化特征，从而有效锁定用户。

第**8**章

移动媒体

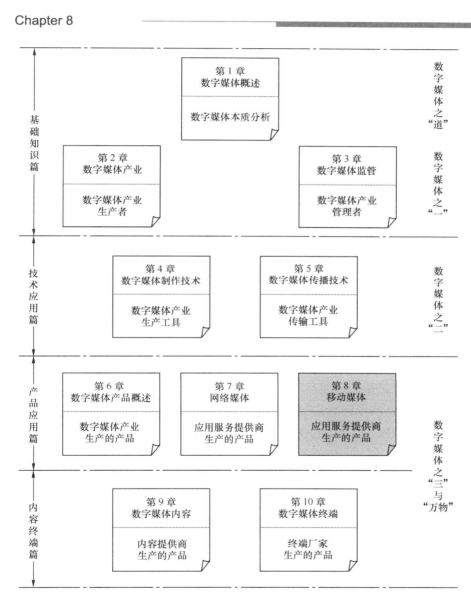

移动媒体的概念分为广义和狭义，广义的移动媒体是指可移动信息的传播媒介，如火车的移动电视、带有广告的公共汽车车体等都可以归属于移动媒体的范畴。狭义的移动媒体主要是以手机、PDA 等移动终端为载体的数字化传播媒介，即手机媒体。本书中的移动媒体特指手机媒体。

根据工业和信息化部公布的数据，截至 2009 年 9 月，我国已经有 7.3 亿手机用户。手机作为媒体的载体，由于其具有较强的个性化，其数量已经远远超过电视、广播等传播媒体，被称为"第五媒体"。移动通信网是一个管理网络，是由中国移动、中国联通、中国电信等通信公司垄断经营的网络，手机媒体上的内容实际上是承载在短信、彩信、WAP 上网等功能拓展类移动业务之上的，如手机报依托于短信、彩信、WAP 上网等基本业务。因此，本章首先分析移动业务和手机媒体之间的关系，然后介绍功能拓展类业务，最后分析手机媒体。

8.1 移动业务和手机媒体的关系

由于移动运营商最初仅提供语音的传递服务，比较重视产品的技术质量，即传递的准确性和及时性，因此依托于手机上的各种内容或产品从运营商角度通常被统称为"业务"。"短信"是一种业务，"彩信"也是一种业务，在通信行业内的具体称谓就是诸如 WAP、SMS、MMS、IVR、Java（注：这些名词的含义详见 8.2 节）等。

移动业务就是指移动运营商依托于移动通信网向用户提供的各类服务的统称。根据第 1 章对电信增值业务和数字媒体产品对比分析可知，移动业务分为基础移动业务和增值移动业务，增值移动业务细分为功能优化类、功能拓展类和信息服务类，其中信息服务类移动业务就是手机媒体。

① 功能优化类：利用移动通信网络基础设施，配置软、硬件设备，向用户提供更便利的传递服务，即"优化传递方式"。

② 功能拓展类：利用移动通信网络基础设施，配置软、硬件设备，向用户提的多样化的传递方式，即"提供新的传递方式"。

③ 信息服务类：利用移动通信网络基础设施，配置计算机硬件、软件和其他一些技术设施，并投入必要的劳务，使信息的收集、加工、处理和信息的传输、交换结合起来，向用户提供新闻、位置、交易、娱乐、效率应用类等多种信息服务或应用服务，即"移动网上开超市"。

基于以上的概念界定，很多人很容易认为"手机音乐"、"手机文学"、"手机视频"是一类独立移动业务，其实不然，"手机音乐"、"手机文学"、"手机视频"等手机媒体都是在短信、彩信等各种功能拓展类移动增值业务上发行的某种内容。例如，同样是一首歌曲，当通过彩铃业务平台发行时，它以彩铃业务为载体；而当放在手机 WAP 网页上时，它以手机 WAP 业务为载体。再如，同样一套四格漫画，当被做成四格彩信的动画产品时，它以彩信业务为载体；而当被做成静态图片放在手机 WAP 网页上提供浏览时，它则以 WAP 业务为载体。可见，"手机动漫"、"手机音乐"、"手机文学"这些称谓，都是从内容的角度出发来划分的，而不能理解成独立的移动增值业务。

综上所述，短信、彩信等功能拓展类移动业务是信息服务类移动业务即手机媒体承载的平台，同一个媒体内容可以在多个业务上发行。

实例分析 8-1　　关于移动业务和手机媒体的思考

图 8-1 所示为电子书软件，这是位于中国移动梦网的"软件"频道下的电子书的截图。在这种情况下，文学的内容是作为手机电子书的一个元素存在的，它以手机软件下载业务为载体，被制作成一个 Java 程序软件，提供给用户下载。下载过程一次性收费，资费统一为每本 4 元，下载并安装完成后扣费。

图 8-2 所示为移动梦网书城，这是位于中国移动梦网的"书城"频道下的页面截图。在这种情况下，文学内容作为手机上网 WAP 业务的一个元素存在。在 WAP 业务的"二元书店"里，新申报图书均出现在"新书"栏目中轮循推荐，可获得较高的点击率。移动书城不定期地策划出主题营销活动，如"回眸我们的校园爱情"主题营销，以爱情系列题材为主，各 SP 可申报此专题类的已上线图书，以提高图书点击量。这种 WAP 业务的收费模式是，单次点击阅读一本图书，计费 2 元。

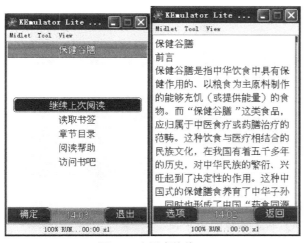

图 8-1　电子书软件　　　　　　　　　　图 8-2　移动梦网书城

思考 8-1 请谈谈你对移动业务和手机媒体的理解。

提示：可结合第 1 章中对数字媒体产品和电信增值业务的关系进行分析。

8.2 功能拓展类移动业务

手机媒体上的内容实际上是承载在短信、彩信、WAP 上网等功能拓展类移动业务之上的媒体信息，因此本节将重点分析主流的功能拓展类移动业务。

8.2.1 移动业务概述

移动业务就是指移动运营商依托于移动通信网向用户提供的各类服务的统称。但由于移动通信网相对 Internet 是相对封闭的管理网络，在我国是由中国移动、中国联通和中国电信经营的网络。虽然不同运营商提供的短信、彩信等移动业务本质相同，但由于运营策略的不同，用户感受则千差万别，尤其是手机软件下载类业务最为明显。为了深入分析各类移动业务，本节从品牌角度对三大运营商移动业务进行分析。

1. 品牌的基本概念

品牌主要包括表层和内涵两个方面，品牌的表层主要包括品牌名称和品牌标识，同时品牌标识可以通过口号、Logo、代言人和声音来表现。品牌内涵则是指品牌带给用户的感觉，即用户诉求。

实例分析 8-2 　　　　**腾讯 QQ 和中国移动动感地带品牌分析**

1. 腾讯 QQ

（1）品牌名称——QQ 为总品牌，随着产品线的衍生，出现 QQ 游戏、QQ 空间等衍生品牌。

评价：腾讯的使命是通过 Internet 提升人类的生活品质，以 QQ 为品牌名称，很容易让用户记住，且具有较强的亲和力。

（2）品牌标识——QQ 最深入人心的标识就是可爱的小企鹅。

评价：企鹅往往给人感觉亲切、可爱，用卡通企鹅作形象代表，特别是来信息时企鹅摇摇摆摆的样子，能给用户带来愉快感。

（3）品牌诉求——QQ 并没有把即时通信作为品牌的内涵，而是定位于提升人类的生活品质。

评价：用户使用即时通信 QQ 不是单纯的为了使用即时通信服务，而 QQ 的品牌诉求正是从用户需求角度出发，提升人类的生活品质是永远也不会过时的

图 8-3　QQ 标识

用户诉求。为了迎合这一诉求，QQ 的产品从一个网络聊天工具，衍生到移动聊天工具、门户网站、游戏、空间、搜索引擎等，这些产品使得 QQ 牢牢地占领了即时通信领域的第一把交椅。

2. 中国移动动感地带

（1）品牌名称——动感地带、M-zone。

评价：动感地带的目标用户是年轻时尚人群，这类用户最大的特征是追求个性，以"动感地带"、M-zone 为名称很好地迎合了这群用户的特征，且具有较强的亲和力。

（2）品牌标识——品牌口号"我的地盘，听我的"，品牌代言人周杰伦，品牌 Logo 如图 8-4 所示。

评价：品牌口号、代言人以及 Logo 整体传递的感觉，能有效地给用户传递时尚、好玩、个性的感觉，市场认可度较高。例如，"我的地盘，听我的"口号已经形成了很好的口传机制，被不少其他类企业改编使用。

（3）品牌诉求——动感地带的品牌定位为"新奇、时尚、好玩和探索"。

评价：动感地带的品牌诉求很类似于 QQ 车，价格虽然优惠，但外观感觉时尚、个性，如图 8-5 所示。

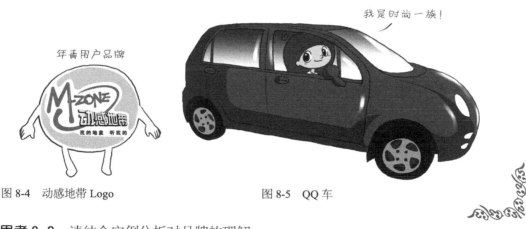

图 8-4　动感地带 Logo　　　　　　　　　图 8-5　QQ 车

思考 8-2　请结合实例分析对品牌的理解。

提示：可参考实例分析 8-2。

2. 移动业务总品牌分析

2008 年年初我国颁发了 3 张 3G 牌照，随着 3G 网络的建设，3G 概念的普及，三大运营商都相继推出了 3G 业务品牌，这些品牌从范围上实际包含了各项移动业务，因此可以看做是移动业务的总品牌。下面分别对这些业务品牌进行分析。

（1）中国移动 G3

① 品牌名称：G3。在中国移动推出 G3 之前，中国移动已经成功策划了动感地带、神州行、全球通三大产品品牌，中国移动公司品牌也有较高的认知度和认可度。以中国移动公司品牌名称"中国移动"为例，采用了和移动通信相同的品牌名称，一方面用户看到品

牌名称，就很容易明白中国移动的经营领域；另一方面大街小巷的移动通信产品销售营业厅往往也会挂"移动通信营业厅"的牌子，相当于给中国移动作了宣传。因此，中国移动的3G品牌选择了将3G变形的"G3"。

② 品牌标识：品牌Logo如图8-6所示。这个品牌标识简洁但艺术感较强，利于传播、主题明确。品牌口号是"G3，带你进入3G生活"，口号朗朗上口，容易形成口传机制。

③ 品牌诉求：将G3融合进全球通、神州行和动感地带，分为游戏·娱乐类、资讯·生活类、通信·工具类、理财·购

图8-6　G3 Logo

物类4大版块。一方面此品牌诉求充分利用了中国移动既有的3大个人用户品牌的市场优势，将业务品牌和用户品牌融合在了一起，以形成联动效应；另一方面品牌的细分从用户需求角度出发，而不是从提供业务类型出发，较容易让用户接受。

实例分析 8-3　　　阳光乐乐工作室品牌分析

任何一个产品，包括个人、产品或者公司，都希望具有差异化竞争优势，打造市场认同的品牌至关重要。

下面介绍一下笔者工作室的品牌。

为什么成立工作室？

时常听到有人感叹：学习枯燥或者工作辛苦，于是不禁感慨，如果学习和工作真是一件不快乐的事情，那么岂不是人生将近三分之一的时间都要生活在痛苦中?!——人生无非就是由学习/工作+娱乐+生活3部分组成，学习和工作需要占据人生三分之一的时光啊！人生就是一个过程，"生、老、病、死"是所有人都无法逃避的轮回，那么既然所有人的结果都是一样的，为什么我们不尽可能多地在快乐中度过每一天呢？

也许因为从小比较贪玩，也许因为生长在一个温馨的小城市，也许……具体原因笔者也不知道，但笔者一直比较擅长将学习、工作、生活、娱乐结合在一起，"crazy play，crazy work，enjoy you life！"（投入的娱乐、投入的工作，享受你的人生！）学习并不枯燥，工作也不辛苦，关键是你如何去对待她们，如何去思考，如何去行动。因此笔者决定在2006年8月成立工作室去传递这个思想。

工作室名称：阳光乐乐。

工作室Logo：笑脸娃娃，如图8-7所示。

工作室口号：我的快乐，我做主。

卡通形象代言：乐呵呵（女）和乐哈哈（男），笔者曾出版的寓教于乐的漫画教材就是用了这两个人物作为主角，如图8-8所示。

品牌诉求：阳光、热情、上进。

品牌定位：寓教于乐的教材。

图 8-7 阳光乐乐工作室 Logo

图 8-8 乐呵呵和乐哈哈

思考 8-3 请参考品牌的概念对阳光乐乐工作室谈谈自己的想法。

提示：此问题是开放式问题，可从品牌名称、品牌标识和品牌诉求 3 个方面出发谈谈自己的想法。

（2）中国电信天翼

① 品牌名称：天翼，与"添翼"谐音，寓意用户使用中国电信的移动业务后如虎添翼，可以更畅快地体验移动信息服务，享受更高品质、更自由的信息新生活。英文名 e surfing，e 是信息、Internet、信息时代的浓缩；e surfing 代表信息冲浪。

② 品牌标识：品牌 Logo 如图 8-9 所示，是一朵由 e 变形而成的祥云。整个 Logo 以 e 为主，与翼字谐音，以体现与 Internet 及信息应用的相关性。品牌口号是"天翼，为您开启移动信息时代！"此口号不是从用户角度设计，不容易形成口传机制。品牌形象代言从形象上看比较符合天翼商务和时尚并重的定位。

③ 品牌诉求："天翼"强调"Internet 时代的移动通信"的核心定位，面对语音、数据等综合业务需求高的

图 8-9 天翼 Logo

中高端企业、家庭及个人客户群，提供移动互联网应用和语音沟通服务。根据第 3 章的分析我们知道，中国电信现有的移动通信网络是购买的原中国联通的 CDMA1X 网络，实际中国联通原来针对 CDMA 网络已做了大量宣传，曾相继推出了联通新时空（CDMA 总品牌）、世界风 C（CDMA 商务品牌）、如意通 C（CDMA 大众品牌）和新势力 C（CDMA 年轻用户品牌）、联通无限（数据业务总品牌）等业务和产品品牌，而且推广过程中也曾对业务品牌进行过调整，如曾推出了如意 133，之后更名为如意通 C。由于品牌变更以及宣传策略的问题，这些品牌虽然有一定的认知度，但认可度并不高，因此只有我的 E 家、商务领航等家庭、企业品牌的中国电信最终选择了重新打造一个新的品牌"天翼"，并定位于提供移动互联网应用，这种策略实际是将原来相对不清晰的品牌体系进行了归拢。鉴于中国电信的

企业品牌认可度较高，于是将天翼和中国电信品牌相结合，以迅速提高认知度和认可度。另外，由于中国电信的用户市场占有率较低，市场初期的战略是迅速扩充市场份额，因此中国电信将天翼和号段、终端融合在一起，如天翼 189、天翼手机，这样的方式在很大程度上削弱了中国电信没有个人用户品牌的优势，将业务品牌、产品品牌和终端品牌全部融和在了一起，这个策略应该说做到了先发制人，但要想后来居上，中国电信还需要不懈的努力。

（3）中国联通 WO

① 品牌名称：中文名称"沃"，英文发音"WO"表示了对未来的一种惊叹。

② 品牌标识：如图 8-10 所示，"沃"的 Logo 采用橘红色，色彩明亮、跳跃，给人以时尚、动感的视觉形象，具有较强的亲和力。品牌口号是"精彩在 WO"，和"精彩在握"同音，亲切且容易形成口传机制。

③ 品牌诉求：WO 品牌是表示用户对创新改变世界的一种惊叹。鉴于原来联通的品牌体

图 8-10　WO Logo

系相对混乱，联通此次结合全业务运营的特点，拟通过 WO 从多品牌战略逐步过渡到单一品牌战略，"沃"品牌作为中国联通与客户沟通的核心品牌，将包含中国联通的所有产品、业务、服务、套餐等。

整体来看，三家运营商新推出的业务总品牌一方面秉承了原来的优点；另一方面的借鉴了多方经验，这从一个侧面预示着我国电信产业改革十几年后，运营商的市场运营能力质的飞跃。

实例分析 8-4　　三大运营商品牌一览

从 1994 年我国电信产业开放至今，各大运营商都陆续推出了各类产品品牌和业务品牌，三大运营商推出的品牌罗列如下。

序号	运营商	品牌类别	品牌名称	品牌定位
1	中国移动	个人用户品牌	全球通	商务用户
2			动感地带	青年用户
3			神州行	大众用户
4		增值业务总品牌	移动梦网	全体用户
5		增值业务子品牌	WAP 业务	全体用户
6			百宝箱	
7			彩信	
8			随 e 行	
9			彩铃	

续表

序号	运营商	品牌类别	品牌名称	品牌定位
10	中国电信	家庭用户品牌	我的e家	家庭用户
11		企业用户品牌	商务领航	企业用户
12		Internet 应用品牌	互连星空	所有用户
13		增值业务子品牌	号码百事通	所有用户
14	中国联通	个人用户品牌	世界风	商务用户
15			新势力	青年用户
16			如意通	大众用户
17		增值业务总品牌	联通无限	所有用户
18		增值业务子品牌	互动视界	所有用户
19			神奇宝典	
20			彩e	
21			定位之星	
22			掌中宽带	

这些品牌到底有多少真正实现了最初的市场预期，最有发言权的应该是作为消费者的用户。

🌱 **思考 8-4** 请结合品牌的基本概念谈谈自己对三大运营商 3G 业务品牌的认识。

提示：可结合运营商的历史，从品牌名称、品牌标示和品牌诉求 3 个角度进行分析。

8.2.2 短信

2000 年之前，我国的短信业务一直处于缓慢发展的过程，短信作为一种增值的电信业务最初并没有得到重视。但从 2000 年之后"移动梦网"、"联通无限"等增值业务品牌的推出，短信业务逐渐形成了开放的产业链，新闻、天气、金融等短消息服务开始蓬勃发展。虽然近年来相继推出了彩信、手机上网等多媒体业务，但始终也没能撼动短信业务的市场地位。

1. 短信的基本概念

短信（Short Message Service，SMS）是一种利用移动通信网的信令信道传输有限字符的通信方式，简单理解就是人与人之间（P2P）、机器与人之间（M2P）、机器与机器之间（M2M）可相互传送的承载文字、数字和符号的数据流，短消息的长度通常被限定在 70 个字符之内。从电信产业角度看，短信是一种独立于语音业务之外的增值电信业务；从媒体产业角度看，短信提供了媒体传播的新途径。

2. 短信的类型

从技术上看，短信可以分为 MO/MT 两类，MO 是指消息上行，也就是人们常说的发短信，而 MT 则是指下行，也就是人们通常所说的收短信。

短信根据是用主体的不同可以分为以下3类。

① 人与人之间（P2P）短信即点对点短信。

② 机器与人之间（M2P）短信，即短信信息服务。

③ 机器与机器之间（M2M）收发短信。

最初的短信实际只是提供了用户一种新的沟通方式，仍然提供的是人与人之间（P2P）的通信，随着CP、SP进入短信业务提供的产业链，短信业务开始提供机器与人之间（M2P）的通信，短信的使用量得到了迅猛的发展，短信成为CP、SP和运营商三方盈利的重要业务之一。目前点对点短信（P2P）和短信信息服务（M2P）使用量较大。

短信根据用户订购信息的方式可以被细分为7类，如表8-1所示。

表8-1　　　　　　　　　　　　　　　　SMS分类

业务类型	点播指令	定购指令	推定指令	定购关系	典型服务	收费方式
手机点播类	需要	—	—	—	铃声下载，图片下载	按条收费
手机定制类	—	需要	需要	需要	移动交友，新闻，天气信息	包月/按条收费
网站点播类	—	—	—	—	铃声下载，图片下载	按条收费
网站定制类	—	—	—	需要	新闻类	包月/按条收费
STK点播类	需要	—	—	—	天气信息，地址搜索	按条收费
STK定制类	—	需要	需要	需要	新闻类，天气信息	按月收费
帮助信息类	—	—	—	—	帮助信息，登录口令等	免费

（1）手机点播类

这是最普遍的一种IOD（Information on Demand，点播）类业务，用户通过上行一条MO点播指令，SP接收到点播指令后，向用户回复一条业务信息。这种业务不需要用户定购，因此不需要定购指令和退定指令，只需要点播指令，并且业务只能以按条计费的方式提供，不能包月计费。最典型的业务就是天气信息，用户通过上行一条MO，然后SP下发一条天气情况信息，每一次点播计一次业务费用。

（2）手机定制类

这种业务是需要定购的业务，用户在使用这种业务时，必须使用手机以MO方式进行定购，所以这种业务必须同时具备定购指令和退定指令。用户在使用这种业务前，先要定购，SP才可以定时向用户下发信息，也可以让用户通过上行MO的方式使用业务。因为需要定购，所以本业务类型允许包月计费或按条计费。

（3）网站点播类

这种业务的特点是由用户主动点播的，但不是通过上行MO的方式点播的，用户可以通过WWW网站进行点播。因此，这类业务不需要点播指令，也不需要定购指令和退定指令，SP在处理这类业务时，当用户通过WWW网站点播后，必须先向MISC（Mobile Information Service Center，移动信息服务中心）系统请求一个LinkID，然后再通过短信下发业务信息；

在下发时,一定要将这个 LinkID 提交给 ISMG,不然业务会无法下发。这种业务是按条计费的,不需要用户定购,每一次点播产生一次业务费用。最典型的业务就是铃声下载,用户在网站上先欣赏铃声,然后点播下载到手机,这时用户就会从手机上收到这条铃声。

（4）网站定制类

这种业务与手机定制的不同点在于用户是通过网站来定购的,而不是通过上行 MO 的方式,因此,这类业务不需要点播指令,也不需要定购指令和退定指令。这种业务多为包月方式计费,但也可以设置为按条计费。对于按条计费的方式,有发送频率限制的要求,在业务申请时要填这个参数,一般为每月发送条数。最典型的应用是新闻类业务,用户在网站上定购后,SP 会按时向用户发送最新新闻,而不需要用户再做其他操作,只要用户不取消定购,则该业务按月计费。

（5）STK 点播类

这种业务的特点与手机点播类相似,也是需要用户通过 MO 上行点播使用业务,不同的是这种业务的点播指令已烧录在 STK 卡内,用户不需要通过短信方式发送信息,而只需要从 STK 菜单中选取业务的使用就可以了。此类业务需要点播指令,其指令固化在 STK 卡内。

（6）STK 定制类

这种业务的特点与网站类相似,也是需要先定购业务,然后 SP 会定期下发信息给用户。只是定购业务不需要再使用手机发送短信或是到网站上定购,只需要选择 STK 卡的菜单就可以了。这种业务必须同时具备定购指令、退定指令,其指令固化在 STK 卡内。

（7）帮助信息类

这是为了让 SP 向用户免费下发一些业务使用方面的帮助信息或是下发类似登录口令等业务信息而设置的,此业务不需要用户定购,必须设置为免费使用,不需要用户定购。因此不需要定购指令和退定指令,也不需要点播指令,并且业务只能以免费方式提供。

实例分析 8-5   **短信信息服务市场分析**

1992 年第一条短信息被发送,1997 年短信在我国开始商用。2000 年的短信发送量为 10 亿条,2001 年 328 亿条,2002 年 940 亿条,2003 年 2200 亿。2002 年有人曾声称"短信的辉煌很快会被别的新杀手级应用替代",然而,2004 年 7 月,短信收入占到了运营商增值业务收入的 70%以上。不仅对于运营商,而且对于中国 Internet 公司,短信业务也发挥了不可忽视的作用。

最初中国移动在 2000 年 5 月开通短信业务的时候,短信由于提供了新的沟通方式,且价格低廉等原因,很快年轻人逐渐都爱上了这种方式,交流越来越多,短信流量越来越大。但短信使用量的飞跃则是因为短信平台的开放,从最初提供 P2P 的通信,拓展到 M2P 的通信,即从提供人与人之间短信的互动,发展到提供向用户提供短信信息服务。例如,中国移动推出了"移动梦网"计划,开放短信平台,吸引内容服务商提供服务,共同经营。为了开发市场,中国移动采取了和服务提供商分账的模式,这让服务商看到了实际的现金收入，从而刺激服务提供商共同开发无限增值市场。在短短的几年内，短信市场出现了暴发式的增长。手机短信市场也成为了中国 Internet 公司的金矿，并造就了纳斯达克中国网络股的一飞冲天。

目前驻足短信市场的 SP 大致分为以下 3 类。

第一类是以新浪、搜狐为代表的传统门户网站，这类网站的短信客户通常是全国性的，只要能上网就能使用短信功能，其推广手段主要依托于网站。

第二类是以企业为客户、为企业提供专门解决方案的应用开发商，面向企业内部，如发送会议通知；面向企业外部，如为银行、证券公司客户发送信用卡到账通知、股市行情等。

第三类是与传统媒体合作类，人们已经在各个电视栏目中见识到了他们的力量。这类应用开发商发挥了原先电话声讯台的功能，与各种益智类、交友类节目合作，增强观众的参与性。目前大部分电视节目及电台节目都开通有短信息渠道，观众可通过手机短信互动参与节目游戏。

值得一提的是，门户网站作为短信 SP，积极参与了短信业务的发展，加快了短信业务的发展，同时短信业务也成了门户网站的救命稻草。在 2000 年年初我国 Internet 泡沫破灭，几乎让所有的 Internet 公司陷入了盈利和生存的生死线。Internet 公司虽然聚集了大量的人气，但如何盈利一直是一个难题。部分 Internet 公司曾经想通过广告、邮箱收费等方式盈利，但都被市场否定。而对于移动运营商，语音业务资费在逐渐下降、新增用户市场逐渐饱和，发展短信等增值业务已经成为可持续发展的必然选择。但由于当时的增值业务收入还不到总收入的 5%，不可能大量的宣传，因此在这样的情况下，门户网站和移动运营商联手在短信上的合作几乎是水到渠成。

对于未来，可以预见未来机器与机器之间（M2M）的短信服务将再一次有力推动短信市场的发展。但移动运营商是否会采用开放的产业链模式运营则需要结合当时市场实际进行分析。

思考 8-5 请结合自身短信使用感受，谈谈你对短信信息服务的认识。

提示：可从上文实例 8-5 中提到的短信信息服务的 3 类企业分别分析。

3. 短信的原理

短信服务和语音服务无论在表现形式上还是在实现原理上都是截然不同的。语音服务是在两台手机间利用移动通信网络的语音信道传送声音；而短信则采用则存储转发机制，用户在编辑信息的时候并不占用信道，只是在发送信息的瞬间占用公共信令信道。图 8-11 所示为短信原理示意图，发送方编辑的短信"用了吗?"首先发送到短信中心，如果接收方手机不在信号覆盖范围内或未开机，短信服务中心会将发给发送方的信息保留起来，等接收方一开机就立即发送给他，这就能有效地防止信息的丢失；如果发送失败，发送方会收到发送失败的回执信息。如果接收方收到信息，则一次点对点的短信通信就结束了。只要用户在网络的覆盖范围内，就都可以享受短消息服务。根据短信的原理可知，从资源利用上来说，短信服务比语音服务节约，因此费用也比语音服务相对低一些。

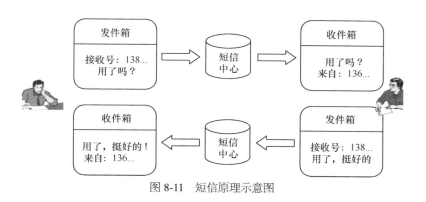

图 8-11　短信原理示意图

以图 8-11 所示的以点对点短消息（P2P）为例，从原理上短消息信息服务（M2P）也是存储转发的机制，只是发送主体从普通用户到普通用户转变为普通用户和服务提供商之间的信息传递。

实例分析 8-6　从存储转发机制看点对点短信的成功

相对于语音、手机上网等业务，"存储转发"是短信独有的技术解决方案，也是短信赢得市场的基础。下面结合存储转发机制，从供给和需求两个方面分析短信成功的原因。

（1）供给：用户的短信通过短信中心存储转发，用户离线编辑短信内容，只是发送瞬间占用网络资源，因此占用资源较少，提供短信业务成本低，费用相对便宜。

（2）需求：①短信存储转发，能满足时效性要求低、单向的通信需求。②短信发送到手机上，虽然这样的沟通没有语音通信直接，但比较符合我国的沟通习惯和文化习俗，言简意赅、字字推敲、句句斟酌以及感情含蓄、内敛。③短信费用较低。

在需求和供给的共同作用下，点对点短信日益普及。

思考 8-6　请结合你使用短信的实际，谈谈你对短信原理的理解。

提示：可先分析短信原理，然后结合原理分析用户感受。

4．短信的特点及社会影响

短信相对于传统媒体具有人际传播和大众传播相结合、个性化和多样化相结合、自主性和可控性相结合的特点，这些特点决定了短信具有增加人们情感交流、促进经济、创造出新的娱乐工具等社会影响。下面先介绍 3 大特点。

（1）人际传播和大众传播相结合的特点

一方面短信具有人际传播的功能，它不同于传统媒体的"点—面传播"或者"面—面传播"，而是从某种角度回归了传统的"点—点模式"的人际传播。这使得用户成了信息的传播者，情感、学习、生活等内容都可以传给另一个用户终端；另一方面，短信有着大众传播的特征，短信服务提供商及大规模信息传播的媒介成为短信的职业传播者，笑话、新闻等内容通过移动通信网络传播，大量不确定的手机用户则成为受众群体。两种传播模式的交叉，使得短信的功能更为多样和复杂，它将媒体的发展引入了新的境界。

（2）个性化和多样化相结合的特点

一方面，短信的个性化传播方式符合我国的传统文化和风俗习惯，开始时年轻人热衷于通过短信的方式沟通，现在不少中年人也加入了短信大军，甚至出现了"拇指一族"，从现行的短信包月套餐就能看出，20元包320条的套餐已经不能满足需求，30元包500条的套餐定制用户不在少数；另一方面，短信还具有多样化的特点，受众可以根据自己的爱好来订阅各种信息，如新闻、娱乐、气象预报等。个性化和多样化的交织形成了系统的效应，使得短信成为人们交流的方式之一。

（3）自主性和可控性相结合的特点

一方面，短信的发送者和接收者的角色可以随时互换，不再固定，各环节上开放式的结构使得短信生产者和消费者角色合一。在短信媒体上，任何人都可以是信息的制造者，特别是在短信的人际传播中，信息的收发完全由传播者决定，发什么、怎么发、发给谁的权力已经由个体掌握，传播者的权利实现了自主性。另一方面，短信借助手机进行收发，而手机卡号不但是唯一的，而且具有法律识别作用。与此相对应，网络在很大程度上只是交流平台，虽然IP地址也是唯一的，但仅凭IP地址无法识别对方身份，不具有法律识别意义。因此短信还具有可控性的特点。

短信的这些特点使得短信具有增加人们情感交流、促进经济、创造出新的娱乐工具等社会影响。

① 增加人们的情感交流。手机短信的人际传播特征使得它成为受众互通信息和沟通感情的重要手段。短信中祝福的、问候的、幽默的、咨询的、介绍的各种各样的人机信息，增强了人们之间的情感，成为联系感情的重要纽带。手机短信弥补了书信传送中时间长的缺点，使信息及时的传递给受众；手机短信也弥补了网络终端设备大的局限，可以使用户随时随地的收发信息。

② 促进经济。任何传媒赖以生存的条件是具备基本的经济基础，而经济活动正成为人类最主要的活动，因此，能否参与到经济建设中去，能否为经济服务并取得相应的经济利润，成为决定传媒生死存亡的关键。手机短信，正渐渐融入到经济活动中去，其经济功能初步显现。一方面，手机短信的功能正在无限量的增加，收发信息、网上冲浪、短信炒股、管理企业、找工作、支付转移、网上购物、远程指令、游戏娱乐、检索信息等。以"手机短信炒股"为例，它不仅能接受最新的股市行情，还可以完成买入和卖出的基本交易操作；如短信群发功能，不少商家都迫不及待地利用短信进行广告营销；一些企业也正在尝试运营短信进行管理，在IBM公司，约有1/3雇员使用即时短信软件交流，他们每天发出300万条即时短信。另一方面，短信的迅猛发展催生了一些新兴的行业，如出现了新的职业人——"短信写手"。当然，最大的受益者莫过于短信运营商和电信部门了。目前不少网站，特别是新闻类的商业网站，都纷纷开设短信新闻的定购活动，如新浪、搜狐、网易等门户网站已将短信新闻作为

主要业务之一。新闻大多数都短小精悍、更新快、及时性强，要求传播速度快和范围广。短信以手机为信息接收器，传播手段更便利，传播速度更快捷，而且长度有限，正符合新闻消息快、短、精的特点。

③ 创造出新的娱乐工具。对于目前的短信而言，娱乐仍然是其主要功能之一。很多短信具有很强的流行性、时代性和娱乐性，它用最简洁的语言和幽默感，来沟通情感，为生活增添几分乐趣。它以喜闻乐见的方式赢得了大众的喜爱。另外，铃声下载发送、图片下载发送、电子宠物、虚拟社区、音乐欣赏、视频点播、电子明信片等则开启了娱乐的新方向，特别是用手机短信来玩游戏，更是一种时尚。手机短信的娱乐，很大程度上继承了网络的娱乐内容，新鲜、新颖、新奇的娱乐方式让人乐此不疲。2003 年，我国人均 GDP 达到 1000 美元，随着我国全面进入小康社会，人民的生活水平不断提高，休闲娱乐已经成为大众生活必不可少的内容，并且其占得比例会不断加大。

8.2.3　彩信

20 世纪末，短信业务（SMS）便在一些国家开始使用。出乎意料的是，它呈现出了一种爆炸性的增长趋势。现在短消息业务的收入已占整个移动增值业务收入的 50%以上，它给人们沟通方式带来了一次革命性的改革，甚至形成了一种"拇指"文化。

但这种简单的文本方式的短消息并不能满足要求。人们进一步希望能够通过短信发送图片、视频或者 Word 文档。多媒体短消息（Multimedia Messaging Service，MMS）就是在这样的背景下产生的。

1.　彩信的基本概念

自 2002 年以来，多媒体短消息（MMS）就以极高的频率进入人们的视野，当时业内公认它将成为 GPRS 和 3G 市场启动与发展的关键推动力，将非常有力地推动信业务的发展。

MMS 意为多媒体短消息，即人们常说的彩信，其最大的特色就是支持多媒体功能。多媒体短消息业务在 2.5G 或 3G 网络的支持下，以 WAP 无线应用协议为载体传送视频片段、图像、声音和文字，支持语音、Internet 浏览、E-mail、视频会议等多种高速数据业务，实现实时的手机端到端、手机端到 Internet 或 Internet 到手机终端的多媒体信息传送。

MMS 在概念上与 SMS 非常相似，可以认为是 SMS 向多媒体的演进。但从实现原理上看与 SMS 存在本质的区别，MMS 是以 WAP 无线应用协议为载体，而不是短信中心的存储转发，因此，MMS 对于信息内容的大小或复杂性几乎没有任何限制。MMS 不但可以传输文字短信息，还可以传送图像、视频和音频，因此，MMS 在发送过程中占用的网络资源要远远高于 SMS。

2.　SMS、EMS 和 MMS 的比较

（1）SMS

SMS 是使用手机发送文本信息，简单、方便、易用。这种短信的长度被限定在 140B 之内。SMS 以简单方便的使用功能受到大众的欢迎，却始终是属于第一代的无线数据服务，在

内容和应用方面存在技术标准的限制。

（2）EMS

EMS 的优势除了可以像 SMS 那样发送文本短信之外，还可发送简单的图像、声音和动画等信息，仍然可以运行在原有的 SMS 网络上，发送途径和操作也没有差别。该标准属于开放式的，任何对 EMS 感兴趣的第三方公司或个人都可以在此平台上开发应用软件和服务。

EMS 是 SMS 的增强版本，也使用信令信道，通过短信中心存储和转发短信，实现原理也比较相似，无须对基础网络进行升级。从 SMS 向 EMS 的升级是透明的，实施 EMS 对短信中心几乎没有任何影响。

EMS 对短信中心所做的最大修改是运营商计费系统，毕竟 EMS 和 SMS 属于不同类别的业务，一条 EMS 短信的容量可能是 SMS 的好几倍，在 EMS 中有些格式的文字占用的空间也比 SMS 大很多。在这种情况下，短信中心就需要增加一些模块，记录相关的技术值并生成相应的呼叫详情记录。

（3）MMS

MMS 在概念上与 SMS 和 EMS 非常相似，可以理解为是 SMS 向多媒体的演进。但从技术上来看，MMS 是封装在 WAP 之下的高层应用程序，利用这种高层应用程序实现包括图像、音频信息、视频信息、数据以及文本等多媒体信息在内的信息传送。

在 GPRS 环境中，附属于 GPRS 承载体的终端是"永远在线"的。它在任何时候都准备透明地（相对于用户而言）传送或接收数据，这样一来，检查 MMS 是否发送成功的任务就落到了用户头上，对于每一次分组数据业务，其相应的成本也会比 SMS 高。

3. MMS 的传输内容

（1）文本

MMS 传输文本的长度在理论上是不受限制的。但实际上，手机允许输入多少文本与网络的传输带宽有关。

（2）图像

MMS 支持标准的 JPEG、GIF 图像，也支持 GIF 动画格式，这意味着 MMS 的图像表现力能得到极大地提高。在文本中加入图像制作生动有趣的消息对 MMS 来说非常简单。

（3）音频

在 MMS 中音频的使用将更加广泛。用户可以将图像、文本加上音频之后再传给其他用户，使消息内容更加丰富。

（4）视频

受到 2.5G 网络（GPRS 或 cdma2000 1x）传输速率的限制，MMS 目前只能传输几秒到十几秒的视频片段，这么短的视频只适合于电影预告片、精彩镜头或者视频广告的播放。通过 3G 网络的支持，未来的 MMS 将能采用流媒体技术观看整部电影。

4. MMS 的基本业务

多媒体短消息虽然在业务表现上类似于 SMS 业务，但实际上采用的是 WAP 时间的处理流程，因此在网络结构和计费模式上与 SMS 不同。

（1）MMS 的发送和接收

手机终端生成多媒体短消息后，可以向全网的所有合法用户发送，由多媒体短消息中心对多媒体短消息进行存储和处理，并负责在不同多媒体短消息中心之间的传递等操作。同时，接收方用户可以从多媒体短消息中心接收多媒体短消息。

（2）提供对非 MMS 终端的支持

该业务由"非多媒体短消息支撑系统"来完成。非 MMS 终端用户接收到 SMS 通知后，可以通过其他手段访问多媒体短消息，如 E-mail、WAP、WWW 等方式。

（3）支持多种承载方式

在网络承载方式上，支持 GPRS、cdma2000 1x 等网络承载方式。

（4）支持点对点和点对多点的业务

点对点多媒体短消息业务指发送方和接收方是一个终端或应用系统；点对多点多媒体短消息业务指接收方是多个终端地址。在一次多媒体短消息发送过程中，可以指定多个接收终端地址。

（5）对 MMS 增值应用的支持

多媒体短消息系统除了支持一些现有的应用系统（如 E-mail 系统），还提供开放、标准的接口，支持增值应用的开发。

实例分析 8-7　　我国 MMS 市场分析

2002 年 10 月 9 日，中国移动正式开通多媒体短消息（即彩信）业务。中国移动以 15:85 业务分成模式和 14 家网站合作，合作网站分别为空中网、TOM、新浪、网易、灵通、麻烦网、灵图、蛙仆网、腾讯、21CN、摩易、6388.net、掌上通、搜狐。2003 年 3 月 29 日，中国联通也推出了"彩 E"业务。只要开通了 MMS，用户就可以在手机与手机、手机与 Internet 邮箱之间进行多媒体消息的互传。可以说，MMS 使手机从短消息时代进入了 E-mail 时代。

但是，虽然运营商投入了巨大的人力和物力推广 MMS 业务，如中国移动曾经推出过彩信"即拍即打"免费冲洗促销活动，只要用彩信发送照片到指定号码，就能得到免费冲洗的照片。运营商还会经常推出彩信包月优惠套餐或者举行和彩信相关的活动，但这些活动并没有使得彩信业务像短信一样迅速深入市场。究其原因是运营商在宣传彩信优势的时候从自身出发，而忽略了用户的感受，下面将运营商的宣传和用户的真实感受进行对比。

（1）卖点一：多彩——彩信是多媒体短信，不仅包含文字，还有彩色图片、动画和视频；

用户反映：太贵——发送成本和手机成本高。

（2）卖点二：时尚——支持手机和 Internet 之间多媒体传送；

用户反映：麻烦——操作复杂。

（3）卖点三：劲酷——可与亲朋好友分享；

用户反映：可有可无——彩信互连互通较差，服务垄断。

虽然运营商投入了巨大的人力和物力在彩信业务的宣传上，但仍然没有迎来像短信一样预期的市场效果。这又一次提醒了我们，要站到用户角度思考，而不能从技术先进角度出发，用户只选择适合的，不选择最优的。

近两年运营商开始大力推广手机报，手机报的推出在一定程度上改变了企业宣传和用户感受之间的差异，大大地促进了彩信业务的发展。具体分析留给读者思考。

思考 8-7 请结合 MMS 的基本概念、传输内容、基本业务以及实例分析 8-4，思考为什么彩信报纸能大大地促进彩信业务的使用？

提示：可结合实例分析 8-7 中提到的运营商和用户之间真实感受对比分析。

8.2.4 手机上网

在 2000 年 5 月中国移动就推出了手机上网 WAP 服务，但市场反应非常平淡，使得最早倡导 WAP 服务并推出 WAP 手机的摩托罗拉陷入了尴尬的境地。随着短信市场的成熟和各种市场副作用的产生，中国移动将数据业务的重点转向了彩信、WAP、百宝箱，加大对其的宣传和推广，也加强对 SP 的扶持力度。经过两年多的市场沉寂，自 2002 年 10 月 9 日，中国移动的多媒体短信业务（MMS）正式登录市场后，整个市场开始爆发，铃声、图片、游戏等基于 WAP 的增值业务产品吸引了众多的眼球。WAP 业务正式进入了快速发展期。

1. WAP 的基本概念

从技术角度看，WAP（Wireless Application Protocol），意为无线应用协议。从商业角度看，WAP 是指手机无线上网，它是在数字移动电话、Internet 或其他个人数字助理机（PDA）、计算机应用之间进行通信的全球开放标准。通过 WAP 技术，可将 Internet 上大量的信息及各种各样的业务引入到移动电话、PDA 等移动终端之中。

WAP 其实就是一个小 Internet，Internet 能实现的功能，在 WAP 上一样能够实现，用户可以浏览综合新闻（见图 8-12）、天气预报、股市动态、商业报道、当前汇率等，开展电子商务、网上银行、网上预订等业务。用户还可以随时随地获得体育比赛结果、娱乐圈趣闻以及幽默故事等。

2. WAP 网站的类型

WAP 网站简单理解就是手机上网的网站，其功能和普通网站基本相同，但由于 WAP 网络传输速率低、带宽小，以及 WAP 终端设备本身的客观限制（如手机、掌上电脑等移动设备的屏幕尺寸小，分辨率低等），只能提供一些简单的信息浏览和查询服务，如浏览和发送电子邮件，撰写和浏览个人博客，查询新闻、天气、交通状况及股票等信息。另外，下载手机铃声、手机图片也是目前 WAP 网站的主要服务内容，但也都是一些分辨率低的小型图片。随着 WAP 宽带上网技术的发展（如 GPRS），一些数据传输量比较大的业务也将会得到普及，如可以上网浏览视频、下载软件等。

图 8-12　WAP

搭建一个 WAP 网站通常需要相应的网站空间、网站域名和网关，WAP 网站使用的语言是 WML（无线标记语言）。

现阶段 WAP 网站主要包括以下 4 大类。

① 运营商的 WAP 网站，如中国移动的移动梦网、中国联通的联通无限。在 2000 年 5 月，WAP 业务初开通的时候，市场反应平淡。2003 年，随着 WAP 网站运营模式的完善，运营商逐渐从销售"信息"商品的商店转变为提供平台的"信息"超市之后，服务提供商积极投身到运营商 WAP 网站的内容提供和产品经营，WAP 业务开始火爆，提供产品以铃声、图片、游戏等内容为主。

实例分析 8-8　关于运营商 WAP 业务品牌的思考

中国移动推出 WAP 服务之初，直接使用了 WAP 作为了品牌名称——"WAP 业务"，显然这样的做法是以企业为中心，把用户当作学生，要求用户学习各种通信技术的含义。实际中国移动曾大力宣传的 GPRS、中国电信的 ADSL 也犯了同样的营销错误。之后中国移动又推出了"MO 一下"手机上网品牌，其中"MO"指代移动梦网，但这样的名称只表达了用户能干什么，而不是能得到什么，依然没有以用户利益为中心。同样还有中国联通的 WAP 业务，采用了另类名称"互动视界"。

相比之下，苹果公司推出的 App store 则更胜一筹，"苹果的超市"，读起来朗朗上口，且用户很容易理解是下载图片、软件等信息的平台，显然不会有消费者看到名称以为苹果公司在超市中销售萝卜和白菜。

🌱 **思考 8-8**　请结合品牌的概念，分析 MO 一下、WAP 业务和互动视界等运营商推出的手机上网的品牌。

提示：可从品牌的名称和内涵两个角度分析。

② Internet 模式建立的 WAP 网站，如新浪、腾讯等。新浪、腾讯凭借在 Internet 领域聚

集的大量人气，相继开通的 WAP 网站，并将 Internet 的各项业务和移动通信网的业务关联在一起，从而实现联动效应。这些网站虽然发展时间不长，但市场地位却迅速提升，目前用户浏览量已经超过了 WAP 的官方网站——移动梦网和联通无限。

③ 免费 WAP 网站。截至 2006 年年底，免费 WAP 数量超过 8 万条。免费 WAP 网站，目前已逐渐成为 WAP 服务内容提供的中坚力量。如 2007 年 CNNIC 首次公布的 WAP 网站调查中，排在前十位的网站分别是：3G 门户、空中网、乐讯网、手机百度、手机搜狐网、手机腾讯网、手机新浪网、网易 WAP、易查搜索、移动梦网。在排名前十名的网站中，移动梦网依托运营商网络的优势；具有传统 Internet 背景的 WAP 网站超过一半；3G 门户和空中网则是纯 WAP 概念的门户。免费 WAP 网站的崛起，促进了移动 Internet 与传统 Internet 的内容服务融合，还带来终端的变革，Internet 正式进入"大互连时代"。

④ 企业的 WAP 网站。移动通信网的发展往往滞后于 Internet，一些最初在 Internet 上设置 WWW 网站的企业意识到未来 WAP 网站也将成为一个重要的宣传途径，并且可能最终演变为一个重要的商务平台，因此这些企业纷纷开设了企业 WAP 门户网站，目前这些网站主要起宣传的作用。

实例分析 8-9　　　国内知名的 WAP 网站一览

（1）移动梦网——中央电视台

① 手机上的"中央电视台"。

② 优势：品牌、即得用户群体庞大、专业监测。

③ 互动手段：结合图片、文字、声音等多媒体表现形式，以 IVR、音乐下载、k-java 游戏下载、电子优惠券等互动手段。

④ 主要的广告方式：banner 广告、文字链接、其他。

（2）3G 门户——免费 WAP 门户

① 业务内容：手机图铃游戏下载、梦工厂（模拟城市）、IM、网络直播、BBS、聊天交友、定位地图、网络杂志等。

② 优势：用户下载量大、泡网时间长、免费内容最多、美誉度较高，和传统 SP 的区别在于，提供了一个平台，而不是一个商品。

（3）WAP 天下——互动无线 Internet 门户

① 优势：分析用户上网行为，为用户推荐内容。

② 盈利模式：互动游戏、互动活动等软广告方式宣传企业，得到用户的认同，从而赢得厂家的认可。

③ 2003 年，由王鹏飞创办。

（4）空中网——手机娱乐先锋

① 定位：手机用户提供最人性化的服务，推崇手机化的生活。

② 品牌：空中传媒（手机媒体先锋品牌）和手机猛犸（手机游戏）。

③ 优势：MMS、WAP、Java 业务优势（范围经济）。

（5）捉鱼网——手机游戏门户

① 品牌："手机玩家俱乐部"改为"捉鱼"。

② 宣传口号：捉鱼，捉我快乐。

③ 商业模式：第一门户+最好渠道。

④ 优势：游戏渠道、Web + WAP 模式。

（6）摩网——免费移动娱乐门户

① 业务范围：摩客空间、在线养宠物、交友、装扮游戏。

② 收入构成：销售摩币+在线广告+移动增值业务。

思考 8-9 请结合 WAP 网站的类型，谈谈你使用各类 WAP 网站的体会。

提示：可从 4 类 WAP 网站分别分析。

3．WAP PUSH 的含义和应用

推（PUSH）技术是一种基于客户服务器机制，由服务器主动将信息发往客户端的技术，其传送的信息通常是用户事先预定的。同传统的拉（PULL）技术相比，最主要的区别在于前者是由服务器主动向客户机发送信息，而后者则是由客户机主动请求信息。PUSH 技术的优点在于信息的主动性和及时性，缺点是信息的准确性较差。

在移动网中，由于存在着网络宽带、移动设备能力以及资费标准等诸多限制，用户无法像在固定网中一样方便地查找信息。如果将重要的信息主动、及时地推送到用户的移动设备上，无疑会大大方便用户。移动通信的优点是移动设备能够随时随地接收信息，因此 PUSH 技术可以在移动网中大显身手，WAP PUSH 正是 PUSH 技术和移动通信两者相结合的产物。

WAP PUSH 技术结合了 PUSH 技术的优势和移动通信服务的特性，具有良好的应用前景。将 PUSH 技术应用与移动通信领域可以推出许多新的服务，这包括移动中收发电子邮件，随时获得股价信息、天气预报新闻以及其他相关服务等。所有这些服务的共同特点在于用户对信息的及时性要求比较高，用户希望能够通过手机、PDA 等移动设备随时随地地得到该种服务。随着 3G 的日益普及，WAP PUSH 能提供的服务内容将越来越丰富。

但是，WAP PUSH 技术仍然存在着一些亟待解决的问题，如信息的鉴别与认证，信息的准确性，如何避免垃圾信息等。如何解决好这些问题，将是 WAP PUSH 技术成功的关键。

4．WAP 的产业链

根据第 3 章数字媒体产业链的介绍可知，WAP 产业链中的核心成员主要包括运营商、服务提供商（SP）和内容提供商（CP）。

其中运营商具有双重身份，一方面是 WAP 业务网络平台的提供者；另一方面是 WAP 官方网站的品牌建设和内容监控者，从这个角度上看运营商充当了服务提供商 SP 的角色。服务提供商主要凭市场操作经验和营销渠道，充当了产品营销产业链的中间环节，内容提供商主体负责提供内容和应用资源。通过分工可知，运营商的收入来源主要是用户上网的流量费，对于用户使用 WAP 内容的费用则由运营商、服务提供商和内容提供商 3 家按照协定的比例进行分配。

8.2.5　个性化回铃音

个性化回铃音俗称彩铃，即 CRBT（Coloring Ring Back Tone，多彩的回铃音）。当被叫用户申请并设置了这项服务后，主叫用户拨打该用户的电话时，听到的回铃音不再是以前的"嘟，嘟"铃声，而是个性化的回铃音（如音乐、故事情节、人物对话、广告或者是被叫用户自己设定的留言等）。在国内，不同运营商对该业务赋予了不同的名称，中国移动将其称之为"彩铃"业务，中国联通则将其命名为"炫铃"业务。

虽然彩铃业务技术含量不高，对于移动终端和网络也没有特殊的要求，普通的手机和 2G 的移动通信网络就能承载此服务，但彩铃凭借其便捷性、多样性满足了用户的需求，彩铃业务从推出就以滚雪球的速度高速发展，这又一次从一个侧面证明了市场只选择适合的，而不是选择最先进的。

目前个人彩铃业务普及程度已经较高，集团彩铃成为下一步发展的重点。集团彩铃就是专门为集团用户量身定制的彩铃，彩铃内容可以根据企业的需要专门制作，全体员工的手机都采用相同的彩铃，以达到宣传企业形象的目的，是一种新的宣传方式。

实例分析 8-10　　关于国内首个彩铃侵权案的思考

2009 年 12 月国内首个彩铃侵权案开审，音乐人叶梦告中国移动侵权。其创作的一首歌曲在本人毫不知情的情况下被放到中国移动音乐平台上下载，粗略估算至少为相关商家带来 40 万元的收益，而作者本人只拿到了 2000 元。但了解移动媒体产业链的人知道，中国移动仅仅提供了传播渠道，服务提供商才是产品的经营者。因此这个案件最终以内容提供商音乐人的败诉告终，正如法庭答辩律师所言："将歌曲授权给运营商的是某彩铃公司，运营商不负主要责任。"

事后中国移动曾建议叶梦将提供彩铃的公司追加为被告，但音乐人因为没有确凿证据，只得放弃控告该彩铃公司侵权。实际每年我国手机彩铃收入上百亿元，但真正归内容提供者所有的收入却少得可怜。究其根源是盗版，盗版对于消费者是短期获利，但长期来看，内容提供商会失去制作优秀作品的原动力，对于消费者也是不利的。相信未来随着监管制度的完善，盗版问题会逐步得到解决，手机音乐市场会呈现可持续的良性发展态势。

思考 8-10　根据实例分析 8-10，结合读者对彩铃的使用，分析现在手机彩铃的质量。

提示：可上网查询打榜的彩铃，分析打榜的原因，是因为 CP 制作的内容深入人心，还是 SP 推广力度较大。

8.2.6　软件下载业务

传统的手机出厂之后，所有的功能（通讯录、字典、日历、游戏、商务应用等）均已经固化在手机中，用户无法删除无用的功能，也无法增加新功能，而软件下载功能的出现改变了这一点，它使得手机功能无限拓展变成了现实。

1. 软件下载业务的基本概念

顾名思义，手机软件就是可以安装在手机上的软件，完善原始系统的不足并个性化手机。随着科技的发展，现在手机的功能也越来越多、越来越强大，不再像过去的那么简单。其实手机软件与计算机软件一样，当手机安装字典软件时，手机就具有了电子字典的功能；当手机安装了各类游戏软件时，手机就变成了游戏机；当手机安装了音乐软件时，手机就变成了MP3 播放器……软件下载业务的出现，使得手机的功能能无限的拓展和衍生。但是手机软件下载业务对手机终端有一定的要求，通常需要手机有操作系统，而且对于手机软件的开发者来说，需要针对不同型号的手机、不同的手机操作系统分别开发和适配。这虽然在一定程度上制约了手机软件下载业务的发展，但又在某种程度上削弱了手机软件市场出现一家独大的市场格局，目前手机软件市场呈现出百花齐放的格局。

实例分析 8-11　　智能手机和软件下载业务

智能手机是一个比较模糊的概念，现在公认的说法是"像个人电脑一样，具有开放式操作系统，用户可以根据自己的喜好，自行安装软件、游戏等第三方服务提供商提供的软件，通过此类程序来不断对手机的功能进行扩充。"因此可以认为具有操作系统，支持手机软件下载的手机就是通常所说的智能手机。

以前的手机实际是一个硬件平台，没有使用操作系统，因此设计一款手机是一个很艰难的过程，需要集成很多应用程序，而且需要赋予手机一部分操作系统的功能，做起来很麻烦，需要花费很多人力和物力。而且硬件平台是封闭的，在平台上需要调用很多的东西，如标准的接口、底层的函数等，这些内容只有平台的拥有者和合作者知道，对于用户是不能进入的，是一个封闭的系统，这制约了手机功能的拓展。目前带有操作系统的智能手机则不同，大多数的手机系统接口和函数都是开放的，有标准的文档和一套开发工具，只要将开发的软件安装到手机上就可以使用了。

智能手机一方面为用户提供了字典、音乐、游戏等服务的综合服务平台；另一方面也为软件内容开发者提供了广阔的舞台。

思考 8-11　请结合软件下载和智能手机的基本概念，查询相关的手机软件下载的网站，谈谈手机软件主要包括哪些类型，并对其进行分析。

提示：可从登录 Nokia 手机软件下载网站查询。

2. 手机操作系统

随着全球智能手机市场份额的飞速增长，Symbian、Windows Mobile、Linux、RIM 和 Palm 在智能手机操作系统市场的竞争一直非常激烈。2006 年，苹果公司的第一款智能手机 iPhone 正式上市，内置 iPhone OS X 操作系统，迅速赢得了市场的认同。2007 年 11 月，Internet 巨头 Google 宣布进军手机操作系统市场，同时宣布全球 33 家终端和运营企业加入开放手机联盟，以共同开发名为 Android 的 Linux 开放源代码移动操作系统。于是全球手机操作系统市场进入了七雄争霸的时代。下面重点介绍目前主流的操作系统。

（1）Symbian 操作系统

Symbian 操作系统成立之初是由诺基亚、索尼爱立信、摩托罗拉、西门子等几家大型移动通信设备商共同出资组建的一个合资公司，专业研发手机操作系统。

Symbian 操作系统的前身是 EPOC（Electronic Piece of Cheese），直译为"使用电子产品可以像吃奶酪一样简单"，这就是 Symbian 操作系统设计中一直所坚持的理念。正是因为"简单易用"的理念，Symbian 操作系统对于初级使用者并不会感到难以驾驭，这使其在非核心智能手机使用者中能迅速推广和发展。

值得一提的是，在 2008 年之前，使用 Symbian 操作系统的智能手机都需要支付给 Symbian 公司一定的授权费用。但是随着苹果、Google 等业界巨头加入智能手机操作系统的市场，诺基亚为了保持 Symbian 操作系统在智能手机市场上的领导地位，把 Symbian 公司其他成员的股份全部收购，使其变为自己的子公司，并开始免费授权 Symbian 操作系统，使更多的手机厂家能免费使用 Symbian 作为其智能手机的操作系统，借此保持 Symbian 在智能手机操作系统的市场优势。

（2）Windows Mobile

Windows Mobile 是微软为智能移动终端设备开发的操作系统。Windows Mobile 将用户熟悉的桌面 Windows 体验扩展到了移动设备上。基于 Windows Mobile 操作系统的智能终端设备分为 Pocket PC 和 Smartphone 两大类。

近年来，Windows Mobile 在 Windows Mobile 6 Professional 大展鸿图，在触控智能手机上博得了各大知名厂家的青睐，HTC、多普达等厂家都是 Windows Mobile 发展道路上最坚实的合作伙伴。但是微软的手机操作系统在市场推广方面一直不太成功。

（3）Android

Android 是 Google 开发的基于 Linux 平台的开源手机操作系统。它包括操作系统、用户界面和应用程序——移动电话工作所需的软件，而且不存在任何以往阻碍移动产业创新的专有权障碍。Google 与开放手机联盟合作开发了 Android，这个联盟由包括中国移动、摩托罗拉、高通在内的 30 多家技术和无线应用的领军企业组成。Google 通过和运营商、设备供应商、软件开发商和其他有关各方结成深层次的合作伙伴关系，希望借助建立标准化、开放式的移动电话软件平台，在移动产业内形成一个开放式的生态系统。

（4）iPhone 操作系统

iPhone 操作系统是由苹果公司为 iPhone 定制的操作系统，它主要服务于 iPhone 和 iPod touch。iPhone 操作系统分为 4 个层次：核心操作系统层、核心服务层、媒体层和可轻触层。iPhone 操作系统是一款具有革命性的操作系统，其大大提升了用户智能手机的体验，短期内赢得了市场的青睐。

3. 手机软件

智能手机实际就是一部像个人计算机一样的手机，手机本身是硬件，操作系统是平台，而手机上的各类应用就是运行在操作系统之上的软件。

目前手机上流行的软件主要是使用 Java 编写的，因此通常手机下载类业务也被称为 Java 业务。下面简单介绍 Java 编程语言和 Java 平台。

（1）Java

Java 是 SUN 公司在 1996 年推出的一种编程语言，这种与平台无关的语言导致了编程世界的一场革命。目前 Java 是 Internet 上最流行的编程语言之一。它是一种通过解释方式来执行的语言，语法规则和 C++类似。同时，Java 也是一种跨平台的程序设计语言。用 Java 语言编写的程序叫做"Applet"（小应用程序），用编译器将它编译成类文件后，将它储存在 WWW 页面中，并在 HTML 文档上做好相应标记，只要在用户端安装 Java 软件就可以在网上直接运行"Applet"。

它不但是一种跨平台的通用编程语言，同时也是一种通用于各种计算机网络、特别是 Internet 的技术。它的特点是简单、便于网上传输、对硬件环境依赖程度低等。现在在手机和 Internet 上有大量的 Java 应用程序。自 Sun 公司开发出该语言以来，它已从一种编程语言演化为一个极具活力的计算平台。Java 有着非常诱人的前景，其平台独立性给整个网络世界带来了巨大变革，为软件开发者提供了一个充分展示的舞台；其"Write Once Run Everywhere"（编写一次，到处运行）的承诺使人们空前渴望实现在 Internet 上的统一数据交换，并让人们在这样的诱惑下，为想象中的各种系统间的互操作性能投入了巨大的人力和物力。

Java 有许多值得称道的优点，如简单、面向对象、分布式、解释性、可靠、安全、结构中立性、可移植性、高性能、多线程、动态性等。Java 摈弃了 C++中各种弊大于利的功能和一些很少用到的功能。Java 可以运行于任何微处理器，用 Java 开发的程序可以在网络上传输，并运行于任何客户机上。

（2）Java 平台

Java 的应用范围很广，用它可以编写从智能卡、移动终端、PC 到企业级服务器的各种应用软件，一般可以将 Java 的平台划分为 3 个等级。

① J2SE（Standard Edtion，Java2）。它是 Java2 的标准版，可为桌面版的应用提供 Java 的运行环境和开发包 API。Java 程序可以运行在 Windows、Solaris、Linux 等操作系统上，是整个 Java 体系的核心。

② J2EE（Enterprise Edtion，Java2）。它是 Java2 的企业版，可为企业级服务器提供综合 Java 平台，实现基于 J2SE 的 API 和服务器端运营的 API。

③ J2ME（Micro Edtion，Java2）。它是 Java2 的微型版，可为智能卡、移动终端等小型设备提供 Java 运行环境和开发包 API，并可运行在各种非标准的小型操作系统上。J2ME 为 J2SE 的一个子集，也是无线 Java 技术的核心。

实例分析 8-12　　　我国软件下载类业务现状

目前中国移动软件下载业务品牌为"百宝箱"，中国联通为"神奇宝典"，登录这些平台可以看到的软件类型主要包括聊天交友、电子书刊、动漫天地、时尚影视、商务资讯等，如图 8-13 所示。从这些软件的类别来看，各类软件均试图将人们娱乐、商务、生活的方方面面搬到手机上。

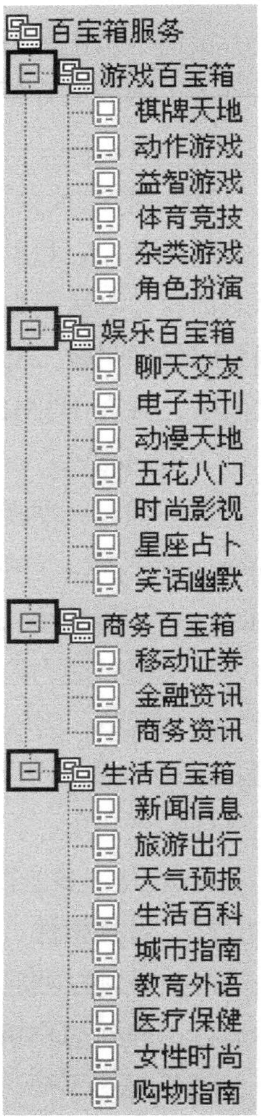

理论上看这些软件涵盖了生活的方方面面，但是为什么使用者寥寥无几呢？原因在于中国移动和中国联通软件下载业务产业链对内是封闭的，对外却是开放的。对内封闭是指，从内容提供商制作软件，到服务提供商将软件提供给运营商，最终放在运营商软件下载超市"百宝箱"和"神奇宝典"中需要经过漫长的审核、测试、调试等流程。最终可能因为不确定的因素导致不能上线，这意味着 CP、SP 将软件放在运营商软件超市的成本很高，甚至超过软件的制作成本。对外开放是指用户可以通过 Internet 下载想要的软件，然后通过同步的方式传到手机中，或者通过蓝牙将朋友手机中的软件传到手机中，这说明用户有免费获得软件的渠道。综上所述，一方面 CP、SP 提供软件服务的成本较高，因为软件上线需要通过审核、测试层层环节；另一方面用户下载热情不高，因为可以获得免费的软件，因此百宝箱平台变成了一个"双低"的平台——一边是提供低质量软件的 CP/SP，另一边是消费额度较低的用户。

而苹果公司推出的软件超市 App Store 则是一个"双高"的平台，一边是提供高质量软件的 CP/SP；另一边是消费额度较高的用户。原因在于苹果公司软件超市产业链对内是开放的，对外却是封闭的。对内 CP/SP 可以直接将软件上传到苹果公司的软件审核平台，审核平台会提供标准的审核办法，因此 CP/SP 经营软件的成本主要是开发成本；另一方面用户只能通过 App Store 下载软件，其他途径获得的软件无法在 iPhone 或者 Itouch 上使用。因此 CP/SP 能通过 App Store 获得高额的收益，所以有较高的积极性开发高质量的软件；而用户由于能获得高质量的软件，且没有获得免费软件的渠道，因此聚集了消费额度高的用户。

图 8-13　"百宝箱"中的软件类型

思考 8-12　请从产业链的角度分析中国移动"百宝箱"服务。

提示：可参考第 2 章中移动媒体产业链和实例分析 8-12 来分析。

8.2.7　IVR

虽然 IVR 这个词对用户来说还较为陌生，但在 2002 年年末，中国移动就已经开始了相关的业务开展。和此前移动增值服务以数据业务为主不同，IVR 的核心在于其独有的语音互动平台，手机用户只需拨打指定号码，就可获得所需信息或者参与互动式的语音服务，例如聊天、交友、语音点播等。

1. IVR 的基本概念

IVR（Interactive Voice Response，互动式语音应答），是基于手机的无线语音增值业务的统称。手机用户只要拨打特定接入号码，就可根据操作提示收听、点播所需语音信息或者参与聊天、交友等互动式服务。从用户需求的角度来看，IVR 系统可以提供两大类服务：一种是数据服务，用户通过 IVR 向计算机系统输入和查询数据；另一种是电话服务，系统根据用户需求将用户引导到电话系统并提供用户间的语音交互服务。

移动网络运营商提供基础通信设备供内容提供商和应用提供商租用，同时对其业务内容和 SP 市场行为进行监管。业务所产生的通信费用完全归运营商所有，信息费以一定比例在运营商和内容上之间进行分成。移动 IVR 产业链如图 8-14 所示。

图 8-14 移动 IVR 产业链

实例分析 8-13　　　**移动 IVR 的现状**

IVR 在国外已经是一种很成熟的语音增值业务模式。2003 年美国 IVR 市场总容量为 20 亿美元，并以每年 10%的速度增长。在语音增值业务发展较早的欧洲和日本，已经形成了相当的发展规模。虽然 IVR 业务在中国刚刚起步，但增长强劲，仅 2003 年 IVR 全年的业务收入就是 2 亿人民币。从欧美与日本等成熟市场的经验来看，IVR 在国内拥有很大的市场潜力。

国内最早从事 IVR 的是 TOMonline 收购的雷霆万钧。从 2003 年年底，新浪、搜狐和网易各大网站先后进军 IVR 业务。从中国移动当前 SP 的市场份额来看，TOM 占据着第一位的位置并遥遥领先，拥有近 50%的市场份额。其次是新浪，拥有大约 19%的市场份额。滚石移动利用滚石音乐的优势发展以音乐为主要内容的服务，特色鲜明，取得了良好的效果，占据了大约 12%的市场份额。由此可见，门户类网站和拥有特色服务优势的 SP 在吸引用户方面有很大的优势。

思考 8-13　谈谈你对 IVR 的理解。

提示：可结合 IVR 的概念分析。

2. IVR 的分类

IVR 语音增值业务按内容分类上要分为以下几个大类。

（1）聊天交友类业务

聊天交友类业务占到 IVR 业务收入一半以上的份额，因为用户的需求，该业务永远是语音业务的主流，也是最有市场的业务种类。目前主要有朋友之间聊天、大众聊天、嘉宾聊天。

（2）音乐类业务

滚石移动就是以这类业务为主的 SP。由于大量的手机用户同时也是音乐爱好者，所以，只要有丰富的音乐资源、良好的业务设计和市场推广，音乐类 IVR 业务就有着乐观的发展前景。

（3）游戏娱乐类业务

这类业务包括知识竞猜、角色扮演类游戏、互动游戏等，但因为语音业务只能通过数字按键来交互非常简单的信息（选择方式），所以业务的内容相对空泛，主要通过奖品来吸引用户参与。

（4）信息服务类业务

该业务包括生活类、健康类、体育类、新闻类等公众内容信息，还有金融证券、交通、旅游、商业、教育等行业的信息服务。

（5）通信助理类业务

针对个人有个人语音号码簿、语音留言、语音短信、信息秘书服务，满足和方便用户的通信、沟通交流的需求，并为用户提供个性化的服务。针对企业有企业语音号码簿、企业公告、信息及广告发布等满足和方便企业员工和企业客户的需求，提高工作效率和企业服务水平，提升企业形象。

另外，还有体育类、新闻资讯类、测试类、媒体合作类等业务。

实例分析 8-14　　主流 IVR 服务内容分析

IVR 目前主要提供的服务内容包括聊天类（如网易的"无线约会"）、娱乐类（如腾讯的"开心宝典"）、游戏类（如网易的"IQ 闯三关"）、咨询类（如新浪网的"新浪新闻"）和教育类（如空中网的"空中英语"）。此外，还有体育类、情感类以及一些依据产品原本优势开发的特殊服务，如搜狐的"语音校友录"。而在行业应用方面各大 SP 当前的业务基本则集中在证券、商务信息等方面。

第一大类是语音类业务。目前最受欢迎的业务当然是聊天交友类业务。因为用户的需求，聊天交友类业务一直是语音业务的主流，也是最有市场的业务种类。

第二大类是音乐类业务。由于大量的手机用户同时也是音乐爱好者，所以，只要有丰富的音乐资源，再加良好的业务设计和市场推广，音乐类 IVR 业务有着极好的发展前景。

第三大类是游戏娱乐类业务。这类业务包括知识竞猜、角色扮演类游戏、互动游戏等，但因为语音业务只能通过数字按键来交互非常简单的信息（选择方式），所以业务的内容相对空泛，主要通过奖品来吸引用户参与。

为了避免业务同质化、低质化，目前 IVR 业务资金进入门槛比较高。如中国移动规定进入 IVR 业务的最低注册资金要在 1000 万元以上。而且为了在产品方面防止出现短信产品同质化而造成的过度竞争，中国移动对 IVR 服务商提供的业务进行严格的评审，希望 SP 在各自的专长上有所建树。

🌱 **思考8-14** 请谈谈你对主流 IVR 业务的认识。

　　提示：可结合使用实际分析。

3. IVR 与传统声讯电话的区别

与传统的声讯电话相比，移动 IVR 有如下特点。

① IVR 的概念是交互式语音应答，这也是传统声讯的基础，但在移动语音增值业务领域，过于频繁的语音交互却成了最大的忌讳。因此，移动 IVR 业务在产品设计上尽量缩减交互按键环节。

② IVR 业务与传统声讯的第二大区别在于电话用户的区别。传统声讯大多是针对固定电话用户来设计的，固定电话的一个特征是用户的不确定性，也就是说，同一个电话可能是被多人共用的。而移动电话的一个特征是用户的私有性，一台手机在某种意义上可以等同于一个人的身份。所以，使得移动 IVR 在产品设计上也可以有别于传统声讯业务而产生较好的效果。

由此可知，移动 IVR 和传统声讯还是存在较大的区别，不能完全照搬传统声讯的内容和运作模式。

8.2.8　动态内容分发业务

动态内容分发（Dynamic Content Distribution，DCD）业务是一种网络向终端动态分发内容的增值业务。DCD 业务通过移动通信网络主动推送，在手机待机屏幕上，实时动态地呈现网络更新的资讯内容。用户无需进入任何菜单，手机待机屏幕上直接显示用户定购的内容信息。动态内容分发的内容实时更新，由网络对内容进行控制，即网络通过数据同步动态控制终端各频道显示频道的项目内容。

DCD 业务内容的分发是网络向手机分发用户已定购频道中的内容，是一个用户手机与网络同步的过程。内容分发有 3 种触发方式：时间触发、事件触发、用户主动触发。时间触发是指系统可以设定内容分发的频率，当到达所设定的同步时间时，开始内容分发。事件触发是指当突发事件发生时，由网络触发内容分发。用户主动触发是指用户也可以主动发起内容的获取过程。

动态内容分发（DCD）业务中，对于不同类别的内容以频道的形式进行分类，并以频道的形式向用户分发（如体育频道、娱乐频道等）。引子类业务和内容类业务都以频道形式组织内容分发，用户可以对不同的频道进行定购或退定。用户接收到的内容为用户已定购的频道项。

各频道中的内容以频道项的形式组成，即每个频道中包含若干条内容。频道项包括标题、简述，简述中可包含文字或图片等。

对于同类型的频道可以根据运营要求设置为一个频道分类，并且针对同类频道提供引子类业务频道和内容类业务频道的关联升级功能，即用户可以根据需要由引子类业务频道升级为内容类业务频道。用户可以通过定购内容类业务频道，同时取消相应的引子类业务频道实现关联升级。在退定内容类业务频道的同时，应给予用户自动恢复查看引子类频道的选择机会。

DCD 业务为待机应用，对于终端自有的待机屏幕应用，如日程表等，动态内容分发应用可以与其在终端待机屏幕上同时显示。图 8-15 所示为频道及频道项　示例。

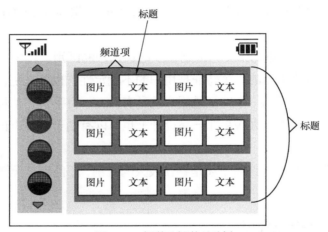

图 8-15　频道及频道项示例

实例分析 8-15　　韩国动态内容分发业务介绍

目前在韩国、日本，动态内容分发普及率已经比较高了。以韩国 today is 为例，该公司 2007 年 4 月推出动态内容分发业务，2009 年年初有 20 万左右的包月用户，约80 万台定制手机。2009 年年末，定制此服务的手机增加到 300 万台时，用户数已达到 60 万。目前该公司提供 5 个基本频道、9 个收费频道，内容源主要来源于和门户网站（Yahoo！ 等）的合作。

基本频道包括天气预报、新闻、体育、娱乐和金融 5 个频道，在待机屏可以查看新闻、娱乐、体育、金融、天气、风水等信息的服务（见图 8-16）。新闻、娱乐、体育每日更新 8 次，金融、风水每 2 小时更新一次；基本频道每月费用为 900 韩元（约5.3 元人民币）。

收费频道主要包括电影频道、漫画频道、招聘频道等。其中电影频道（见图 8-17）每日更新一次，栏目包括最新电影、电影新闻、Box Office、MY Max。每月费用为2000 韩元（约 11.8 元人民币）。漫画频道每月费用为 2500 韩元（约 14.7 元人民币）招聘频道每月费用为 1500 韩元（约 8.8 元人民币）。收费频道每月费用为 5～15 元人民币。

图 8-16 today is 服务

图 8-17 today is 电影频道

思考 8-15 请谈谈你对动态内容分发业务的理解。

提示：可结合韩国 today is 的实例谈谈自己的理解。

8.2.9 拓展类增值业务运营模式

在深入了解了移动网上短信、彩信、WAP 上网等功能拓展类业务之后，得知音乐、动画等各类手机媒体是承载在拓展类业务之上的，因此了解拓展类业务的运营模式是非常重要的。功能拓展类移动业务的运营模式，是指如何将承载着各类手机媒体的移动业务（WAP、SMS、MMS、IVR、CRBT、Java 等）在经过策划并最终推送给用户实现收费的方法。根据第 1 章的分析可知，网络媒体、手机媒体可以看成是在 Internet、移动通信网的信息超市销售的商品，因此从本质上看淘宝网、移动梦网和实体卖场国美电器是一样的，都是销售商品的商店，只是销售的形式和内容不同而已。因此，在具体介绍拓展类业务运营模式之前，先比较一下实体卖场国美电器、Internet 卖场淘宝网以及移动通信网卖场移动梦网 3 种典型卖场的运营模式，如表 8-2 所示。

表 8-2　　　　　　　　3 种典型的经济形态中不同业务模式的比较

	实体卖场	网络卖场	移动卖场
代表模式	传统经济	淘宝网Taobao.com 阿里巴巴旗下网站 半数字半传统经济	数字化经济
进入门槛	高（封闭）	一般（全开放）	高（半封闭）
消费者	普通大众	网民	手机用户
主要销售的商品	实物商品	实物商品+虚拟商品	数字化商品（图片、音乐等）
载体	商店、货架	淘宝网站	移动梦网
交易货币	现金、银行卡、信用卡	现金、银行卡、支付宝	信息费
物流	直接提货	快递、物流公司	WAP 下载
特点	运营成本高，高流水以及高利润商品	运营成本高，由于没有实体店，交易风险大，交易流程复杂。但用户黏性高	运营成本低，由于有高人流，可以产生高利润，但用户黏性低

从表 8-2 的比较中可以看出，在数字化经济的今天，拓展类业务以手机作为终端载体，实现了商品全数字化和支付全数字化的过程。但同时，由于移动业务分解了旧媒体中的"媒体中心"的模式，所以业务模式也变得不确定和复杂起来。群发推广、代收费、位置营销、媒体推广是目前常见的移动业务运营模式。

1. 位置营销

位置营销就是指在移动梦网、百宝箱等手机门户或者软件下载平台等移动媒体超市中通过争取"位置"而提高收入的营销方式。实际位置营销在传统超市、网络超市一样有效，如在超市中，顾客对放在其眼睛正视位置货架的物品关注度显然要高于放在最高层货架的物品，于是超市会根据货架位置制定不同的价格标准，位置越好则价格越高。在网络媒体中，用户对放在首页的新闻关注度显然要高于二级页面的关注度。据统计，同一个移动媒体内容位置每深入一层就会损失 40%的用户，例如，如果将图片放在移动梦网首页，其下载量是 10人/天，那么放在移动梦网二级目录下载量将下降到 6 人/天。由于手机页面被称为菜单，因此手机上的位置营销常被称为"菜单地产业"。

2. 群发模式

在位置营销之后的最主流的移动业务运营模式就是群发推广了。群发推广从表面上看来，似乎和传统娱乐业中面对需要推广的内容（如新包装的艺人、新片上映、新唱片发行等）进行广泛的新闻发放的属性一致，简言之，群发的内容就相当于新闻通稿。但不同的是，在传统媒体行业中，当用户看到新闻通稿时，他只是获得了一个广告信息，如最新上映的一部电影，这只是一个单纯的宣传信息；如果他要看这部电影，就需要去电影院买票。这个过程中电影媒体商品需要 3 个环节：内容制作、宣传推广、渠道发布，往往一部电影的总投资中，内容制作占 1/3，宣传推广占 1/3，渠道发布占 1/3。而当用户收到一条群发的短信息的时候，他获得的也是一个关于内容的信息，提示他可以通过回复短信或者登录WAP 网址等方式订阅此业务，这也就意味着群发推广和渠道发布此时合二为一了，因此群发模式的属性就实现了交叉——宣传推广与发行渠道的合二为一，从而减少了 1/3 的实现成本。

3. 自消费

常见的移动业务运营模式还有自消费。因为移动梦网等业务平台上内容的顺序往往和用户下载量直接相关，因此自消费的目的是为了获得好的菜单位置，从而赢得更多的用户关注，借此获得更多的收入。这种模式在彩铃业务推广中经常使用，一首歌全国唱的时代已经过去了，新歌手、新歌让用户眼花缭乱，"我相信群众"，用户不可能换个去听新歌，而排行榜歌曲往往成为用户的选择，于是自消费则是最好的吸引用户关注的方法。

4. 代收费

把短信、IVR 等移动业务当成纯粹的收入通道的业务，于是就产生了代收费获利的运营模式。目前，比较常见的代收费包括给手机上的各种软件嵌入计费代码，并通过短信或 WAP业务实现代计费，如手机 GPS 导航、手机游戏等。

例如，手机软件"手机理财"的客户端下载是免费的，而且全程使用过程中也是免费的，但用户在使用该手机软件的过程中，系统会根据用户的属性不同而选择性的弹出以下提示："捐助 2 元。尊敬的用户您好，感谢您捐助 2 元，感谢您对中国免费软件的支持，我们将一如既往的制作免费精品软件为您服务。"如果用户愿意"捐助"，则将触发该软件中内嵌的计费点，将通过短信或 WAP 的形式，从该用户的手机中扣除相应的费用。

目前，由于大量的手机游戏被盗版，游戏发行商也普遍开始采用游戏客户端下载免费、内嵌多个计费点的全新的发行模式，并视之为一个新的经济增长点。这种代收费也是目前该业务模式领域的一个主要运用。

5. 终端内置

手机终端内置一直是移动业务主要的业务模式之一。在手机里，安装菜单、书签或运用程序，使用户在购买到手机的同时，已经获得了手机媒体使用的入口，这种业务手段就是终端内置。由于手机新业务使用具有一定的技术门槛，于是手机内置则成为一种有效降低用户使用门槛，激励用户使用新业务的方式。

不过由于在手机新业务推出之初，手机内置的业务吸引力不足，从市场实际反馈来看，用户购买新手机之后，绝大部分在使用一次内置的业务后，就再也不进行消费了；也就是说，这种消费的动机是"好奇"和购买新机后的"尝试"，深度需求较小。一方面手机业务推广初期监管力度较小，另一方面企业的行为是趋利的，因此内置业务的服务提供商 SP 往往会设置一些服务陷阱，如在一个内置业务中把收费或步骤最大化，瞄准用户就是一次好奇的心态，在一次消费中就实现对用户的 10 多元甚至更高的扣费；更有甚者，直接内置所谓"开机上行"的客户端软件，用户开机就自动会触发业务并上行一条信息实现业务定购，而用户自己并不知道。还有不少手机厂商与 SP 一起"定制"手机，如用户按手机的方向键，立即弹出内置好的业务定购页面，此时无论用户按任何按钮，都会定购不同的业务，产生上行定购信息，定购完成后，才会出现"退出"的选项。虽然目前监管部门查处很严格，违规操作的方式已经收敛了不少，但却造成部分消费者"一朝被蛇咬，十年怕井绳"，担心上当受骗，干脆完全不使用各种内置业务。

6. 媒体推广

媒体推广就是通过在电视、广播、报纸等传统媒体渠道中宣传各种手机新业务，提高用户使用量，从而实现盈利的方式。

媒体推广实际是一种跨行业运营的商业模式。下面分析电视、广播等传播媒体与手机新业务结合的现状。对于手机新业务基于电视媒体的推广，由于国内相关政策的影响，目前有所收缩。实际更主要的原因在于，电视媒体认为与手机业务合作产生的信息费收益相对于广告收益而言太小，这也是目前手机业务真实消费需求并不足够强的原因之一。正因如此，常规的手机业务合作已经无法调动电视媒体合作的积极性。只有在合作形式与手机业务的内容方面有突破性的创新，才能为这种商业模式提供新鲜血液。

与电视媒体高门槛的需求不同，广播媒体中的大部分电台，用手机业务（主要是短信及IVR业务）作为广播节目的主要互动平台。

总体而言，手机业务的媒体推广方式，急需从形式与结构上有创新和突破，前提是真实满足观众某类或多类需求，摆脱简单的留言、答题等的单一形态。

7. 自然量

自然量就是业务上线后，不做任何其他形式的推广，依靠用户自然进入、自然消费所产生的收入。理论上，业务运营模式"自然量"与媒体内容的相关度最大。不过从2009年的数据看，按照服务运营商SP收入实际来看，一个月信息费收入在600万元左右的SP企业，自然量收入也一般在10万元以内，能用来和内容供应商分成的计账收入也就6万～7万元（扣除运营商获取的15%以及坏账等之后）。

综合以上主流的拓展类业务的运营模式可以看出，这些运营模式大都和媒体内容关联度不大，于是SP不关注内容质量，CP没有提供高质量内容的积极性，用户出于好奇使用一次新业务之后便不想再用，最终形成了目前"有内容无产业"的现状，或者可总结为"渠道为王，内容为奴，商务为残废"的产业现状。但导致这样的原因是移动媒体产业链呈现移动运营商为主导的环形结构，而移动运营商擅长于"传递服务"，而不善于提供"信息服务"。凡事都是曲折发展的，经过这几年的摸索，移动运营商的经营行为日趋理性，相信"好内容有产业"的产业格局为期不远。

 ## 8.3 移动互联网

随着智能手机的普及、手机屏幕的增大、平板电脑的出现等因素，移动通信网和互联网的融合加剧，移动互联网走近了人们的生活。2000年是互联网的元年，2010年则是移动互联网的元年，根据艾瑞咨询统计数据显示，从2011年1季度至2012年3季度，移动互联网一直呈现高速增长的态势，2012年前3季度中国移动互联网市场规模就达到350.9亿元人民币。上一节提到的功能拓展类业务在移动互联网时代都出现了更贴近用户需求的产品形式，如软件下载业务被手机应用所取代，短信、彩信也有被以微信为代表的移动IM产品所替代的趋势。

1. 移动互联网概述

移动互联网广义上指手持移动终端通过各种无线网络进行通信，侠义的移动互联网是指移动通信与互联网结合，向用户提供的移动终端享受互联网的服务。移动通信网和互联网两者的结合，在知识结构上是自然科学和社会科学的结合，其首先体现了移动互联网对人文社会科学各学科的融合贯通，其次体现了移动互联网与计算机科学、通讯工程、电子商务、市场营销、服务科学、应用经济学、数字媒体、传媒学科等多学科交叉，知识融合，技术集成。和桌面互联网相比，移动互联网发展速度快、规模大，3G网络、社交平台、视频、网络电话。移动与桌面网络用户使用模式的巨大差异，不仅意味人们生活方式的改变，也意味着传统的互联网商业模式改变，为学科建设、商业竞争、技术革新各方面提供了更多新的市场空间。

2. O2O 和 LBS

相对互联网，移动互联网最大的差异化特点是个性化和移动性，一方面每个手机号码必然对应着一个用户；另一方面用户在移动中使用互联网，于是基于移动互联网能提供的服务更个性化，且和用户位置的关联度增强。移动互联网这两大差异化特点使得 O2O 和 LBS 成为当前移动互联网领域最受关注的两种服务模式。注意 O2O 和 LBS 并不是一个单独的服务形式。

O2O 即 Online To Offline，是指将线下商务的机会与互联网结合在一起，让互联网成为线下交易的前台。这样线下服务就可以用线上来揽客，消费者可以用线上来筛选服务，还有成交可以在线结算，很快达到规模。O2O 要解决的最核心的问题是如何指引用户在网上订购商品或者服务，然后用户如何到线下领取商品或获取服务。

LBS 即 Location Based Services，是指提供和位置相关的服务。LBS 中的位置服务主要包括 3 类：第一类是移动设备或用户所在的地理位置；第二类是提供与位置相关的各类信息服务；第三类是基于某个地理位置的商务服务。目前，LBS 已经成为了很多产品的标配，如天气预报软件中会直接推荐用户所在地区的天气，订票软件中会直接推荐附近的电影院。

8.4 手机媒体产品

随着移动通信网的发展和手机的普及，手机被称为继报纸、广播、电视、Internet 之后的"第五媒体"。在手机媒体发展之初，不少人认为手机媒体就是媒体产品直接放在手机上，于是在这样思路的指引下，不少公司利用在传统媒体的资源优势，将产品线延伸到手机上，结果事实让这些公司意识到手机媒体不是简单的媒体+手机，而是手机和媒体的融合。而今手机媒体市场已经渡过了最初的过度放大、盲目追捧的时期，企业纷纷进入了理性的调整时期，相信手机媒体高速发展的时期已经不远了。

8.4.1 手机媒体产品概述

从信息传播的角度，手机媒体可以理解为依托于移动通信网，以手机、PDA 等移动终端为载体，以文字、声音、图片、多媒体为表现形式的数字化传播媒介；从经济的角度，手机媒体可以理解为借助于移动网传播的所有信息内容的统称。整体来看，手机媒体是一种基于移动网的以数字化、信息化为主体的人类信息传播与沟通的媒介系统。

综合手机媒体的定义，可以认为手机媒体产品就是依托于移动通信网，以手机、PDA 等移动终端为载体，以文字、声音、图片、多媒体为表现形式的，满足人们需求、影响人们思想的各类媒体服务的统称。典型产品形式有手机游戏、手机音乐、手机报、手机电视等。通常手机媒体产品被简称为"手机媒体"。

类似于网络媒体产品，手机媒体产品的概念也可从以下 5 个方面理解。

① 手机媒体产品的本质是一种服务，是相对有形商品的无形商品，因此手机媒体具有无形商品的基本特性，即无形性、异质性和同步性。和网络媒体产品不同，手机媒体产品大都是收费的，但考虑手机媒体产品的无形性特性，往往需要给用户提供免费体验。目前，我国运营商强制要求 SP 提供下载类业务的媒体内容必须提供体验版本。

② 手机媒体产品的核心是一种媒介服务，满足人们需求的同时，影响人们的思想。这就要求必须对网络媒体产品进行管制，不仅要考虑移动媒体产品的经济效益，也要关注社会效益，即移动媒体产品具有经济和政治的双重属性。

③ 手机媒体产品的承载平台为移动通信网，因此移动媒体产品具有及时性、个性化、互动性等传播特性。

④ 手机媒体产品的内容表现形式包括文字、声音、图片和多媒体。虽然内容表现形式和传统媒体相同，但不能简单复制传统媒体的内容。

⑤ 手机媒体产品以手机、PDA 等移动终端为载体。目前，移动媒体产品主要以手机为载体，未来随着三网融合的深入，集成类终端将成为关注的热点。

实例分析 8-16　　　手机和媒体关系的思考

手机媒体是手机和媒体的充分融合，而不是手机+媒体，单纯地把媒体信息放在手机上，是不会产生可持续的经济效应的。同时，只有当手机和媒体融合后的产品给用户来带快乐、便捷等利益得到时，此产品才能赢得用户青睐。

在手机 WAP 业务推出之初，图片下载服务使用量排在第一位，用户往往将下载的图片作为手机屏保，但很快图片下载服务使用量就减少了。究其原因有许多，如用户第一次下载图片往往出于新奇，一旦使用后发现找寻喜欢的图片需要花费的时间成本较高，而且下载之后的图片尺寸有时和手机尺寸不匹配。又如当用户选择下载动态图片的时候，也许下载后发现图片的动画在手机上无法显示。因此，手机屏保下载往往是手机媒体发展之初，用户由于好奇使用一次，之后就不再使用了。

但 2008 年 iPhone 上的一个手机屏保服务则备受用户欢迎。如图 8-18 所示，它在设计上不是采用传统的制作精美的图片，让用户付费下载，而是充分利用手机交互性强的特点，采用了用户参与的机制。这款屏保由 24 格组成，全球使用这款手机屏保的用户界面都是一样的。用户可以利用手机的拍照功能，拍摄照片，然后上传，于是你就会在这款手机屏保的最后一格看到你拍摄的照片。人们是喜欢分享的，告诉其他人自己的心情，如结婚了，上传自己的结婚照，向全球用户分享自己的喜悦。而这种用户感觉的得到除了手机，其他媒体形式是难以通过这样的方式实现的。这个成功的实例告诉我们，手机媒体必须是手机和媒体的充分融合，且需要满足用户的某种利益，用户在其中要感受到快乐、便捷等利益，而不仅仅是一张图片、一首歌或者一段视频。

图 8-18　iPhone 手机屏保服务

🌱 **思考 8-16**　请结合图 8-19 所示的手机计算器，谈谈你对手机媒体的认识。

提示：此手机计算机下载是免费的，但如果使用者想更换计算器的背景图片，则需要支付费用。和实例分析 8-16 中提到的手机屏保一样，这个服务也得到了用户的认可。可结合此服务，分析手机和媒体的关系。

图 8-19　手机计算器

8.4.2　手机游戏

1．手机游戏的基本概念

手机游戏（Mobile Game 或 Wireless Game）指消费者利用随身携带并具有上网功能（如 GSM 或 CDMA）的移动终端设备（如手机），随时随地可以进行的游戏。手机游戏的内容和服务一般由 SP 提供，移动通信运营商主要提供客户进入门户、移动通信通道以及手机游戏信息费代收费。对于手机内置的游戏，一般由手机厂商提供，不收取任何费用。

通过移动运营商获取的手机游戏服务的费用服从移动增值业务的一般原则，分为通信费和信息费。用户向移动运营商支付短信、WAP 上网、游戏下载或联网通信的通信费，向 SP

支付按次或包月信息费。不过信息费和通信费一般全部由移动运营商代收，运营商分月结算给 SP 信息费。随着科技的发展，现在手机的功能也越来越多，越来越强大。而手机游戏也远远超过初期"俄罗斯方块"、"贪吃蛇"等规则简单的小游戏，发展到了可以和掌上游戏机媲美、具有很强的娱乐性和交互性的复杂形态。

2. 手机游戏的类型

下面从不同角度对手机游戏进行分类。

（1）按照表现形式分类

手机游戏按表示形式分类，可分为文字游戏与图形游戏。文字类游戏是以文字交换为游戏形式的游戏。图形类手机游戏更接近我们常见的"电视游戏"，玩家通过动画的形式来发展情节进行游戏。

文字游戏分为短信游戏和 WAP 游戏。

图形游戏分为嵌入类游戏、Java 游戏和 Brew 游戏。

① 短信游戏：就好像"虚拟宠物"那样，短信游戏是通过玩家和游戏服务商通过短信中的文字内容来交流，达到进行游戏的目的的一种文字游戏。

由于短信游戏的整个游戏过程都是通过文字来表达的，造成短信游戏的娱乐性较差。但是短信游戏确实是兼容性最好的手机游戏之一。只要用户的手机可以发短信，就可以畅快地享受短信游戏所带来的乐趣了。

② WAP 浏览器游戏：WAP 浏览器游戏就像我们用计算机上网，并通过浏览器浏览网页来进行的简单游戏一样，也属于一种文字游戏。其使用方法和短信游戏类似，玩家可以根据WAP 浏览器浏览到页面上的提示，通过选择各种不同选项的方法来进行游戏。WAP 游戏也有短信游戏不够直观的缺点。

综观文字类游戏，其都有着一个共同的特点，即游戏是通过文字描述来进行的。在游戏过程中，需要玩家进行过多的想象，使得游戏相对比较单调。

③ 嵌入式游戏：嵌入式游戏是一种将游戏程序预先固化在手机的芯片中的游戏。由于这种游戏的所有数据都是预先固化在手机芯片中的，因此这种游戏无法进行任何修改。也就是说，用户不能更换为其他的游戏，只能玩自己的手机中已经存在的游戏，且用户也不能将它们删除。诺基亚手机中的"贪吃蛇 1、2"就是嵌入式游戏的典型例子。

④ Java 游戏：Java 游戏是一种开放的计算机编程语言，无线 Java 专门用于开发基于消费性电子产品的应用，如手机、PDA 的应用等。不具备 Java 功能的手机，只能用厂商的软件和工具，才可以对手机内置的游戏进行改动、更新。而无线 Java 服务就是一个开放的平台，众多游戏和其他应用提供商可以开发基于 Java 的各种游戏和应用。手机用户则可以通过使用支持 Java 功能的手机，下载新的游戏。

⑤ Brew 游戏：和 Java 类似，Brew 也是一种程序语言。目前，只有 cdma20001x 的手机才支持，同时 CDMA 手机也支持 Java。为了减小成本，一般开发商还是愿意选择开发基于Java 的游戏，因此 Brew 支持的游戏还不是很多。

（2）按照手机平台分类

按手机平台分类，可分为 Java、Brew、UniJa 等几种手机游戏。

① Java：Java 具有平台开放和易于动态下载的特性，它使第三方开发者可以为掌上设备开发 Java 应用程序。如果一款手机支持 Java，那么它的功能就是可扩展的。服务开发商为它开发增值应用后，用户就可以下载到手机里使用。由于 Java 有丰富的开发接口，服务开发商可以开发出功能比较复杂的应用，使用户的操作更方便，界面形式更生动。使用 Java 为手机开发应用程序，一般可以提供互动游戏、屏幕保护、股票查询、电子地图服务、图片标记、个人信息处理等。

② Brew：Brew 能够在运营商端进行有效的计费。它提供了完备的应用认证与管理，能够确保一个用户下载的程序只能为该客户所使用，从而有效地防止应用软件的非法复制与盗版现象。而 Java 平台上大部分的应用是只需要一次付费下载就可以无限运行的离线应用，Brew 平台的这两个特性是 Java 平台所不具有的。但业界对此也有质疑，由于 Brew 支持的手机具有一定的局限性，而 Java 则可以被所有手机使用，因此很多开发商更愿意把资金投向 Java。

③ Unija：Unija 是中国电信基于 cdma1X 网络推出的下载类服务，统一性是 Unija 平台最大的特点。这是因为中国电信为 Unija 项目专门制定了统一规范，规定了手机厂商与 CP/SP 的工作内容，通过这样的规定为用户提供的是一个统一的运行平台，这样的运行平台保证所有的 Java 应用都可以在此平台上得到实现。

目前图形类游戏以 Java 和 C/C++语言格式的应用程序为主，主流应用平台为 Java 和 Brew。

（3）按照用户行为目的分类

① 用户玩手机游戏最主要的行为目的无外乎 3 类："自娱自乐"、"与人斗其乐无穷"以及"数字虚拟成就与存在体验"。

"自娱自乐"的手机游戏是标准的单机游戏，主要通过网络下载获得。目前主要的收费模式有两类，一类是通过运营商下载门户（如移动百宝箱等）实现按次计费；另一类是免费普及但内嵌相关计费点。

② "与人斗其乐无穷"的手机游戏是"准网络互动"类手机游戏，主要是通过积分上传实现非实时的排行榜竞争。其核心是"网络下载，异步积分上传"。积分上传一方面提供了二次收费的可能，更重要的是提供了游戏的"准交互性"，提供了大众通过游戏进行交流的机会。

③ "数字虚拟成就与存在体验"的手机游戏是手机网络游戏，这是实时网络互动的游戏。其核心是"网络下载，同步数据交换"。手机网络游戏客户端通过多渠道分发下载游戏里的装备及道具进行收费。收费方式可以是短信、WAP、IVR 等拓展类业务代收费，也可以是其他收费方式。

3. 手机游戏产业链分析

手机游戏产业链比较突出的特性是，手机游戏涉及了终端产品生产厂商，并与其的合作非常紧密。在手机游戏产业的现阶段，手机游戏产品的开发和推广与手机终端的普及率有很大关系，手机游戏产品要考虑兼容不同的手机终端产品，因此手机游戏厂商和手机终端厂商的关联合作非常重要。而手机游戏厂商要通过移动网络将游戏送达用户的终端，与移动运营商之间的合作也是重要的环节。图 8-20 所示为手机游戏产业链示意图。目前，我国手机游戏市场产业链以游戏服务商和移动运营商最为重要，游戏服务商和移动运营商把持了中国手机游戏市场主要的销售渠道与收入来源。

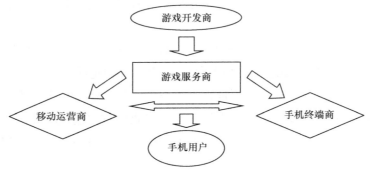

图 8-20　手机游戏产业链示意图

特别要指出的是，每个图形类的手机游戏需要和所有拟上线的手机机型作适配，这也就意味着不同的手机登录中国移动软件下载平台"百宝箱"所看到的软件是不同的，SP 会根据手机销售量和目标用户选择适配的机型，因此图形类手机游戏的下载量和相应的手机终端的普及率紧密相关。综上所述，手机终端厂家未来也将在手机游戏产业链中起到至关重要的作用。2008 年苹果公司 iPhone 的成功很好的证明了这一点。

实例分析 8-17　关于手机游戏"音乐精灵"制作流程的思考

手机游戏的制作主要包括 3 个环节，即游戏策划、艺术设计和技术开发。下面以笔者 2009 年参与设计的一款音乐类休闲游戏"音乐精灵"进行具体说明。

我们的团队共有 4 个人，专业方向分别为策划（1 人）、美工（2 人）和技术（1 人），经过商量我们决定 4 天之内制作一款音乐类休闲游戏 demo，用于《手机游戏》课程的示范教学。

1. 策划环节（工期：半天）

经过 4 个人共同商量，最终确定游戏策划方案，大致如下。

（1）游戏名称：音乐精灵。

（2）游戏类型：休闲娱乐类。

（3）游戏视角：正面视角。

（4）游戏环节设计：游戏共包括 3 关，即人成长的 3 个环节，角色从婴儿，长成为青年，最后到成人。每一关从上向下落下表示不同方向的工具，玩家只要伴随音乐按上、下、左、右方向键，累计 100 分即可过关。3 关工具分别为奶瓶、铅笔和心。

（5）游戏特点。

特点 1. 成长的快乐：每过一关，角色都会长大，类似于人的成长过程，使玩家有较强的成就感。

特点 2. 过程的快乐：玩家在享受音乐中玩游戏，且所有的画面设计采用暖色。

2. 美术设计环节（工期：1 天半）

根据具体的流程方案，两个美工做了具体分工，一人负责角色设计，一人负责场景设计。如图 8-21 所示，在美术设计环节中不仅仅需要设计不同阶段的角色，还需要绘制角色在不同状态下的动态表情。

图 8-21　美术设计环节

3. 技术开发环节（工期：1 天半）

最后，技术开发者基于 J2ME 平台进行开发。

从制作流程上看，手机游戏的制作主要是人员成本，目前一般的游戏制作周期是 1 个半月，4 个人为一组，每人月工资为 4 000 元/月，平均成本为 24 000 元。但如果一款手机游戏能得到运营商的推荐，则收益远远高于这个数字，这也从一个侧面证明了产业链中运营商和 SP 主导的局面。

思考 8-17　请谈谈你对手机游戏的产业链的看法。

提示：可从博客写作的角度分析。

8.4.3　手机音乐

1. 手机音乐的基本概念

手机音乐指的是通过移动业务所提供的数字音乐，包括下载的手机铃声、彩铃、IVR 中收听的音乐以及下载到手机中的音乐。其中，手机铃声和手机彩铃目前的使用量较大。

2. 手机音乐的类型

手机音乐按照用户获得音乐的途径可以分为手机客户端方式、WWW 方式、WAP 方式、短信方式以及 IVR 5 种方式。这 5 种方式并不是隔离的，而是相互关联的，如用户可以通过 WWW 网站触发系统发送用户一条含有音乐 WAP 地址的短信，用户可以通过单击短信中的 WAP 地址登录 WAP 网页，之后还可以通过 WAP 网页触发短信业务或者手机客户端等业务。总之，手机作为一个"网络超市"，其中手机客户端方式、WWW 方式、WAP 方式、短信方式以及 IVR 就好比提供了多个用户获取音乐的渠道，而这些渠道之间是相互关联的，用户可以在不同渠道之间跳转。

按照用户享受的服务种类来看，手机音乐主要提供榜单查询、振铃、整曲、MV、在线收听、彩铃、音乐搜索、音乐社区、音乐资讯等丰富多彩的音乐服务。

实例分析 8-18　　　　彩铃的发行逻辑分析

虽然彩铃业务从技术上而言并不先进，但由于易于理解且符合用户需求，近年来迅速积累了庞大的用户群体，彩铃一跃成为了主流的音乐发行渠道。

那么彩铃上的音乐遵循着什么样的发行逻辑呢？我们不妨先看一下目前彩铃销售推广的优先级。

第一位，不用分账的内容。如低价格买断的歌曲等。最好的位置如果能留给不用分账的内容，显然所有的信息费都将归 SP 所有，这显然是 SP 最希望看到的。

第二位，CP 方低比例分账的好歌、新歌。目前，一些唱片公司开始用 3:7 的比例和 SP 合作。这样一来，常规的 5:5 分账的歌曲，哪怕再优秀的作品，也得不到 SP 的推广。

第三位，独家合作、且无保底的新唱片。这个一般是由于双方合同约束，SP 不得不进行兑现。但由于不支付任何保底，所以对于 SP 的风险并不高。

第四位，适合民工及学生下载的音乐内容。由于彩铃的特性，传统唱片的发烧天碟没有市场；慢歌、甜歌、情歌市场也比快歌和口水歌差。

第五位，在传统唱片业有相当影响力的歌手的新作品。这一类才是音乐产业自身十分重视的内容，但在常规的 SP 彩铃业务运营中，却往往只能排在最后一位。

那么，假如得不到 SP 的推广，彩铃的销售收入情况会有多大的反差呢？我们再来看一组数字。同一个艺人的一组歌曲共 9 首，其中 1 首在广西进行了群发推广，其下载次数为 2 000 次，其他 8 首加在一起是 4 次，而其他 8 首中还包括了该唱片的所有主打歌曲。这不禁让我们联想起几个经典的口水仗。某歌曲在 2005 年情人节期间，反在广州省彩铃销售总交易额达到近 500 万元人民币；但该歌曲的演唱者多次表示，自己从这里根本没有拿到什么收入。当 CP 一口咬定是 SP 欺诈、不结算真实数据的时候，他们犯了两点错误。第一，他们自己非独家的漫天授权行为，在出发点就完全不自信的前提下，已经自己给自己制造了一个发行圈套；第二，他们也无法真正深入到 SP 彩铃的运营模式下，了解真实的发行逻辑和模式。事实上，当 SP 只把彩铃自然量（也就是 12530 的下载量）与 CP 分成的时候，上述两例分成的数字已经属于天文级的数字了。而 CP 也完全拿 SP 没有办法，因为除了 12530 平台的自然量下载数据是可以公开查到的以外，无论群发推广、音乐盒捆绑的量，还是 IVR 或 WAP 铃声业务上的量，都根本是黑匣子里的数字，除了猜测，别无他法。

综合上述，移动运营商作为音乐超市的搭建者，需要搭建透明、公平的下载量公布平台，而管制者则需要完善版权制度，以缓解目前手机音乐发行过程中 CP 内容提供商利益过低的现状。

思考 8-18 请谈谈你对手机音乐的理解。

提示：可从手机音乐的概念、类型和现状分别分析。

8.4.4 手机报

随着数字技术的不断发展，出版模式也不断革新。数字化是出版业未来发展的必然趋势，电子书、在线阅读、移动阅读也是大势所趋。几乎与手机报的发展同步，手机出版也方兴未艾。鉴于目前手机报普及程度更高，本节重点讨论手机报。

1. 手机报的基本概念

手机报顾名思义就是依托于手机、PDA 等移动终端提供新闻、娱乐等信息内容的服务。目前，手机报的提供流程主要是将平面报纸的资讯内容复制（或经过精简、编辑）后，通过彩信、WAP、短信等技术手段发送到读者手机终端。因为手机屏幕、容量的限制，一般是将报纸每天相对重要的内容提取出来并进行编辑发布。与传统媒体相比，手机报具有受众资源丰富、信息传播方便、传播功能全画、传播速度快、实时互动等特点。目前手机报业务已经延伸到杂志，各种手机杂志也陆续出现。

在运营商的大力推广下，手机报的普及率在 2008 年年底已经达到了 39.6%，且手机用户使用习惯和重视程度均较高。随着手机报影响力的日益扩大，越来越多的用户尝试使用这一新兴业务，传统平面媒体的简单电子版手机报的弊端逐渐显现出来。要让每个用户能在手机这一块天地以最便捷的方式获取最有效、最感兴趣的资讯成为手机报需要努力的最大目标。简单电子版的方式已无法满足用户需求，于是，手机报应该是依托于报业集团强大的品牌力量、资源优势、采编团队，逐步形成手机报自有的采编机制，建立丰富、强大的分类资讯库，为用户量身定做个性化的资讯组合。然后，借助手机传播具有个性、定向的特点，实现手机报的个性化发行、精确发行。

2. 新闻发行渠道的对比

手机报作为新兴的新闻发行渠道，相比传统的报纸、网络媒体发行渠道在传递速度、互动性上具有明显的优势。根据中国互联网信息中心 2009 年公布的数据显示，网络媒体的传播范围最广，手机报的移动性、互动性、传播效果、传播速度都较好。图 8-22 所示为 3 种不同形式的新闻发行渠道对比图。其中传播速度是指媒体信息的传播速度，即信息传达到用户所需要的时间；传播范围是指媒体的受众用户群体数量范围；传播效果是指媒体的信息可靠性程度和受欢迎程度；互动性是指媒体是否可以通过技术手段与用户产生信息互动；多媒体融合是指动画、声音等的融合能力；移动性是指媒体是否便于携带。

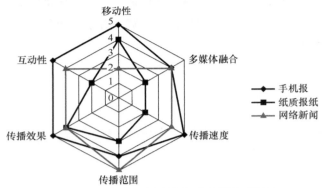

图 8-22　3 种不同形式的新闻发行渠道对比图

　　虽然根据调查结果显示，传统报纸没有占优的指标，但从实际的广告效果来看，传统报纸依旧有较强的用户影响力。究其根源是此调查结果没有考虑报纸内容的质量和读者阅读舒适度，在这个指标上，传统报纸则优于手机报和网络媒体。

　　3. 手机报的类型

　　从业务实现手段上看，手机报目前主要分两类：一类是彩信手机报；另一类是网站浏览手机报，即通过手机上网实现对报纸的阅读。

　　目前较为多见的是彩信手机报。它类似传统纸媒，就是报纸内容通过电信运营商将新闻以彩信方式发送到手机终端上。它向终端用户发送一个多达 50KB 的多媒体数据包，这个多媒体数据包可以包含图片、文字、声音、动画。在内容上做到图文并茂、生动丰富，包括新闻聚焦以及各大类新闻的主要内容；在形式上最大限度地保留并展现报纸的全貌。而且，数据包是一次性发送到手机上的，在使用上做到瞬间接收，随看随翻，离线观看，不会出现掉线或是等待的情况。目前，我国已经开通了手机服务的手机报大多采用这一模式。

　　除了彩信手机报，还有不少网站类型的手机报，目前人们关注较多的是 WAP 型手机报。由于具备 WAP 功能的手机已经成为大众消费品，越来越多的用户开始通过手机上网获取各种资讯。相对于短信型，WAP 型内容更丰富，基本上可以成为全文型的手机报纸。WAP 版手机报内容包括各类时事新闻，自主组织的各类专题，时尚资讯，图片、动漫欣赏等，新闻每天实时更新，24 小时滚动显示。

　　4. 手机报的产业链

　　手机报的产业链中除了 CP、SP、运营商，还有广告运营商。图 8-23 所示为手机报产业链示意图。因为手机报继承了传统报纸的广告的盈利模式，另外，手机报目前还采用收取信息费和流量费的方式获利，其中彩信手机报主要采用收取包月订阅费，对 WAP 型手机报用户采取按流量收费的方式。从本质上看，手机报的收费方式和传统报纸相同，按照内容和广告收费。

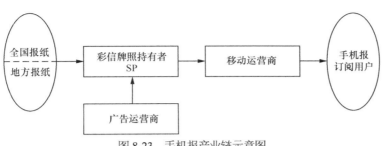

图 8-23　手机报产业链示意图

实例分析 8-19　　关于手机报的深入思考

根据 2009 年 CNNIC 公布的调查数据可知，用户了解手机报的主要途径是移动运营商，而不是某家传统报纸出版商（见图 8-24）。原因在于移动运营商并没有像最初开放短信平台一样开放手机报的平台，因为运营商往往能从传统媒体企业购买到新闻资料。

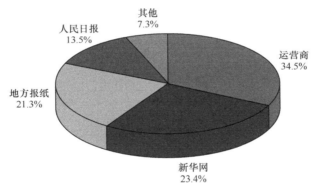

图 8-24　用户了解手机报的主要途径

由于手机报相比其他新闻渠道具有较好的时效性，如果运营商在信息内容方面和报业相差无几，这将对报业产生巨大的冲击。如 2003 年 2 月 1 日，美国"哥伦比亚号"航天飞机失事的消息，在事件发生后的 10 分钟内，全国就有近几十万的手机用户通过手机报得知了此消息。而在电视台播出该新闻则是在当天的 23 点 50 分，比手机晚了一个多小时。在美国"911"事件中，恐怖组织袭击世贸大楼后，最早向外界发表该新闻的媒介不是电视、广播、纸质报纸等传统媒体，而是手机报。2003 年 3 月 20 日上午 10 时 34 分，美国正式向伊拉克宣战，打响了伊拉克战役的第一声炮火。事发后仅 1min，许多手机用户就收到了此消息。

由于报业相比其他传统媒体，如广播、电视而言，其提供信息的介质（报纸）和传递网络（人工快递）全部是实体，因此在向数字化进军的过程中报业最不占优势，受到的冲击也是最大的。报业不给移动运营商提供信息内容也是难以实施的，毕竟提供报业信息源的主体较多，协同一致是不可能的。因此对于未来传统报业除了要在内容上深入挖掘，还需要转变传统的运营模式，否则市场份额的缩水在所难免。

🌱 **思考 8-19**　请谈谈你对手机报、网络新闻、纸质新闻的优劣势的认识。

　　提示：可从博客写作的角度分析。

8.4.5　手机电视

作为媒体个性化发展的必然趋势，手机电视正逐渐成为一种新的媒体形态。相比手机音乐、手机报、手机游戏，手机电视的关注者不仅是移动运营商，广电企业也对手机电视投入了极大的热情，在他们眼中，手机电视是电视发行渠道的延伸，将带来电视领域巨大的革命，蕴含着无限商机。由于广电企业也拥有传输网络，虽然是模拟制式，但相比传统报业实体传输网络而言，广电企业向数字化进军显然更容易。因此，在传统媒体行业中，电视行业向数字化进军的进程最快。

1.　手机电视的基本概念

手机电视就是利用移动终端为用户提供视频服务。目前，手机电视主要依托移动通信网络，如 GPRS、cdma1X 以及 3G 网络。随着模拟电视网数字化改造的深入，依托于数字电视广播网的移动多媒体机目前已经投入了商用。虽然移动多媒体机的款式、数量以及其上提供的内容都还不够完善，但传统电视运营企业凭借其多年电视运营的经验，基于数字电视网的移动多媒体机必然和依托于移动通信网的手机在手机电视领域展开激烈的竞争。

2.　手机电视优劣分析

相比传统电视，手机电视的优点可以归纳为 3 点。一是移动性，手机时刻相伴左右，看电视不再局限于通过家中的电视机。在时间上也更加自由，如在乘坐公交和地铁时观看。二是个人化，手机终端的移动性决定了播放的内容必须是更加个性化，灵活性、参与性较强，传统的节目内容以半小时或一小时为单位时间的规划模式已经不再适合，片段式的节目（如宣传片、花絮）将更适合于手机电视环境下播放。三是互动性，手机点对点的传播方式便于受众对节目的及时反馈和参与，也便于受众之间的交流，从长远来看，手机电视将可能成为最终导致全面交互的节目形态的诞生。

但是手机电视的缺点也很明显，首先，手机电视的移动性意味着人们使用手机电视属于"快餐式消费"，广告商的收益较难以实现。这就要求手机电视不能简单复制传统电视的盈利模式。其次，手机电视的个性化意味着提供内容的"碎片化"，如果依托于手机电视运营商提供"碎片化"的视频内容，则意味着人工成本较高，同时用户寻找适合内容的成本也较高。如果是提供用户参与环节，允许用户提供视频内容，则视频质量可能会受影响。而且视频内容具有社会舆论导向的特性，也不可能像水果、蔬菜产业一样市场全面开放，完全依靠市场自行调整达到均衡。最后，手机电视观看的舒适度远远小于传统电视，无论是显示屏幕、图像清晰度、信号稳定性、支撑时间等手机电视都不占优势。

实例分析 8-20　　　**关于手机电视的深度思考**

于机电视无论是移动运营商还是广电部门都投入了极大的热情，虽然最初曾在经营权的问题上发生过分歧，国家曾明文禁止广电、电信两大行业相互渗透，但 2005 年这一限制得到突破，国家广电总局相继颁发了 3 张手机电视的许可证。2010 年国务院三网融合决议的出台，也明确规定了广电、电信行业可以相互渗透。

从第一个手机电视商用至今已经有将近 7 年的时间，但传统电视并没有受到强烈的冲击，用手机看电视的消费者数量也非常有限。手机电视真能带来巨大的商机吗？答案是肯定的，只是目前的运营模式没有充分结合手机的特点，过多沿用了传统电视的运营模式，手机的移动性、互动性、个人化的优点没有被充分发挥。

单纯把电视节目放在手机上，是不会有太大的经济效益的。也不能仅仅把视频内容放在单一的移动业务之上进行发行，应进行整合营销和交叉营销，同一个视频内容，通过短信、IVR、彩铃、主题、游戏、WAP，多个渠道发行。如电影《投名状》的移动媒体产品的开发中利用到了软件下载、主题、IVR 等多种发行模式，且各发行模式之间相互交叉（见图 8-25）。

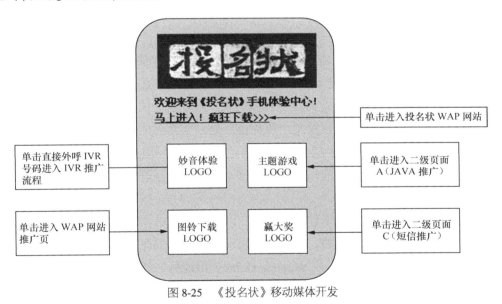

图 8-25　《投名状》移动媒体开发

未来随着手机电视运营模的转变，广电部门、电信企业大踏步的进入手机电视领域的进程深入，手机电视将像传统电视一样深入我们的生活。

思考 8-20　请谈谈你对手机电视的认识。

提示：可从手机电视的基本概念以及优劣势分别分析。

8.5 本 章 小 结

本章首先分析了移动业务和手机媒体的关系，其次介绍了主流的功能拓展类移动业务及业务运营模式，最后介绍了依托于功能拓展类移动业务的手机游戏、手机音乐等典型的手机媒体产品，具体如下。

1. 移动业务和手机媒体的关系：短信、彩信等功能拓展类移动业务是信息服务类移动业务，即手机媒体承载的平台，同一个媒体内容可以在多个业务上发行。

2. 功能拓展类移动业务。

（1）短信是一种利用移动通信网的信令信道传输有限字符的通信方式，其实现原理是存储转发机。

（2）MMS 意为多媒体短消息，即人们常说的彩信，其最大的特色就是支持多媒体功能。

（3）WAP 从技术角度看，是 Wireless Application Protocol 的缩写，意为无线应用协议；从商业角度看，是指手机无线上网，它是在数字移动电话、Internet 或其他个人数字助理机（PDA）、计算机应用之间进行通信的全球开放标准。

（4）个性化回铃音俗称彩铃，英文名 CRBT 是 Coloring Ring Back Tone 的缩写，意指多彩的回铃音。

（5）手机软件就是可以在安装在手机上的软件，完善原始系统的不足与个性化手机。

（6）IVR，即互动式语音应答，是基于手机的无线语音增值业务的统称。

（7）动态内容分发（DCD）业务是一种网络向终端动态分发内容的增值业务。

（8）群发推广、代收费、位置营销、媒体推广是目前常见的移动业务运营模式。

3. 移动互联网：广义上指手持移动终端通过各种无线网络进行通信，狭义的移动互联网是指移动通信与互联网结合，向用户提供的移动终端享受互联网的服务。

4. 典型的手机媒体产品。

（1）手机媒体产品就是依托于移动通信网，以手机、PDA 等移动终端为载体，以文字、声音、图片、多媒体为表现形式的，满足人们需求、影响人们思想的各类媒体服务的统称。

（2）手机游戏（Mobile Game 或 Wireless Game）指消费者利用随身携带并具有上网功能（如 GSM 或 CDMA）的移动终端设备（如手机），随时随地来进行的游戏。

（3）手机音乐指的是通过移动业务所提供的数字音乐，包括下载的手机铃声、彩铃、IVR 中的音乐收听以及整曲下载到手机中的音乐。

（4）手机报是依托于手机、PDA 等移动终端提供新闻、娱乐等信息内容的服务。

（5）手机电视就是利用移动终端为用户提供视频服务。

内容终端篇

根据老子《道德经》中所言："道生一，一生二，二生三，三生万物"。本篇将介绍数字媒体企业 CP 和终端厂家生产出的"劳动成果"——数字媒体内容和终端，即数字媒体之"三"。

数字媒体时代"渠道为王，内容为后，商务为妃"，其中"渠道"就是"数字化网络"，"商务"的实现依托于数字媒体产品，而"内容"就是用户切实感受到数字媒体产品的表现形式。因此，数字媒体产品强调经营与管理，数字媒体内容则注重艺术表现，它们之间是相互依存的关系。即时通信工具 QQ 的可爱的小企鹅形象得到了广大用户的喜爱，同时也帮助 QQ 软件迅速深入人心。

关键词：数字媒体内容　计算机　手机　消费类电子产品

第 **9** 章

数字媒体内容

数字媒体时代"渠道为王，内容为后，商务为妃"，其中"渠道"就是"数字化网络"，"商务"的实现依托于数字媒体产品，而"内容"就是用户切实感受到数字媒体产品的表现形式。数字媒体产品强调经营与管理，而数字媒体内容则注重艺术表现，它们之间是相互依存的关系。即时通信工具 **QQ** 的可爱的小企鹅形象得到了广大用户的喜爱，同时也帮助 QQ 软件迅速深入人心。因此，数字媒体内容对于数字媒体产品的成功至关重要。

9.1 数字媒体内容概述

数字媒体内容，又称数字媒体艺术，是指以计算机技术和现代网络技术为基础，将人的理性思维和艺术的感性思维融为一体的新艺术形式。数字媒体内容不仅具有艺术本身的魅力，作为其应用技术和表现手段，也具有大众文化和社会服务的属性，是视觉艺术、设计学、计算机图形图像学和媒体技术相互交叉的学科。

从艺术角度看，数字媒体内容具有媒体文化、大众艺术等特点。从传播角度看，数字媒体内容具有大众传播和社会服务等特点。从数字化网络的角度看，数字媒体内容具有互动性、虚拟现实等特点。从整个数字媒体系统的角度看，数字媒体内容服务于数字媒体产品设计，是数字媒体产品的艺术表现，数字媒体产品和内容是统一体。总之，数字媒体内容是科学和艺术的结合，正如一枚硬币的两面，是不可分割的整体。

数字媒体内容按照内容表现形式可以分为计算机绘画艺术、计算机图像处理艺术、二维和三维动画艺术、数字视频编辑及后期特技艺术。

实例分析 9-1　　　关于内容与产品的思考

数字媒体内容和产品曾一度被混淆，数字媒体内容即数字媒体艺术往往被过度放大，在目前的数字媒体教育中，其大众传播、社会服务等商品的特点常常被忽视。因此，按照这样思路培养下的数字媒体人才往往只能充当工匠，而不是具有创造能力的创新者。

数字媒体产品是门户网站、即时通信等依托于数字化网络的各类服务的总称，而数字媒体内容是其艺术表现，数字媒体产品和内容是统一体。如门户网站新浪就是数字媒体产品，定位为大众化综合门户网站，新浪以蓝、白色为主，符合于普通大众的消费习惯。再如即时通信 QQ 是数字媒体产品，定位服务于青年用户，可爱的小企鹅就是相应的数字媒体内容，受到目标用户的喜爱。鉴于"数字"是无形的，不容易理解，下面以传统商品为例分析内容与产品的关系。

1999 年经营保健品的巨能公司到日本考察，发现一种平衡饮料在日本比较流行，是唯一可与可口可乐、百事可乐抗衡的饮料。平衡饮料的特点就是在饮料中含有大量的钾、钠、镁等电解质，这样的饮料和人体的体液类同，饮用后能迅速补充随着汗液流失的电解质，使人体的体液达到平衡的状态，因此称为平衡饮料。巨能公司认为，随着人们生活水平的提高，平衡饮料在我国将有巨大的市场。在这样的思路下，2000 年巨能公司花费了 1 亿元的研究成本推出了"聚能"饮料，如图 9-1 所示。虽然投入了巨额的广告费用，但产品销售量却寥寥无几，最终"聚能"以失败告终。究其失败的原因除了推广渠道和促销沿用了保健品的模式之外，产品定位模糊，产品包装（即产品的表现形式）不足以表达用户诉求也是很重要的原因——"聚能"能给消费者带来什么呢？聚集能量？从名称和外包装上看很模糊。

虽然"聚能"失败了，但巨能公司没有放弃，而是重新打造了一个新品牌"体饮"，如图 9-2 所示。新的产品在包装、价格和品名设计彻底地否定了原来的产品，虽然在推广渠道和促销方面并没有很大的改进，但产品的改进使得"体饮"的销售情况远远好于"聚能"。但由于巨能在饮料渠道方面经验的缺乏，其没有自己的渠道资源和饮料渠道管理经验，这使它的饮料变革之路走得很慢，因而到现在为止，"体饮"的功能饮料的饮料化操作仍然有着明显的渠道受限。

图 9-1 "聚能"饮料　　　　　　　　图 9-2 "体饮"饮料

透过巨能公司在饮料市场的尝试，聚能和体饮就是"产品"，而两个产品的名称、包装就是"内容"，产品侧重于市场定位、渠道、促销等经营环节，而"内容"则侧重于服务于"产品"市场定位。从案例中我们可以看出，从"聚能"到"体饮"，产品市场定位更加能体现用户需求，并且体饮的"内容"即包装、名称能较好的反应设计的市场定位，因此销量有了一定的提高。但受限于产品推广渠道，销量提高的程度还是不尽如人意。

综合以上案例可知，"产品"的重点是经营，而"内容"的重点是反映产品的市场定位，本质上数字媒体产品和内容之间的关系也是这样。

 思考 9-1 谈谈你对数字媒体内容的理解。

提示：可结合数字媒体产品的概念，谈谈对内容的理解。

9.2　数字媒体内容和传统媒体内容

无论是数字媒体内容还是传统媒体内容，从内容形式上看主要包括 4 大类：文字、图片、声音和多媒体。但数字媒体的内容不能简单复用传统媒体的内容，即将传统媒体内容照搬到数字媒体上。原因在于传播渠道存在本质差别，于是导致消费需求、消费特点等存在本质差异。以手机电视为例，受手机屏幕规格、电池、分辨率限制等原因，手机电视的用户群体还是很小的，这方面已经有惨痛的商业失败教训，如中国联通曾在2004年大力推广的手机看电视的"视讯新时空"，宣传推广力度很大，用户感觉很新奇，但使用者寥寥无几。当这样的尝试失败之后，有人认为只要把传统内容重新编排、剪辑，做成专供手机播放的几十秒的短片就一定有很好的市场。事实证明不然，首先，用户在消费电视节目时往往可以和其他人共同观看，而手机媒体的消费特点是碎片化和随机化，分享的乐趣会大大下降。其次，电视内容消费是免费的，消费者付出的是看广告的"注意力"，而手机视频内容消费是需要支付费用的，几十秒的视频能做到让用户付费显然难度是比较高的。再次，电视节目消费可以从众，因为电视节目的消费符合"二八原理"。以电视剧为例，假设每年产出一千多部电视剧，但最终备受关注的往往不到十部。而手机媒体则不同，消费趋向于个性化，内容种类繁多，消费者往往难以"从众"，同时用户只看到视频的题目就需要确定是否付费，因此用户消费成本比较高。最后，手机屏幕小，消费者寻找视频需要不断刷新页面，时间成本远高于网络、电视等媒体形式。因此，即使把视频内容变短，放在手机上也难以有很好的业绩。

数字媒体是"数字"和"媒体"的融合，因此结合数字的特点而设计的媒体才能赢得市场的认同，如以电影为题材的手机视频即"手机电影剪辑"就曾经在日本获得了很大成功。

实例分析 9-2　　"数字"与"媒体"融合成功的经典案例——手机电影剪辑

日本著名移动通信公司 Docomo 花了巨资投资建立了 3G 网络之后，使用者却寥寥无几。经过市场调查发现，日本的男性手机使用率很高，但是男性每天忙着工作，只是用手机打电话，没有太多的时间使用手机上的新业务，而且男性的工资是给妻子的，男性可以支配的钱比较少；而日本大部分的女性虽然结婚以后都不上班，有大把的时间消费，但女性生活却很简单，每天早上做饭、送丈夫出门，然后约朋友买菜、逛街、看电影，没有强烈的使用手机新业务的需求。得到的结论是男性没有时间用，女性有时间但没有兴趣用。

俗话说"女人最了解女人"，Docomo 聘请了一位女性来负责研究女性市场。经过分析发现，日本的女性很喜欢看电影，每个月常常会看好几部电影，但是电影只有看了之后才知道是否喜欢，于是总有几部觉得不喜欢的，不应该看。于是推出了手机电影剪辑业务，通过手机就可以看到电影的花絮，就可以大概了解哪部电影喜欢看。自该业务推出后，大量的女性用户开始使用手机看电影剪辑，但日本的电影公司收入却大大下降。

对于用户而言，他们并不在乎把钱给了谁，只在乎支出的总数，由于手机剪辑业务的推出，用户不仅不用看自己不喜欢的电影，而且支出也没有增加，甚至可能减少。比如女性用户原来用 100 元看电影，50 元看到了自己喜欢看的，50 元看到的电影自己不喜欢，现在用户的支出变成 80 元，50 元看了自己喜欢的电影，30 元看手机电影剪辑。

手机电影剪辑从内容形式上看，就是手机视频，但它不是简单的照搬传统媒体内容，也不是把传统媒体内容直接变短，而是结合"数字"的特点设计"媒体"内容，于是获得了成功。

思考 9-2　请结合你对数字媒体内容和传统媒体内容复用的理解。

提示：可参考实例分析 9-1，结合视频、音乐、新闻等某个媒体形式进行分析。

9.3　本章小结

本章在介绍数字媒体内容基本概念的基础上，重点分析了数字媒体内容与传统媒体内容的关系，具体如下。

1. 数字媒体内容：又称数字媒体艺术，是指以计算机技术和现代网络技术为基础，将人的理性思维和艺术的感性思维融为一体的新艺术形式。

2. 数字媒体内容与传统媒体内容的关系：无论是数字媒体内容还是传统媒体内容，从内容形式上看主要包括 4 大类：文字、图片、声音和多媒体。但数字媒体的内容和传统媒体内容不能简单内容复用，即不能简单地将传统媒体内容照搬到数字媒体上。

第10章
数字媒体终端

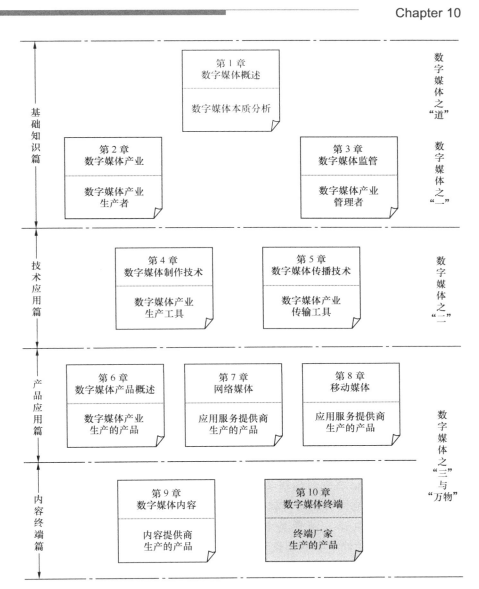

数字媒体产品是无形商品，用户使用时需要借助于有形的载体，而数字媒体终端正是数字媒体产品的有形载体。随着数字媒体产业的发展和技术的完善，各类数字媒体终端的融合已经成为了必然趋势。

10.1 数字媒体终端概述

数字媒体终端是指数字媒体产品的承载设备，是用户使用数字媒体产品，感受数字媒体内容的有形载体。主流的数字媒体终端主要包括计算机（Computer）、移动通信终端（Communication）和数字消费类电子产品（Consumer Electrics），如笔记本电脑、手机等。目前消费类电子产品正在向全面数字化演进，模拟的消费类电子产品越来越少，如数字电视在逐步替代模拟电视。

以这 3 类终端为中心，未来的数字家庭大致可以分为 3 大区域：以计算机为中心的"计算机互连区域"，以手机为中心的"移动设备区域"以及由家庭视听娱乐设备组成的"家用电器广播区域"。其中，计算机互连区域包含 LCD 显示器、数码相机、打印机、数码摄录机等依赖于计算机的电子设备；移动设备区域则主要包括手机、掌上电脑（PDA）、媒体播放机（如 MP4、MP3、Itouch）等便携类产品；家用电器广播区域则包含数字电视、音响设备、DVD 播放机/录像机、电视游戏机等家庭视听娱乐设备。这 3 大区域的提供者就是通常所说的通信、IT 和家电 3 大产业。

一方面，3 大区域中的终端设备之间处于高度协作的状况；另一方面，3 大区域内的终端功能融合成为发展趋势，如手机与数码相机、PDA 和 GPS 等的融合。随着终端整合互通性的不断发展，兼容和互通性强的多媒体一体化数字媒体终端将成为主流。

未来终端融合的数字家庭是奇妙的，将是一个计算机（Computer）、移动通信终端（Communication）和数字消费类电子产品完全互连互通的世界。在这个家庭中，所有的 3 类终端都可以联通，并忠实体现用户的意志：用户可以在回家的路上对空调发出指令，可以在做饭的时候用冰箱看电视，可以用电视打电话。

实例分析 10-1　一款革命性的终端产品——iPhone

在计算机、移动通信终端和消费类电子产品数字媒体终端融合过程中，移动通信终端替代数字化消费电子产品的趋势最为明显，如音乐手机在取代 MP3、MP4 的市场，能下载字典的手机在取代文曲星。但融合和渗透往往不是单向的，以 iPod、video4 等消费类电子产品和计算机为主导产品的苹果公司于 2007 年 1 月推出的 iPhone 则有利地证明了这一点。iPhone 将创新的移动电话、可触摸宽屏 iPod 以及具有桌面级电子邮件、网页浏览、搜索和地图功能的突破性 Internet 通信设备这 3 种产品完美地融为一体，重新定义了移动电话、消费类电子产品的功能。

除了 iPhone 巧妙的外观和界面设计之外（见图 10-1），它在功能上的两大特点也成为其广受欢迎的主要原因。第一，它是有操作系统的智能手机，并引入了基于大型多触点显示屏，让用户用手指即可轻松控制 iPhone；第二，iPhone 可以和移动互联网、Internet 相连，激发了用户对手机软件个性化的极大需求。2008 年 7 月面向 iPhone 的应用软件超市 App Store 应需而生，仅一年时间，根据苹果公布的数据，App Store 中各类应用软件下载已经超过 20 亿次。iPhone 成为了最接近计算机的掌上互连设备之一。全球第一大手机生产厂家诺基亚全球执行官康培凯曾感慨道："在智能手机市场我们有了一个新的、值得信赖的竞争者，因此我要向苹果脱帽致敬。"诺基亚执行官的话从另一个侧面反映了 iPhone 对数字媒体终端革命性的创新。

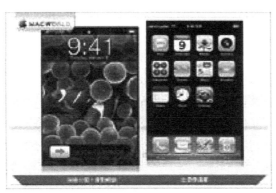

图 10-1　iPhone 外观和界面设计

未来移动电话、计算机和消费类电子产品之间的界限将越来越小，类似于 iPhone 的一体化的数字媒体终端将使我们的生活更加便捷。

 思考10-1　请谈谈你对数字媒体终端融合的认识，并举出实例。

提示：可参考实例分析 10-1。

10.2　计　算　机

正如尼葛洛庞帝在《数字化生存》所言："计算机不再和计算机有关，它决定了我们的生存。"计算机的发明和发展，给人类的生活带来了革命性的变革。

10.2.1　计算机的发展历史

世界上第一台计算机诞生于 1946 年，占地面积 170 多平方米，重量约 30 吨，主要用于计算弹道。而今经过 50 多年的发展，计算机经历了电子管、晶体管、集成电路和超大规模集成电路 4 个阶段，表 10-1 所示为计算机的发展历程。计算机体积越来越小，重量越来越轻，微型电子计算机就被形象地称为电脑，计算机的应用领域也从最初的军事领域，扩展到商业和家庭。目前计算机已进入第五代智能化发展阶段。

表 10-1　　　　　　　　　　　计算机的发展历程

阶　　段	年　　代	标志性器件	主　要　特　点
第一代	1946—1957 年	电子管	体积大、耗电量多，运行速度慢，可靠性差
第二代	1958—1964 年	晶体管	主存储器采用磁芯，开始使用高级程序及操作系统，速度提高，体积减小
第三代	1965—1971 年	中小规模集成电路	主存储器采用半导体存储器，集成度高，功能增强，价格下降

续表

阶　段	年　代	标志性器件	主　要　特　点
第四代	1972—1985 年	大规模集成电路	微型化，性能大幅度提高，为网络化创造了条件，价格低廉
第五代	1986 年至今	超大规模集成电路	人工智能化、多媒体技术，具有听、说、读、写等功能

　　虽然自问世以来计算机在速度和性能上有了可观的提升，但迄今仍有不少课题的要求超出了当前计算机的能力所及，找到一个解决方法的时间远赶不上问题规模的扩展速度。因此，科学家开始将目光转向开发生物计算机和量子计算机来解决这一类问题。例如，人们计划用生物性的处理来解决特定问题（DNA 计算）。由于细胞分裂的指数级增长方式，DNA 计算系统很有可能具备解决同等规模问题的能力。当然，这样一个系统直接受限于可控制的 DNA 总量。量子计算机，顾名思义，利用了量子物理世界的超常特性。一旦能够造出量子计算机，那么它在速度上的提升将令一般计算机难以望其项背。当然，这种涉及密码学和量子物理模拟的下一代计算机还只是停留在构想阶段。

实例分析 10-2　　移动互联网双模笔记本——IdeaPad U1

　　2010 年 1 月 7 日联想公司在全球消费电子展上展示了全新设计概念的定位于移动互联网领域的笔记本 IdeaPad U1，如图 10-2 所示，配备分离式屏幕，是全球首款双模笔记本。移动互联网、数字家庭、企业云计算是计算机行业的三大机遇，而联想选择了移动互联网。联想 CEO 杨元庆表示，"台式机和上网本等已不能满足人们的上网需求，他们需要更好的无线 Internet 设备，将无线 Internet 内容和服务整合。我们预计能看到一个爆炸性的无线 Internet 应用的增长，但没有看到一个合适的产品来满足这个需求。这就像是高速路建好了，但没有卡车来运货物。"

图 10-2　IdeaPad U1

　　据了解，国内一批应用提供商 SP 和内容提供商 CP，如新浪、百度、腾讯、凤凰网、阿里巴巴、盛大文学等合作伙伴，都对联想移动互联网战略非常看好，也希望与联想一起推动产业发展。

数字媒体终端厂家联想和 SP、CP 的合作，实际是数字媒体终端和数字媒体产品、数字媒体内容的纵向一体化融合的缩影，也意味着数字媒体产业链结构从原来的链状、环状向网状的结构演进。未来数字媒体产业链结构终将如何，我们拭目以待。

思考10-2 请谈谈你对计算机未来的想法。

提示：可参考实例分析 10-2。

10.2.2 计算机的组成

计算机的种类丰富，应用范围广泛，大多数数字媒体的应用都需要通过计算机进行信息的处理、获取、输出、操作或者控制等功能。相比于其他数字媒体终端，计算机最显著的特点就是通用性强。

计算机作为主流的数字媒体终端，主要由硬件和软件两部分构成，如图 10-3 所示。计算机硬件是指计算机系统中所使用的电子线路和物理设备等有形的实体，主要包括中央处理器（CPU）、存储器、外部设备（输入/输出设备、I/O 设备）及总线等。软件是指能使计算机硬件系统顺利和有效工作的程序集合的总称，可分为系统软件和应用软件两部分。系统软件是负责对整个计算机系统资源的管理、调度、监视和服务，如操作系统、数据库管理系统、编译系统、网络系统、标准程序库和服务性程序等。应用软件是指各个不同领域的用户为各自的需要而开发的各种应用程序，如文字处理软件、图表处理软件、视频播放软件等。

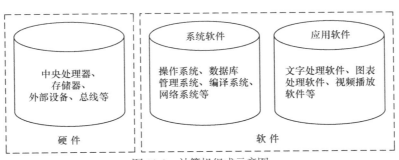

图 10-3　计算机组成示意图

实例分析 10-3　大者恒大、赢者同吃的计算机市场

目前个人计算机硬件主要采用的是 IBM 和苹果公司的系统标准，虽然基于苹果的应用软件数量较少，和 IBM 兼容机的互通性较差，但 Mac 凭借强大的图形能力、直观的图形操作系统以及便捷的用户接口友好牢牢锁定了艺术界、出版社以及发烧友等用户市场。在 20 世纪 90 年代初，微软公司操作系统 Windows 的到来使得更便宜的 IBM

兼容机开始大量占领市场，"占领市场比利润更重要"，在这样思想的指引下，Windows迅速席卷了个人计算机，成为了主导的计算机操作系统。近年来，随着基于 Windows的应用软件数量的激增，Windows 操作系统霸主的地位似乎变得更坚不可摧，同时也造就了 IBM 兼容机的普及。英特尔是目前最流行的计算机芯片。

1970 年，微软公司创始人比尔·盖茨曾有意以约 8000 万美元将公司出售给 IBM，但遭到拒绝，此举被称为 IT 业的十大错误决策。在 2010 年 1 月英国 V3 网站公布的2009 年全球最佳品牌百强中，IBM、微软分获第 2 位、第 3 位，英特尔、苹果分别为第 9 位和第 20 位。

展望未来的计算机市场，IBM、微软、苹果、英特尔四大巨头的垄断地位仿佛难以动摇，但"过去是历史，未来是未知"，也许某项重大的发明、某个天才，看似大者恒大、赢者同吃的计算机市场格局也会发生巨大的变化。

 思考 10-3　请谈谈你对计算机组成的认识。

提示：可从主导的计算机硬件和软件厂家的角度分析。

10.3　移动通信终端

近年来，我国移动通信终端设备的发展势头迅猛，新品不断涌现，升级换代迅速，功能融合加剧。根据工业和信息化部发布的数据，截至 2009 年年底我国手机用户数超过 6 亿户，2010 年年底预计达到 7.4 亿户。手机已经成为获取信息和媒体的重要途径。

10.3.1　手机的发展历史

按照移动通信网络的演进，手机的发展历史可以划分为三代，第一代是和 1G 移动通信技术相对应的模拟制式的手机，第二代是和 2G 移动通信技术相对应的数字手机，第三代是迎合 3G 移动通信技术而产生的多媒体手机，媒体化成为手机未来的趋势。

第一代模拟制式的手机，也就是在 20 世纪八九十年代出现的大哥大。最先研制出大哥大的是美国摩托罗拉公司。由于当时的电池容量限制和模拟调制技术需要硕大的天线和集成电路的发展状况等条件的制约，这种手机外表四四方方，只能成为可移动算不上便携。很多人称呼这种手机为"砖头"或是"黑金刚"等。这种手机有多种制式，如 NMT、AMPS、TACS，但是基本上使用频分复用方式，故只能进行语音通信，收讯效果不稳定，且保密性不足，无线带宽利用不充分。

第二代手机目前比较普遍。通常这些手机使用 GSM、GPRS 或者 cdma1X 等第二代移动通信标准，具有稳定的通话质量和合适的待机时间。在第二代中为了适应数据通信的需求，一些中间标准也在手机上得到支持，如支持彩信业务的 GPRS 和上网业务的 WAP 服务，以及各式各样的 Java 程序等。

相对第一代模拟制式手机和第二代 GSM、CDMA 等数字手机，第三代手机是指将无线通信与 Internet 等多媒体通信结合的新一代移动通信系统。它能够处理图像、音乐、视频流等多种媒体形式，提供包括网页浏览、电话会议、电子商务等多种信息服务。为了提供这种服务，无线网络必须能够支持不同的数据传输速度，也就是说在室内、室外和行车的环境中能够分别支持至少 2Mbit/s（兆字节/每秒）、384kbit/s（千字节/每秒）以及 144kbit/s 的传输速度。目前，国际上 3G 手机有 3 种制式：欧洲的 WCDMA 标准、美国的 cdma2000 标准和由我国大唐电信提出的 TD-SCDMA 标准。

虽然 3G 手机已经不再陌生，但目前我国范围内使用最广的手机还是基于 2G 技术的 GSM 手机和 cdma1X 手机。这些手机都是数字制式，除了可以进行语音通信，还可以收发短信、彩信、WAP 等。毕竟我国 3G 牌照刚刚颁发，3G 网络的建设、3G 服务的完善、3G 产业链的磨合还需要一定的时间。

另外，手机的标准化程度远远小于计算机，这体现在以下 3 个方面。

第一，第一代、第二代以及第三代手机的差异性不仅仅局限于体积、质量、分辨率等指标，往往在功能上存在较大的差异。

第二，手机往往和特定的移动通信网络制式相对应，常见的手机不能跨不同的移动通信网络使用，如 GSM 制式的手机是不能使用 CDMA 的号卡，使用 CDMA 的移动通信网络的。甚至在日本，手机不仅仅受制于网络制式，还受制于运营商，不同运营商之间的手机也不能通用。

第三，即使是同一制式、同一时期的手机，由于厂家的不同、市场定位不同，手机的外观、界面和功能也相差甚远。

总之，不同时期、不同制式、不同款型的手机往往都具差别，这一点手机和计算机很不同。

实例分析 10-4　　经典手机回顾

从 1983 年世界第一款手机问世以来，只经过了十多年，但手机变革的速度却很快。短短十多年，手机已经从最初的"板砖"变成了彩屏手机、音乐手机、照相手机、Internet 手机等诸多手机组成的大家庭。下面让我们回顾一下十多年来有代表性的经典手机。

（1）1983 年摩托罗拉推出第一款手机 Motorola DynaTAC 8000X，如图 10-4 所示。电池可以提供 1 小时的通话时间，它的内存可以存储 30 个电话号码，它看起来不很漂亮，但是它让人们边走边打电话成为了现实。

（2）1993 年 Bell South 和 IBM 联合推出了第一款具有了 PDA 功能的手机 Simon Personal Communicator，集电话、

图 10-4　Motorola DynaTAC 8000X

寻呼、计算器、地址本、传真机、E-mail 设备为一体。

（3）1996 年摩托罗拉推出了小巧、轻薄的 StarTAC 手机。虽然相比今天品种繁多的手机，这款手机并不是最小的，但它让人们意识到形式和内容同样重要，为今天的纤薄手机的发展奠定了基础。

（4）1999 年诺基亚公司推出了 Nokia 6160，此样式的手机非常风行，配备了一个单色显示器、一个外凸天线，成为该公司 20 世纪 90 年代末销售最好的手机，之后的 Nokia 8260 延续了 6160 的辉煌。直至今天，诺基亚的经典机型依旧有广泛的市场基础。

（5）2000 年 Kyocera 推出了第一款基于 Palm 系统的智能手机 QCP6035。

（6）2002 年第一款提供移动 Web 浏览、E-mail 读取和即时通信功能的手机 T-Mobile Sidekick 问世，它也是可旋转设计的先驱。

（7）2002 年 Sanyo 率先发布了 Sanyo SCP-5300 PCS 照相手机，它是在美国市场正式上市的第一款照相手机。

（8）2003 年诺基亚推出了手机/游戏机的混合体 N-Gage，虽然它引来了不少争议，如外形设计被认为通话很不方便，但它是手机和游戏机融合的先驱。

（9）2005 年摩托罗拉推出了第一款组合了苹果音乐软件的音乐手机 Rokr。这款手机为今天音乐手机的发展铺平了道路。

（10）2007 年苹果公司推出了 iPhone，它没有数字键盘，使用了触摸屏，将创新的移动电话、可触摸宽屏 iPod 以及具有桌面级电子邮件、网页浏览等功能的 Internet 通信设备这三种产品完美地融为一体。

思考 10-4 请结合手机的发展历史，谈谈你对手机的认识。

提示：可从手机的制式或者从手机的功能角度谈谈对手机的认识。

10.3.2 手机的功能

手机作为数字媒体重要的终端，其功能已经不再仅仅局限于通话，特别是智能手机的出现，手机能下载各种应用程序，于是手机的功能得到了无限的扩展。根据用户的需求，手机除了通话之外，主要包括以下 3 大功能。

① 移动办公功能：手机的办公功能是指利用手机阅读与处理电子文件、浏览网页、收发邮件等。虽然手机的操作便利性远远小于计算机，但手机移动办公的能力却是笔记本电脑所不能及的，因此手机办公在移动办公领域具有差异化优势。

实例分析 10-5 移动办公手机的典范——黑莓手机

黑莓手机是加拿大 RIM 公司推出的一种移动电子邮件系统终端，其特色是支持推动式电子邮件、手提电话、文字短信、Internet 传真、网页浏览及其他无线资讯服务。

从技术上来说，黑莓是一种采用双向寻呼模式的移动邮件系统，兼容现有的无线数据链路。它出现于 1998 年，RIM 的品牌战略顾问认为，无线电子邮件接收器挤在一起的小小的标准英文黑色键盘，看起来像是草莓表面的一粒粒种子，就起了这么一个有趣的名字。

实际黑莓并不是唯一的一种移动邮件业务系统，国内用户耳熟能详的可以实现类似功能的业务就有 WAP、基于 MMS 技术的"彩信"和基于 IMAP4.0 邮件协议的"彩e"等，但黑莓更简便也更安全的技术特点却使它在北美独领风骚。尤其是"911 事件"中，美国通信设备几乎全线瘫痪，但美国副总统切尼的手机有黑莓功能，成功地进行了无线互连，能够随时随地接收关于灾难现场的实时信息。之后，在美国掀起了一阵黑莓热潮。美国国会因"911 事件"休会期间，就配给每位议员一部"Blackberry"，让议员们用它来处理国事。随后，这个便携式电子邮件设备很快成为企业高管、咨询顾问和每个华尔街商人的常备电子产品。迄今为止，RIM 公司已卖出超过 400 万台黑莓，占据了近一半的无线商务电子邮件业务市场。

但黑莓手机的推广在中国却远没有欧洲成功，其中的原因很多，如黑莓手机本土化还不够深入，国内商务沟通方式和欧美存在较大差异等。

思考 10-5 请结合黑莓手机，谈谈你对移动办公手机的看法。

提示：可参考实例分析 10-5。

② 互动娱乐功能：随着移动通信网的更新换代，手机上网、下载软件业务普及率逐年激增，通过手机下载图片、音乐、视频、游戏已不再陌生，手机成为了人们娱乐的新方式，甚至有人患上了"手机依赖症"。

实例分析 10-6 　　**商务与时尚结合的典范——**
酷派手机

我国的高端手机市场几乎全部被诺基亚、三星、摩托罗拉等国外品牌所占据，但有一款国产手机则一直在 CDMA 高端用户市场有着不小的市场份额，这就是深圳宇龙通信的智能手机——酷派 Coolpad，如图 10-5 所示。

由于我国的手机研发技术比较落后，海信、波导等国产手机一般是采用成本领先战略，以质优价廉赢得用户，而酷派则不同，酷派的成功主要归结为成功的市场和产品定位。

1. 酷派的市场定位

2003 年智能手机市场虽然有索尼爱立信、联想、CECT、熊猫等诸多品牌，但 CDMA 制式下的 PDA 手机却尚处于空白，因此酷派决定致力于 CDMA 制式下的 PDA 手机，但面临着两种市场定位。

定位一：PDA 手机中的 CDMA 手机

图 10-5　酷派 Coolpad

选择定位一，则说明酷派的竞争对手是MOTO388C、Nokia9210、Dopod686、快译通e698等智能手机，酷派的差异化竞争优势在于CDMA制式。但如果这样选择，意味着酷派在做运营商做的事。但当时的通信市场是运营商主导，而不是终端厂家驱动。宇龙公司不可能希望用户为了选择酷派手机而选择哪一家运营商，因为除了CDMA与GSM/GPRS两种制式的区别之外，酷派在功能上难以与MOTO388C、联想、熊猫、CECT等PDA手机有差异化竞争优势。

定位二：CDMA手机中的PDA手机

如果选择定位二，则真正可实现的用户来源于CDMA用户群，竞争对手是SAMSUNG、LG、MOTO、普天、TCL等品牌的CDMA高端机，于是酷派的竞争优势在于PDA手机。

最终，明智的酷派选择了第二个定位，即CDMA手机中的PDA手机，所有的CDMA用户是即得用户，优势在于PDA。

2. 产品定位

当时，CDMA手机的卖点主要是强调功能（如彩屏、彩E、动感摄录、可拍照等）和外型（如旋转、纤薄、小巧、流线外型、炫光等），时尚和娱乐的定位较多，但商业功能的手机很少。CDMA本来就是定位于高端用户的品牌，因此，选择服务于商务人士的PDA手机是酷派的明智选择。

那么CDMA的商务人士有什么特点呢？通过调查发现，CDMA的高端用户以成功人士、白领的男性为主。这些用户一方面具有成熟、成功、睿智、严谨、持重等商务特点；另一方面也具有好玩乐、有表现欲等时尚的特点。而之前的PDA手机往往只是在商务和时尚的定位中选择一个，如MOTO 388选择商务，而三星A809更多是时尚、炫酷的元素。深入分析之后，宇龙发现了一个崭新的产品定位：有进取，亦有情调。

在这样思路的指引下，酷派的用户是年轻、时尚的社会精锐份子，娱乐，不代表放弃事业与进取，进取，也不代表放弃个人的趣味与年轻的自由心。这群用户将摆脱刻板的形象，去追求更多属于自己的、积极的东西。酷派通过商务与娱乐两方面的强大功能，让这些用户有机会完整的实践这样的生活观点。于是当目标用户得到满足，Coolpad以其精准的市场和产品定位牢牢锁定了既定用户市场，而不是被埋没在众多PDA或者CDMA手机中。

思考10-6 请结合酷派的实例，谈谈你对手机商务和娱乐功能的理解。

提示：可从消费者特点角度分析。

③ 生活工具功能：手机生活工具功能是指利用手机享受购物、理财等服务。随着移动商务的日益流行，互动性强、个性的手机的功能已经不再局限于商务和娱乐，它开始在人们生活中充当着各种各样的角色，如手机支付功能使得手机充当了银行卡，手机识别功能使手机充当了门禁。

实例分析 10-7　　**世博通——移动生活的典范**

2010 年，世界博览会（以下简称"世博会"）即将在我国上海举行，中国移动作为世博会的合作伙伴拟在世博会推出"世博通"手机一站式服务，让用户充分体会到未来移动生活的便捷。

世博通主要是依托手机为用户提供世博会的全程移动商务服务，其主要包括手机票、手机支付、身份识别三大功能。

（1）手机票是指手机购买的门票信息将被存储在手机卡中，而不是以传统的纸介质形式存在，用户可以通过存储在卡中的世博门票入园参观。

（2）手机支付是指手机移动支付功能完成世博会园区内外餐饮、便利店、自助售货机、纪念品等的消费，以及园区外的交通出行（地铁、公交、出租、航空）等。

（3）手机身份识别是指世博游客可利用世博通卡作为身份 ID 的识别，快捷、方便地完成纪念品领取等场景的身份识别确认功能。

实际不仅仅是在世博会，目前在北京、四川、湖南等地手机支付、手机购票等手机移动生活功能在逐步走进我们的生活。展望未来，手机的功能将无限的扩展。

思考 10-7　请谈谈你对手机功能的认识。

提示：可从商务、娱乐和生活 3 个角度分析。

10.4　数字消费类电子产品

由于收音机、电视机、照相机等模拟制式的消费类电子产品在数字化网络没有出现之前，就进入了我们的生活。这就意味着数字电视、数字照相机等数字消费类电子产品的普及需要破旧立新，因此数字消费电子产品的普及速度远没有计算机、手机快，但模拟电子产品的数字化进程是时间问题，而无需探讨是否需要数字化，未来我们身边的电子产品将逐个被数字化产品所替代。

10.4.1　数码照相机

从 1839 年，达盖尔发明了全世界第一台照相机到现在，照相机已经有了 100 多年的历史，而数码相机则是从 20 世纪 80 年代开始出现。相比传统的照相机，数码相机作为一个新鲜事物，虽然其经历的历史不长，但发生的变化以及给我们的生活带来的改变却是巨大的。数码相机的发展可以说是突飞猛进，以令人难以置信的速度发展。1995 年上市销售的数码相机像素仅仅为 41 万像素，仅仅过去一年，到了 1996 年，数码相机的像素就达到了 81 万像素，几乎是 1995 年的一倍。而 1996 年数码相机的出货量也创历史纪录，达到了 50 万台。数码相机从这一年开始，全面进入了消费者的视线，成为了人们生活中流行时尚的代言人之一。

数码照相的工作过程很简单，就是把光信号转化为数字信号的过程。当数码相机对准拍摄画面后，按下快门，使其拍摄画面物体上反射出的光通过相机的光学期间投射到光敏元件上，光敏元件输出与入射亮度、色彩成比的模拟电压。模拟电压经过模/数转变成数字信号，再通过白平衡及色彩校正、图像压缩等数字处理后图像文件的形式存储在数字相机的存储器中。数码照相机还可以将图像数据通过数据线传送到计算机保存。

虽然数码相机核心只是进行了模拟和数字信号的转化，但数码相机却大大方便了我们的生活，使人们能马上看到记录的图像资料，而且很方便进行资料的备份。目前，消费级数码相机在千万像素、大屏幕、触摸屏、防抖、广角一系列功能都能很好的满足消费者，人们开始关注单反数码相机。仅仅十年的发展，数码相机产业就已经足以让我们目瞪口呆。正如汽车刚刚被发明时，其性能甚至不如畜力车，但其未来的发展却是无限的。数码相机所经历的被认可的历程更加迅猛，如今照相机的数码化已经成为一个非常明显的趋势，这也是新兴科技快速应用，以创造价值的一个体现。对于未来的数码相机市场，我们无法预测其发展，但可以肯定的是，整个行业必定像滚雪球一样不断加速。

10.4.2　数字电视终端

目前电视以家庭用户为目标用户，具有广泛的用户基础，是目前最主流的媒体形式之一。随着数字技术的发展，数字电视将逐步取代目前的模拟电视。数字电视带来的变化是电视画面细腻、逼真，音质更好；内容更加丰富，个性化的节目和特色服务频道将日益丰富；消费者的消费行为和习惯发生重大改变，从过去单向的接收信息变成主动收看信息。

数字电视终端产品按清晰程度分类，可以分为低清晰度数字电视（SDTV）、标准清晰度数字电视、高清晰度数字电视（HDTV）；按显示屏幕幅型分类，可以分为 4:3 幅型比和 16:9 幅型比两种类型；按扫描线路分类，可以分为 SDTV 扫描线路和 HDTV 扫描线路等。按产品类型分类，可以分为数字电视显示器、数字电视机顶盒、一体化数字电视接收机。其中机顶盒是指利用数字网络作为传输平台，以电视作为用户终端，用来增强或拓展电视机功能的设备。现在通常所说的机顶盒一般都是数字机顶盒。目前，数字机顶盒大都具有完善的实时操作系统，提供强大的 CPU 计算能力，用来协调控制机顶盒各部分的硬件，并提供易操作的图形用户界面。它可以支持收发电子邮件、浏览网页、网上购物等数字媒体应用服务。

目前，在试点城市免费安装的数字电视接收机未来不仅仅能接收数字电视信号，还能提供数字广播，也就说数字电视终端同样也可以充当数字广播的终端。

10.5　本章小结

本章在分析数字媒体终端基本概念的基础上，介绍了计算机、移动通信终端、数字消费类电子产品等终端设备，具体如下。

1. 数字媒体终端：数字媒体终端是指数字媒体产品的承载设备，是用户享受数字媒体产品，感受数字媒体内容的有形载体。主流的数字媒体终端主要包括计算机（Computer）、移动通信终端（Communication）和数字消费类电子产品（Consumer Electrics）。

2. 计算机：大多数数字媒体的应用都需要通过计算机进行信息的处理、获取、输出、操作或者控制等功能。相比于其他数字媒体终端，计算机最显著的特点就是通用性强。

3. 移动通信终端：手机作为数字媒体重要的终端，其功能已经不再局限于通信，目前主要包括3项功能：移动办公，互动娱乐和生活工具。

4. 数字电视终端：随着数字技术的发展，数字电视将逐步取代目前的模拟电视。数字电视带来的变化是使电视画面细腻、逼真，音质更好；内容更加丰富，个性化的节目和特色服务频道将日益丰富；消费者的消费行为和习惯发生重大改变，从过去单向的接收信息变成主动收看信息。

参考文献

[1] 王长潇. 新媒体论纲[M]. 广州：中山大学出版社，2009.

[2] 张文俊. 数字新媒体概论[M]. 上海：复旦大学出版社，2009.

[3] 刘惠芬. 数字媒体应用教程[M]. 北京：机械工业出版社，2008.

[4] 吴起. 数字媒体作品剖析[M]. 北京：北京邮电大学出版社，2008.

[5] 周鸿铎. 媒介经营与管理总论[M]. 北京：经常管理出版社，2005.

[6] 吴起. 移动媒体运营概论[M]. 北京：北京邮电大学出版社，2009.

[7] 王宏. 数字媒体解析[M]. 重庆：西南师范大学出版社，2006.

[8] 宫承波. 新媒体概论[M]. 北京：中国广播电视出版社，2007.

[9] 鲁莹，刘峰，贾义斌. 移动增值业务分析与解读[M]. 北京：人民邮电大学出版社，2007.

[10] 曾亚. 国内外手机软件应用商店研究[J]. 北京：北京邮电大学工商管理硕士论文，2009.

[11] 李四达. 数字媒体艺术概论[M]. 北京：清华大学出版社，2006.

[12] 将宏，徐剑. 新媒体导论[M]. 上海：上海交通大学出版社，2006.

[13] 朱海松. 第五媒体[M]. 广东：广东经济出版社，2006.

[14] 吴满意. 网络媒体导论[M]. 国防工业出版社，2008.

[15] 张珂，吴起，吕廷杰. 电信增值业务[M]. 北京：北京邮电大学出版社，2008.

[16] 杨继红. 新媒体生存[M]. 北京：清华大学出版社，2008.